LA SPHÈRE

DU MÊME AUTEUR
CHEZ LE MÊME ÉDITEUR

Fondation en péril

Gregory Benford

LA SPHÈRE

Traduction de Dominique Haas

Roman

PRESSES DE LA CITÉ

Titre original : *Cosm*

Schémas de Kellan Peck.

ISBN 2-258-05077-4

A deux jeunes personnes,
Alyson et Vanessa

PREMIÈRE PARTIE

Pépin

Si vous ne faites jamais de bêtises, c'est que les problèmes auxquels vous vous attaquez ne sont pas assez ardus. Et ça, c'est une grosse bêtise.

Frank Wilczek, physicien des particules

1

Alicia était en rogne, ce qui n'avait rien d'exceptionnel. Elle regarda le petit bonhomme maigrichon assis derrière son bureau et se demanda s'il faisait exprès de l'énerver, ou si c'était congénital.

— Que *j'interrompe* mes expériences ? répéta-t-elle d'un ton méprisant.

— Avec l'uranium.

— Ils veulent empêcher ce foutu collisionneur de tourner ?

— Le protocole de sécurité A-3...

— Affaire classée !

— Non, justement. Le rapport n'est ni complet ni archivé.

— Quoi ? Vous n'allez pas encore me réclamer des paperasses !

— Ecoutez, je ne voudrais pas jouer les rabat-joie...

« Jouer les rabat-joie » ? Non, franchement ! Ce type était à empailler !

— C'est un problème juridique, c'est ça ?

Un juge de Long Island avait imposé un moratoire sur le labo, en attendant les résultats d'une nouvelle enquête sur l'impact environnemental. Le comté de Suffolk était un repaire d'enquiquineurs. Une fois, ils avaient fait fermer une centrale nucléaire de cinq milliards de dollars.

Il la regarda avec un sourire comme une feuille de laitue fanée.

— Je dois donner mon aval, repasser le dossier au service juridique, et rendre compte au juge...

— Je pensais que c'était une formalité.

Hugh Alcott lui tendit un gros dossier. Elle reconnut la chemise bulle de la commission de sécurité.

— Il manque certaines données techniques.

— Sur le contexte général ? On m'avait dit que le labo s'en chargerait...

— C'est votre travail, je crois.

On l'avait surnommé « le nazi de la sécurité » à cause de ses méthodes de hussard implacable, indifférent. Il braquait sur elle son regard numéro deux bis : le regard atone du fonctionnaire responsable de la sécurité des opérations.

— Je suppose que je pourrais voir ça avec...

— Ce sacré rapport aurait dû être transmis hier.

Il se tortilla sur son fauteuil de l'administration. Il avait l'air mal à l'aise, assis derrière son bureau alors qu'elle restait debout, d'autant qu'elle était plus grande que lui, de toute façon. Il se gratta machinalement l'oreille, et elle remarqua que la moumoute du jour était une sobre Tom Cruise 1995. Elle l'avait rencontré si souvent qu'elle connaissait toutes ses perruques par cœur.

— Je pense que, cette fois, il va vraiment falloir mettre les points sur les i.

Alicia se retourna et se força à regarder par la fenêtre. Dans l'est de Long Island, le vert des premiers brins d'herbe de la saison commençait à pointer sur la terre marron foncé. Les ornières creusées par les camions déparaient un peu le paysage de carte postale, avec ses sapins et son ciel orné de délicats nuages. Elle avait vécu dans l'Est, et elle retrouvait une sensation familière chaque fois qu'elle revenait de Californie. C'était un endroit où tous les angles étaient arrondis. Or elle préférait les angles. Enfin, plutôt que d'exploser devant cet Alcott, elle laissa passer cinq secondes de silence absolu en espérant que ça suffirait. Depuis qu'elle était partie s'installer en Californie, elle avait de plus en plus de mal à travailler avec les types de la côte Est. Le campus de l'université d'Irvine, qui était son quartier général, fonctionnait selon des règles subtilement différentes. Lorsqu'elle revenait travailler à Brookhaven, elle devait reconfigurer ses réflexes sociaux. Elle se retourna, les bras croisés sur sa chemise de travail bleue, et dit lentement, distinctement :

— Ecoutez, il y a des années que je... que nous prévoyons d'utiliser l'uranium pour ces essais.

— Oui, je sais, mais le problème, c'est que cette plainte...

— Le problème, c'est l'uranium ! La commission avait dit : « Donnez-nous tous les éléments et on s'occupe des autorisations. » Exactement dans ces termes...

— Allons, vous deviez bien vous attendre à ce qu'il y ait du retard.

— Mais nous sommes parés à tourner ! Mon équipe est fin prête...

— C'est une erreur des Opérations, fit-il en clignant des yeux comme une chouette. Je n'y peux rien.

— Vous disiez que tout serait réglé il y a un mois !

— C'était avant que les Amis de la Terre ne portent plainte. Encore une fois, je n'y suis pour rien.

Comme disait Werner von Braun, songea-t-elle avec agacement. *Moi, je me suis contenté de les lancer. Leur point de chute, ce n'est pas mon rayon.*

— Il faut que je commence les tests. Si je perds ma fenêtre d'essai...

— Vous auriez dû prévoir du retard dans l'acceptation de votre programme d'essais, dit-il (encore une phrase toute faite). Vous avez une fenêtre de tir d'une semaine.

Ce sera la seule expérience en cours, pendant que les grands détecteurs procéderont à des travaux d'entretien loin du rayon. Vous comprenez...

— C'est *votre* faute, bordel ! dit-elle hargneusement.

Elle se mordit les lèvres, mais trop tard. Le mal était fait. Elle vit la mâchoire d'Alcott se crisper au point qu'elle n'aurait pas été étonnée d'entendre ses dents éclater comme des grains de pop-corn émaillés.

— Les mauvais ouvriers ont toujours de mauvais outils.

— Même vos clichés sont minables !

Il pinça les lèvres, sa bouche se réduisant à une mince ligne blanche.

— Ecoutez, n'y voyez qu'un banal problème de réglementation, de suivi, rien d'autre...

— Et que pourrait-il y avoir d'autre ?

— Le fait que vous soyez noire, je veux dire.

Un ange passa.

— Ça ne me serait jamais venu à l'idée, dit-elle au bout de deux longues secondes, avec plus de raideur qu'elle n'aurait voulu.

— Bien. Vous n'êtes qu'une invitée, ici, vous comprenez. Et tant que votre dossier technique ne sera pas complet...

— Je n'en attendais pas davantage, murmura-t-elle avec circonspection, remarquant qu'il avait employé le mot « invitée » et non « utilisatrice », qui était le terme habituel.

— Je veux dire, on vous cherche des poux dans la tête à cause de ces détails que des représentants des minorités scientifiques ont ajoutés à la proposition de votre groupe...

— Ça va, ça va !

Elle se retrouva dehors avant d'avoir le temps d'en dire davantage et d'aggraver les choses. Ses bottes de labo claquaient sur le béton du sol, *clac, clac, clac*, hachant le temps.

2

Elle tenta de faire passer sa colère en pédalant comme une forcenée, du bâtiment qui hébergeait les services médicaux, la physique et la sécurité jusqu'à l'entrée du collisionneur. Sur le toit des services administratifs se dressait une énorme antenne parabolique. Cette chose, qui évoquait toujours pour elle un bonnet de soutien-gorge géant, permettait aux physiciens du monde entier d'accéder aux mesures et aux analyses des accélérateurs, archivées ici et disponibles sur l'Internet, tout cela sans quitter leur bureau, ce qui leur faisait faire de substantielles économies de billets d'avion.

Une petite bise froide vint lui rappeler que l'air printanier était encore parcouru de courants glacés descendant du Canada. La bourrasque dénoua ses cheveux et des tentacules lui chatouillèrent le visage. Elle se dit qu'elle devait offrir une image encore plus incongrue que d'habitude, celle d'une grande Noire au buste et au postérieur proéminents, typiquement africains, grosse bulle tressautant sur une bicyclette étique. Une extraterrestre à Long Island. Elle n'avait jamais caressé l'espoir de ressembler aux mannequins anorexiques de *Vogue* ; pour elle, c'étaient des créatures d'un autre monde, haïssables par toute femelle normalement constituée.

Elle longea à toute vitesse une énorme butte plantée d'herbe, de près de quatre kilomètres de longueur : le boyau du collisionneur, enfoui dans le sable et la pierre de Long Island. Le soleil bas sur l'horizon éclairait la gigantesque courbe du Relativistic Heavy Ion Collider, qu'on désignait par son sigle, RHIC — prononcé Rick —, depuis si longtemps qu'il évoquait pour elle quelque chose de masculin. Elle arriva en soufflant comme un phoque à un bosquet de sapins où commençaient à poindre des bourgeons vert clair.

Certains endroits du talus étaient pelés depuis que des vandales avaient répandu de l'essence dessus. Lorsqu'on avait trouvé les zones à nu, les groupes environnementalistes les plus gueulards s'étaient publiquement demandé si cela n'était pas dû aux radiations de l'accélérateur. Du nanan pour les journaux, qui en avaient fait leur une, bien sûr. Huit jours plus tard, l'analyse chimique avait étouffé la polémique dans l'œuf, et l'affaire s'était trouvée reléguée à la page 28 du *New York Times*. En attendant, le labo avait toujours des problèmes avec des écolos agités, qui voulaient le faire fermer définitivement, alors même qu'on y effectuait surtout des recherches destinées à des applications médicales exigeant des sources de haute énergie.

La zone de chargement de la station expérimentale était entourée de béton gris. C'était l'un des six points de la circonférence où les particules entraient en collision. C'était aussi là que les équipes de savants résidents et d'utilisateurs extérieurs se réunissaient pour étudier les multiples effets des collisions. En louvoyant entre d'énormes appareils, elle passa devant les longs cylindres minces des aimants Northrup Grumman. Pas un bourdonnement, rien qu'une fraîcheur cryogénique. Le RHIC utilisait près de deux mille de ces guides de particules supraconducteurs, et il s'était trouvé que les mieux placés pour les fabriquer en quantité étaient des spécialistes de la technologie aérospatiale. Avec son budget de construction d'un demi-milliard de dollars, le RHIC avait suscité beaucoup de courtisans industriels.

Elle se fraya un chemin parmi le désordre inévitable des expériences en cours. Pour la plupart des gens, les laboratoires étaient des endroits propres, aseptisés, peuplés de gens en combinaison blanche qui s'affairaient chacun dans son coin, en effectuant des mouvements parcimonieux. Les expériences de physique nucléaire étaient énormes, souvent bruyantes, et parfois bordéliques dans les endroits non stratégiques. Des rangées de rayonnages d'acier un peu de guingois disparaissaient sous les appareils. Ça sentait l'huile et l'acier limé. Des capots de bois improvisés couvraient des faisceaux de câbles électriques gros comme le poignet. Certaines bottes étaient si volumineuses que de petites échelles avaient été posées à cheval par-dessus, pour permettre le passage. Le chaos inévitable.

Malgré son énervement, elle se rappela qu'elle avait une sacrée chance d'être ici. Beaucoup de physiciens de talent vendaient des actions au téléphone ou poursuivaient des carrières exaltantes dans l'administration des ventes. Elle était entrée par la petite porte, en travaillant comme étudiante diplômée dans l'équipe de l'université de Berkeley qui avait participé à la construction de l'un des détecteurs. Quand l'accélérateur avait fonctionné pour la première fois, en 1999, elle avait revendiqué son propre domaine de recherche. Elle en touchait maintenant les dividendes.

Evidemment, en 1999, le collisionneur n'avait fonctionné que pendant quelques heures, à bas régime, pour respecter le programme, puis on avait tourné le bouton. Ça avait permis aux comptables du labo d'utiliser le budget de fonctionnement pour achever les travaux de construction proprement dits. Depuis la débâcle du supercollisionneur à supraconductivité, au début des années 1990, personne n'osait plus dépasser ce genre de budget.

Résultat, tout donnait l'impression d'avoir été construit de bric et de broc. Les tuyaux étaient enroulés dans des feuilles de métal retenues par du ruban adhésif. Rien que le strict nécessaire. Seuls les résultats comptaient, point barre. C'était l'un des rares endroits du monde où l'on faisait encore de la recherche physique lourde.

Il y régnait un esprit particulier, un peu abrupt. Tous les principaux accélérateurs du monde tournaient dans le sens des aiguilles d'une montre, sauf celui de Brookhaven. Dans le RHIC, les faisceaux de particules allaient dans les deux sens, ce qui n'empêchait pas les gens du Germilab et du CERN d'ironiser sur leur « anneau à l'envers ». Si bien que quelqu'un avait fini par bricoler la pendule du labo, inversant le sens des aiguilles. Ils pouvaient maintenant se targuer d'avoir le seul collisionneur qui tournait dans le sens des aiguilles d'une montre — la leur.

Il faut dire que le labo de Brookhaven se trouvait dans une partie assez sinistre de Long Island. Quand on vivait si loin de tout, une bonne soirée se résumait à un pack de six canettes de Coors et à un anti-moustiques électrique. Oh, ce n'était pas que le décor ait une grande importance pour elle, ou pour les autres physiciens du labo. Dans ce goulag de la physique, on ne faisait qu'une chose, de toute façon : travailler.

Exemple numéro un : son postdoc, Zak Nguyen, scotché à son écran d'ordinateur.

— J'ai fini les étalonnages, dit-il en guise de salutation.

— Génial, génial, dit-elle, mal à l'aise.

Il avait l'air prêt à s'envoyer en l'air au premier essai. Il n'avait pas cessé d'en parler dans l'avion, en venant de Californie. A côté des techniciens et des physiciens rassis du secteur, il faisait figure d'ahuri. Il allait falloir qu'elle le fasse lentement redescendre sur terre.

— D'après les types des ions, la conversion de la source est presque terminée.

— Très bien.

Zak se fendit d'un immense sourire. Il avait l'air avide et excité, mais il essayait de ne pas le montrer. On aurait dit un chiot qui débarque dans une maison où personne n'a le temps de s'occuper de lui.

— Ils sont très coopératifs.

— Travailler avec du vulgaire uranium nous fait passer pour économes.

Une pauvre blague, mais Zak approuva comme il se devait.

Des membres du Congrès avaient appris qu'une bande de physiciens qui se croyaient tout permis jetaient de l'or par les fenêtres, et ça avait fait du bruit dans le landernau médiatique. Le soufflé était retombé quand les juristes avaient réalisé que, pendant toute la durée de vie de l'installation, on ne réussirait pas à rassembler assez d'or pour plaquer une tête d'épingle.

Elle ne voulait pas cracher le morceau, mais elle s'obligea à dire :

— Il y a... du retard.

— Ah bon ? Nous n'avons qu'une fenêtre d'une semaine.

— Toujours les problèmes de sécurité.

— Et merde ! Je croyais que c'était réglé. Enfin, je veux dire, les radiations sont insignifiantes !

— C'est un problème de paperasses, pas de logique, Zakster.

Il se rembrunit. Elle aurait voulu lui remonter le moral, mais elle ne savait pas comment le faire avec naturel. Son vrai nom était Phat — ses parents étaient vietnamiens — ; c'est lui qui avait choisi cet improbable Zak — et pas Zacharie, rappelait-il aux gens, juste ce bref et vivant Zak, comme pour prendre ses distances par rapport à eux. D'un côté il voulait être complètement américain, conduire une Chevrolet, et il avait un œil de lynx pour les subtilités de la dernière mode qui lui échappaient complètement à elle. D'un autre côté, son expression sérieuse, souvent troublée, ses yeux qui se croisaient toujours un peu quand il se concentrait trahissaient un autre aspect de sa personnalité. Elle discernait chez lui une dévotion aussi forte que la sienne. Il était tombé dans la physique des particules quand il était petit, obsession qui avait créé une faille culturelle profonde entre lui et la petite boutique de tailleur de ses parents, dans Garden Grove. Elle l'aimait bien, peut-être parce que, comme elle, il devait se battre contre une identité plaquée par les attentes des autres. Ça ne l'empêchait pas de le bousculer, évidemment ; c'était le monde impitoyable de la science.

— Mais après cette stupide histoire d'essence, reprit Zak avec gravité, comment un juge peut-il encore écouter des avocats et leurs arguments fallacieux...

— Le nucléaire fait peur aux gens. Le labo s'abrite derrière la paperasserie.

Normalement, le collisionneur accélérait des ions d'or à une vitesse voisine de celle de la lumière. Alicia avait obtenu à l'arraché quelques jours d'utilisation de cette machine colossale en proposant une expérience astucieuse, susceptible de générer des niveaux d'énergie plus élevés que tous ceux qui avaient été atteints jusque-là, simplement en précipitant des noyaux plus lourds dans le circuit.

L'ennui, c'est que les noyaux plus lourds avaient tendance à se dégrader en produits de fission radioactifs. La nature fabriquait des noyaux en accolant à chaque proton plusieurs neutrons non chargés, afin de contrebalancer la répulsion électrique des protons chargés. Cette stratégie avait abouti au plus beau triomphe de stabilité de la Création : l'or, avec ses 79 protons, devait sa cohésion à 118 neutrons. Avec ses 197 nucléons — terme qui englobait les neutrons et les protons —, c'était l'un des éléments les plus lourds. Des noyaux à peine plus lourds que l'or finissaient par se désintégrer. Certains étaient déjà mourants, ce qui expliquait leur radioactivité.

Alicia avait opté pour l'uranium, qui constituait le meilleur compromis entre l'exigence de masse et les inconvénients liés à la manipulation des éléments radioactifs. Le noyau de la forme la plus stable et la plus abondante d'uranium était constitué de 238 nucléons et avait une propriété curieuse, commune aux éléments les plus lourds : il n'était pas sphérique, mais en forme de cigare. Le combat pour la stabilité — que perdait, en fin de compte, l'U-238, malgré une durée de vie comparable à l'âge de la Terre — étirait le noyau, les protons s'éloignant les uns des autres.

C'était le fait capital qui avait dirigé la méthode d'Alicia. Il était rare que deux noyaux d'U-238 se heurtent exactement de front, longitudinalement, comme deux trains se rentrant dedans. Une collision organisée selon cet axe précis devait produire un maximum d'énergie. *Devait.* Les théoriciens n'en étaient pas sûrs.

— Que veulent-ils ? demanda Zak d'un ton neutre.

Le seul signe visible de son exaspération était une légère crispation autour de ses yeux, ombrés par une frange de cheveux noirs, drus.

— Une meilleure évaluation des produits radioactifs et des mesures de protection.

La vaporisation de noyaux à haute énergie dans une chambre produisait une traînée de particules de dégradation. Lesquelles, à leur tour, entraient en collision avec les détecteurs environnants, les parois, le sol, les métaux, abandonnant une radioactivité révélatrice. Qui disparaissait généralement en quelques minutes, mais plus les noyaux utilisés étaient lourds, plus l'effet était durable.

Durable — combien de temps ? Dès qu'ils avaient entendu parler des essais avec l'uranium, les Amis de la Terre avaient exigé des tribunaux toutes sortes d'assurances. Pour le grand public, le nucléaire était le nouveau Satan. Au fond, l'uranium était synonyme de bombes, pas vrai ? Le labo avait refilé le bébé à Alicia, en tant que chef de projet. Ce qui l'obligeait à produire toujours plus de calculs, de simulations numériques, et des pages et des pages de graphes et de schémas annotés de jargon...

— Hé, je crois que j'ai une idée ! fit-elle en claquant les doigts.

3

Hugh Alcott remua les lèvres mais ne dit rien. Assise à un bout de la table de noyer ciré, Alicia regardait fixement Hugh et Dave Rucker, le directeur des opérations expérimentales. Elle avait des crampes d'estomac, et pas seulement à cause de la faim. Il était onze heures du matin et, au cours des dernières vingt-quatre heures, elle n'avait pris qu'un repas et dormi quatre heures.

Le bureau de Hugh donnait sur l'énorme et majestueux anneau du collisionneur, une agréable prairie piquetée de sapins, mais il en aurait fallu un peu plus pour la détendre. Elle avait demandé cette entrevue spéciale dans l'espoir de faire avancer les choses. Elle n'avait qu'une seule carte à jouer, et si la manœuvre marchait, ce serait tout de suite. Sinon...

Hugh posa un doigt sur le rapport de sécurité dûment complété et appuya dessus comme s'il espérait pénétrer au cœur des choses.

— Vous avez fait vite.

— J'avais tous les éléments. J'ai juste passé une nuit blanche.

— Vous aviez toutes ces simulations numériques ? Même les codes de Monte Carlo ?

— Oui, répondit-elle.

Mensonge, mensonge.

Dave Rucker eut un pâle sourire.

— Parfait. Vous, au moins, quand vous voulez quelque chose... Ce maudit procès nous a renvoyés dans nos buts...

— Une chance que le travail de fond ait été presque prêt.

Son estomac eut un spasme de crainte et de culpabilité. Et s'ils découvraient que c'était du pipeau ? Enfin, les dés étaient jetés. Il était trop tard pour avoir des regrets. Elle s'efforça de détendre le nœud qu'elle avait dans les tripes.

— En effet, dit Dave d'une voix neutre.

Elle se fabriqua une expression sérieuse et réservée. Elle n'avait pas besoin de feindre l'épuisement. Il lui avait fallu des heures pour donner aux résultats une apparence plausible et irréfutable. Il suffisait qu'ils aient l'air de tenir debout pour que personne n'aille y regarder de plus près ; c'était l'une des beautés des calculs numériques complexes.

David jeta à Hugh un coup d'œil en diagonale.

— Ça vous paraît bon ?

— Ces résultats, reprit judicieusement Hugh. Ils sont obtenus avec une intégrale optimisée ?

— Oui.

Un bref hochement de tête. Mieux valait rester claire et simple. Elle avait fait une rapide impasse sur les calculs les plus compliqués. L'ordre de grandeur était bon, mais pas plus.

— Les taux de spallation...

— Ils sont pris en compte.

Hugh hocha la tête, tordit un peu la bouche — réflexe de scepticisme standard —, laissa s'éterniser le silence, regarda Dave avec circonspection — Dave, pas Alicia —, attendit encore deux secondes et dit à contrecœur :

— Je vais... appuyer le dossier auprès des avocats.

— Génial ! Alicia, vous pourrez y aller juste après l'audience avec le juge.

— C'est-à-dire ?

Dave décrocha le téléphone.

— Je vais leur faire parvenir le dossier par porteur.

— Les avocats ne font jamais rien en vitesse.

— Ni pour rien, répondit aigrement Hugh.

— Ceux-là le feront. Tom Ludlam les pousse au derrière.

Elle se leva avec un sentiment étrange, presque vertigineux. *Si vite, si facilement.* En réalité, concrètement, elle n'avait pas menti ; juste finassé. La fatigue se mêlait à un vague sentiment de culpabilité : un mélange détonant. Il faudrait qu'elle apprenne à faire avec. Enfin, le sommeil réglerait l'un des deux problèmes.

Dave donna des instructions rapides dans le style laconique, un peu agressif, propre à tous les grands chefs et lui dit cordialement :

— Allez, je voudrais jeter un coup d'œil à vos installations.

— Ça vous ennuierait qu'on s'arrête à la cafétéria en passant ? J'ai sauté le petit déjeuner.

— Un bon café ne me fera pas de mal non plus, répondit Dave.

Hugh les ayant abandonnés, ils allèrent à bicyclette à la cafétéria. Alicia se sentait bulbeuse et empotée. Elle n'était pas grosse, mais musclée, et le trajet la mit en nage. D'habitude, elle était tellement débordée qu'elle se contentait de ce qu'on trouvait dans les distributeurs du coin. Pour elle, manger à la cafétéria était un luxe. Comme les équipes travaillaient à toute heure du jour et de la nuit, on pouvait toujours y prendre un petit déjeuner, quitte parfois à se contenter de réchauffé. Elle s'octroya vertueusement un mélange de céréales allégé avec du lait écrémé et noya le tout sous les calories : des œufs, du bacon et des toasts beurrés.

La cafétéria était déjà à moitié pleine de gens venus déjeuner tôt. Beaucoup de travaux scientifiques étaient faits à la cafétéria. La direction veillait à ce qu'il y ait toujours de petits blocs-notes sur les tables.

La géométrie des places à table était le reflet de l'ordre social établi : les bibliothécaires, les assistantes administratives et les secrétaires — que des femmes, la plupart en tailleur-pantalon, quelques-unes en robe — déjeunaient quatre par quatre. Les ingénieurs et les techniciens supérieurs étaient par groupes de six ou huit. Comme Alicia se dirigeait vers une petite table, un troupeau d'expérimentateurs du PHENIX, le grand détecteur de particules, arrivèrent comme en pays conquis et disposèrent des tables bout à bout pour s'asseoir ensemble. Les théoriciens déjeunaient par plus petits paquets. Personne n'était seul, et les gens parcouraient souvent la salle du regard pour voir qui mangeait — ou ne mangeait pas — avec qui.

Le schéma lui était familier et elle repérait les physiciens rien qu'à leur tenue. On aurait dit des banlieusards en week-end, réfractaires aux signes de reconnaissance sociale, avec leurs jeans ou leurs pantalons anonymes, leurs chemises bas de gamme aux manches roulées et leurs chaussures confortables. Alicia portait un jean noir, déviation mineure, avec une large ceinture noire aussi et un chemisier jaune pâle, modeste concession à la féminité compensée par les chaussures de sécurité à bout renforcé de métal. Les membres du personnel administratif portaient la tenue de travail classique, parfois un costume, mais laissaient leur veston au bureau. Ils ne le mettaient que pour leurs rendez-vous avec des étrangers.

Dave s'ingéniait à ne pas avoir l'air du stratif qu'il était et portait, ce jour-là, un pantalon jaune et une chemise de bûcheron. Il était pourtant aussi sérieux et dur au travail que tous les obsédés shootés au café qui hantaient le labo. Le genre de type, se dit-elle rêveusement, qui devait fêter la fin des week-ends. Il grignota un cracker de régime qu'il fit glisser avec une gorgée de café pendant qu'elle attaquait ses œufs.

— Vous mangez vos céréales après ? s'étonna-t-il.

— C'est mon péché mignon. Je suis une perverse de la nutrition.

Il la regarda engloutir son bacon et ses toasts.

— Je me rappelle avoir pris des petits déjeuners comme ça.

— La Première Loi de la Thermodynamique s'applique à ça aussi. Si vous ne le brûlez pas après l'avoir mangé, vous vous retrouvez assis dessus.

— Vous le brûlez, apparemment. L'exercice, sans doute ?

— Les soucis. Ça prend moins de temps ; on n'a pas besoin de passer sous la douche après.

— Je sais que vous êtes assez tendue à cause de ce premier essai, mais il ne faut pas. Ce n'est qu'un premier tir, ajouta-t-il en s'appuyant au dossier de sa chaise tout en se donnant un mal fou pour avoir l'air désinvolte alors qu'il abordait la raison d'être de ce petit interlude. Personne ne vous fera les gros yeux si vous n'obtenez rien.

— Merci. Sauf que je n'en crois pas un mot, évidemment.

— D'accord, fit-il avec un sourire. Vous venez de me pincer en train de faire le discours standard à la débutante.

— Mon père dit qu'il vaut toujours mieux être sous-estimé.

— Il a raison. Il fait quoi ?

— Poil à gratter.

— Pardon ?

— Excusez-moi. Jargon familial. Il est éditorialiste. Thomas Butterworth.

— J'avoue que...

— Il écrit des papiers d'humeur, dans des journaux conservateurs, surtout.

— Que personne ne lit ici, c'est ça ?

— Seulement les râleurs.

— Vous ne devez pas être souvent d'accord, tous les deux.

— Comment l'avez-vous deviné ?

Une tension dans la voix ?

— Les conservateurs ont toujours été de plus ardents défenseurs de la physique que les libéraux. Mais je parie qu'il n'y a pas cinq républicains avoués dans la salle, répondit-il en vérifiant machinalement la disposition des convives.

— Papa est libertaire.

— Oh, alors... Vous savez, poursuivit-il en la regardant piocher dans ses céréales, on est très exigeant avec tout le monde, ici. Le RHIC doit constamment faire des performances, en mettre plein la vue.

Elle hocha la tête en notant que ça démentait complètement ses paroles rassurantes sur le thème « ce n'est qu'un premier essai. »

— Le Congrès a englouti près d'un milliard là-dedans et veut des gros titres ?

— Enfin, nous ne disons pas les choses aussi brutalement.

— Il faudrait peut-être.

— Des tas de gens pensent que nous avons depuis longtemps dépassé le point de rendement négatif dans le domaine de la physique des particules, et quant à la physique nucléaire... Eh bien, tout le monde confond avec les réacteurs.

Elle haussa un sourcil.

— L'éternelle histoire de la science qui manquerait de fuel ?

— J'ai dîné, la semaine dernière, avec un membre du Congrès, reprit-il avec un sourire mélancolique. Il avait l'air d'en être à moitié convaincu.

Au tournant du millénaire, il y avait cinq ans de ça, quand tous les pontifes et les philosophes amateurs annonçaient la fin des temps, il était devenu très mode de douter de la science. Point de vue parfois argumenté de façon valable, ce qui lui avait conservé une certaine vitalité jusqu'alors.

Certains pensaient que les grands problèmes que l'on pouvait résoudre l'avaient plus ou moins été, et que les problèmes non résolus ne pouvaient pas l'être. Ce qui laissait subsister des domaines de recherche plus restreints, abordables, d'un ennui mortel, comme la carte du génome humain. Evidemment, ce genre de connaissances pouvaient avoir de vastes applications, mais personne ne s'attendait à en voir émerger de grandes synthèses. Ce serait surtout une accumulation de détails fastidieux. Des spécificités fascinantes, d'accord, mais d'une portée restreinte par rapport à l'ère héroïque où Crick et Watson avaient ouvert la voie.

Certains observateurs entrevoyaient l'émergence d'une science cynique, un mélange de spéculations, de points de vue au second degré, ironiques, réinterprétant des données connues. Les figures emblématiques de cette science sardonique étaient comme Richard Dawkins, Monsieur « Chromosome de l'égoïsme » en personne, incapables d'apporter des éléments nouveaux ou d'imaginer des expériences ingénieuses, sans originalité mais hautains, sarcastiques, mordants et d'une arrogance fascinante.

Ce style de science était souvent le fait de retraités, ou de gens qui s'étaient lassés du monde tumultueux de la science quotidienne, usante. Ils étaient entrés dans une sorte de « philosopause » et passaient leurs journées à ruminer dans leur fauteuil. Mais pas tous. Même certains phares de la physique des particules pronostiquaient la fin d'une époque. Les contours essentiels de l'univers étaient esquissés, disaient-ils. La physique qui se profilait à l'horizon serait consacrée à l'infiniment petit.

Alicia eut un reniflement de dérision.

— Le manque d'imagination n'est pas un argument, dit-elle.

— Ça affecte le budget.

— Comme tous les loustics qui épongent leur sécurité sociale.

— Hé, nous sommes en concurrence avec des tas de besoins sociaux.

— Je ne discute pas, dit-elle en braquant sur lui un regard égal. Seulement je voudrais qu'on me laisse le temps d'arriver à quelque chose ici.

— Vous êtes la première à essayer l'uranium, alors vous ne pouvez pas espérer qu'on vous laisse énormément de temps. Nous vous casons entre deux désistements auprès des autres détecteurs. Le PHENIX, par exemple...

— Je sais, ce n'est qu'un galop d'essai. D'ici une semaine, vous pourrez retourner à la chasse.

La perspective offerte par le collisionneur était qu'en utilisant des ions lourds on pouvait espérer — ce n'était qu'une possibilité, pas une garantie — franchir pour la première fois un seuil fondamental. En projetant des noyaux entiers les uns contre les autres, on pouvait provoquer un nouvel état de la matière, gouverné par la chromodynamique quantique — un nom à coucher dehors. Les densités à haute énergie résultantes pouvaient produire un brouillard de particules crachotant appelé plasma de quarks et de gluons, les gluons étant des particules qui assuraient la cohésion des protons et des neutrons jusqu'à ce qu'une collision les rompe comme des sacs d'œufs, propageant le désastre. Ces miasmes de particules subatomiques évoquaient ce à quoi devait ressembler l'univers au cours du premier millionième de seconde du big bang. Les collisions, au cœur du RHIC, pouvaient ressembler à un « mini bang », comme aimaient à le dire les publicitaires de Brookhaven.

Sauf que ce n'était pas encore arrivé. Depuis cinq ans que le RHIC était en fonction, on n'avait pas réussi à mettre clairement en évidence un tel état.

— Votre idée est bonne, fit Dave en étudiant toujours son visage (mais peut-être était-ce elle qui se sentait coupable). Je veux dire, l'idée de chercher l'énergie maximale, d'opter pour la masse nucléaire la plus élevée possible.

— Je suis juste un peu au-dessus de l'or.

Bien que l'or soit un élément plus léger, le noyau pouvait être accéléré jusqu'à un niveau d'énergie d'au moins un pour cent de plus que l'uranium. Mais l'uranium avait 41 nucléons de plus que l'or. Ça pouvait entrer en ligne de compte lorsqu'il s'agissait de créer un brouillard de particules. Certains théoriciens pensaient que l'énergie totale d'un noyau était la clé. Ce n'était pas l'avis de la majorité.

Elle haussa les épaules.

— Il n'y a qu'une petite chance.

— Elle vaut la peine d'être tentée. Et je suis heureux de voir ça pour d'autres raisons aussi.

— Je suis noire.

— Une femme noire.

— Hugh a évoqué les revendications des minorités scientifiques, qui ont été ajoutées au cahier des charges de l'université d'Irvine. Quelle différence ça a fait ?

— Pas beaucoup, convint-il en pinçant les lèvres.

— Mais ça a joué quand même ?

— Il faudrait que je regarde ça.

— Ça, Dave, c'est la dérobade administrative standard.

— Personne ne pense que vous êtes là pour autre chose que pour vos compétences, Alicia.

— J'aimerais bien en être sûre. Les programmes de ces représentants des minorités...

— Vous avez le soutien sans réserve de toute l'équipe, ici, croyez-moi.

Elle haussa les épaules et eut un petit sourire mélancolique. Elle s'en voulait d'avoir abordé le sujet. Obtenir du temps sur le RHIC était un exercice de diplomatie en soi, or la diplomatie n'avait jamais été son fort, et elle était encore inhibée par le doute.

— J'espérais que tout ce battage serait retombé. La physicienne noire, seule de son espèce, un animal de foire...

— Mettez en évidence le plasma de quarks et de gluons, et tout ça n'aura plus aucune importance.

— La dernière fois, vos gars de la pub ont vraiment donné l'impression que j'étais seule responsable de l'expérience.

— C'est le média business, répondit-il en tendant une main apaisante. Les gens n'aiment pas les histoires compliquées.

Elle hocha pensivement la tête.

— Un de ces types m'a dit que les meilleurs journalistes scientifiques touillaient une livre de personnalité et une once de contenu. Tu parles !

— C'est pourtant vrai, convint-il. (Il retrouva d'un coup sa gravité :) Euh, il y a un autre problème : nous avons des soucis avec la gestion des données, mais vous en avez probablement entendu parler...

— Non, je ne savais pas.

Cela dit, ce n'était pas une surprise. Le flux de chiffres craché par les myriades de diagnostics du RHIC était un Mississippi, par comparaison aux machines primitives.

— Il va falloir que nous gardions toutes les données sur l'uranium et que nous les traitions ici, lâcha-t-il d'une voix atone.

— Quoi ! Je veux les traiter à l'UCI aussi.

— Nous ne pourrions pas vous les donner sous une forme exploitable par vous.

— Je pourrais les traiter en BITNEX...

Et c'était parti. Ils se lancèrent à la tête des sigles de systèmes informatiques hard et soft — DAQ, PMD, CPU, et ainsi de suite —, leurs voix montant crescendo alors que leur désaccord s'aggravait. Elle dit enfin :

— Et merde ! Nous étions convenus que j'aurais une égalité de traitement des données !...

— Nous n'avons tout simplement pas les ressources nécessaires en hommes ou en temps machine pour traduire les masses de données sur l'uranium dans votre langage machine, répondit Dave d'un ton sans réplique.

— Vous auriez dû me le dire !

— C'est tout juste si nous arrivons à rester à flot. Quand je suis allé à l'unité de calcul centrale, ils se sont contentés de me regarder en secouant la tête.

— Mais c'est contractuel !

— L'une des clauses prévoit que le labo a le droit de procéder au premier traitement des données...

— Ce n'est qu'une mesure par défaut. Nous avons un accord...

— Pas vraiment. C'est à notre discrétion.

— Et merde ! Ce sont *mes* données !

— Mais vous les aurez aussi.

— Quand ?

Dave détourna les yeux, mal à l'aise.

— Nous ferons en sorte que vous ayez les événements significatifs, disons un pour cent. Mais pour le reste, vous devrez patienter quelques mois...

— Des mois ! Nous avons prévu de procéder à un second essai d'ici six mois. Nous serons obligés de revenir sans avoir eu le temps d'examiner nos premiers résultats.

Il haussa les épaules, la mettant plus en colère par ce geste que par ses paroles.

— C'est *mon* expérience ! bredouilla-t-elle.

— C'est *notre* expérience. Vous êtes notre invitée.

Elle retint une réponse mordante, se rendant compte que ça ne servirait à rien. Le labo finirait par lui donner un ensemble de données compressées, filtrées, bien sûr, mais ils devraient poireauter, son groupe de recherches et elle, avant de les obtenir.

— Ça ne me plaît pas, dit-elle enfin, au prix d'un effort sur elle-même.

— Je suis désolé, mais c'est comme ça.

Elle vit qu'il était embarrassé par cette escarmouche. Etait-ce un effet annexe de l'éternelle rivalité entre les spécialistes de la physique nucléaire et les gens plutôt hautains qui s'intitulaient physiciens des particules ? Avec le RHIC, les gens du nucléaire avaient pris une nouvelle parcelle de territoire aux physiciens des particules, et Alicia faisait définitivement partie de la tribu des particules. La relation tendue entre les deux domaines donnait lieu à des disputes et à des échauffourées ; c'en était visiblement une. En tant que représentante de la physique des particules invitée, elle s'était fait squeezer au niveau de l'attribution du temps de traitement informatique des données. Elle poussa un soupir et s'efforça de dissimuler sa colère.

— Enfin, si vous me montriez votre dispositif ? demanda Dave avec un sourire conciliant.

4

Alicia inspira profondément pour se calmer un peu. L'odeur d'huile des grosses machines, la senteur mordante des solvants utilisés pour le nettoyage, celle, enfin, plus sèche et terne, des isolateurs électriques, tout cela se mêlait aux remugles de moisi, de terre humide du monde souterrain.

Elle ne pouvait pas rester tranquille devant les écrans synoptiques qui emplissaient un mur entier du centre de calcul et d'opérations. Au lieu de ça, elle tournait en rond dans un petit périmètre déterminé par la longueur du câble de son casque. Chaque fois qu'elle faisait demi-tour, ses yeux tombaient sur un poster représentant des chevaux fonçant sur un champ de courses. Il y avait une douzaine de personnes dans la pièce, les gars du RHIC et son équipe de l'UCI : Brad Douglas, Zak et elle, mais elle n'avait d'yeux que pour les écrans.

— Lancement de l'essai imminent, fit une grosse voix dans ses écouteurs. Faisceaux focalisés.

Ça voulait dire que l'amplificateur avait fait son travail.

— Les chevaux sont lancés, dit-elle à Zak en s'efforçant de parler d'un ton calme et mesuré.

Comme le collisionneur faisait un mille de long, la blague était de traduire le jargon de l'accélérateur en langage hippique. Zak ouvrit de grands yeux.

— Ils ont pris le départ ?

— Ils sont sur la piste, répondit-elle.

Les moniteurs électroniques de la pièce donnaient quelques indices du drame en cours de déroulement, mais elle le voyait comme si elle y était. Le Synchrotron cédait ses chevaux de particules aux aimants de contrôle et aux champs électriques pulsatiles de la piste. Des strippers spécialement conçus avaient dépouillé tous les atomes d'uranium de leurs électrons jusqu'à ce que leur charge totale de 92 protons se trouve exposée à peu près sans protection à la poussée des champs électriques.

Sur la piste annulaire étaient lâchés 57 paquets de noyaux d'uranium disposés tout autour de la circonférence comme dans des stalles. Chaque paquet contenait un milliard de noyaux. Il faisait le tour de la piste en un dix-millionième de seconde. Un nombre égal de paquets fonçaient dans la direction opposée, dans un faisceau distinct, guidé et dirigé par les seuls champs magnétiques. Ils pouvaient tourner ainsi pendant une journée si on n'intervenait pas.

— Le poteau d'arrivée, annonça Zak.

Les noyaux d'uranium avaient atteint leur vitesse de croisière dans le collisionneur. Ils étaient maintenant concentrés au point crucial de l'expérience. Une inflexion des champs magnétiques, et soudain les deux faisceaux contraires de noyaux se rencontrèrent. L'équipe de la salle d'observation envoya ses images.

— Nous avons des chocs ! s'écria Alicia.

Elle visualisa les deux faisceaux de noyaux d'uranium en forme de cigare, précipités les uns contre les autres dans le tube radial. Les noyaux devaient se heurter selon des angles bizarres, de biais, se fracassant en dizaines de milliers de particules à chaque fraction de seconde.

Elle se représentait les myriades d'extinctions comme autant de fleurs baroques, hérissées de lignes fusant dans tous les sens, formant un réseau d'excroissances grotesques. Les noyaux projetés en direction opposée n'avaient pas d'inertie dans le laboratoire. Leurs fragments devaient éclore en petites explosions minuscules, farouches, qui projetteraient des débris dans des cônes étroits, en avant et en arrière de la collision. Le flux perpendiculaire à la trajectoire était la zone cruciale où les détecteurs cherchaient le Graal : un plasma de quarks et de gluons.

L'équipe technique se mit à pousser des cris de joie.

Quelqu'un lui flanqua une tape dans le dos. Une femme hurlait d'une voix rauque. Elle comprit en s'arrêtant que c'était elle.

Un bouchon sauta et ricocha sur le plafond carrelé. Un électronicien lui tendit un gobelet en plastique de champagne bon marché. Alicia remercia tout le monde, sourit, prononça des paroles qu'elle oublia à l'instant où elles franchissaient ses lèvres. Elle avala une gorgée de champagne. Effroyable, mais ça n'avait aucune importance.

Elle était là, avec eux, et en même temps elle était ailleurs, absorbée dans la contemplation des écrans. Des fleurs s'y épanouissaient, leurs vecteurs laissant des traces brillantes, aux couleurs codées selon les particules. La moisson de ses détecteurs, les plages de mesures complexes auxquelles elle avait voué la majeure partie de sa vie d'adulte.

Elle serra Zak sur sa poitrine généreuse et lui planta un petit bécot sur la joue. Quelqu'un actionna un interrupteur et la *Deuxième Symphonie* de Brahms manqua faire péter le circuit audio. Son groupe de détection était le Broad Range Hadron Measuring Spectrometer, ou BRAHMS. Les accords tonitruants lui cassaient les oreilles, mais pour rien au monde elle n'aurait demandé qu'on baisse le son.

Et les fleurs bourgeonnaient toujours.

Elle réussit à renverser du champagne sur sa blouse de labo blanche, qu'elle portait, par dérision, sur un jean et un vieux chemisier immettable, plein de taches d'huile. L'éternel badge détecteur de radiations était accroché à sa poche. Elle se dit distraitement qu'elle se sentait toujours un peu ridicule avec. Si, par un hasard invraisemblable, elle devait être exposée au faisceau pendant le fonctionnement, le dosage mesuré par le badge fournirait une épitaphe intéressante pour sa pierre tombale.

Elle remercia encore une fois tous ceux qui avaient œuvré pour permettre le passage de l'or à l'uranium, tous ceux qui faisaient tourner le BRAHMS, les nombreux experts indispensables à la mise au point et au fonctionnement de l'un des systèmes les plus complexes du monde. Elle regardait les écrans, comme en transe.

— Hé, Zak ! Venez ici, vous, fit-elle en lui donnant une accolade d'ours. Ce n'est pas l'amour qui fait tourner le monde, mais les postdocs !

Des rires, des acclamations.

— Et les thésards, ajouta-t-elle en bourrant les côtes de Brad Douglas, qui préparait son doctorat.

Elle se rappela des histoires sur les vieilles chambres à bulle de Brookhaven. C'étaient des bouteilles pressurisées où les particules laissaient des pistes de bulles qui étaient déchiffrées par des caméras équipées de lampes à arc. On racontait une histoire fameuse d'explosion de bouteille de propane qui avait mis les étudiants en déroute. Se rendant compte qu'il allait perdre ses données, un postdoc était rentré en courant dans la salle. Une seconde explosion l'avait éjecté par la porte, ses feuilles à la main. Personne ne s'était étonné qu'il soit retourné les chercher.

— Données, belles données, entonna-t-elle en regardant les écrans, les yeux écarquillés comme une petite fille admirant un sapin de Noël.

Les noyaux d'uranium continuaient leur course fluide. *Pas de pépin. Merveilleux.* Les noyaux partaient du champ électrique accélérateur classique, franchissaient l'anneau de l'amplificateur et étaient projetés dans la vaste piste circulaire du Synchrotron. Tel était le destin des dispositifs couronnés par le prix Nobel : ils finissaient relégués au rang de simples accessoires des accélérateurs ultérieurs ; ces engins devant lesquels on s'était mis à genoux servaient désormais modestement au lancement des particules énergétiques dans le RHIC.

Pendant l'Âge d'Or, maintenant bien terni, de la discipline, ce genre d'engins éblouissait la communauté des physiciens, qui s'acharnaient à pénétrer dans le tissu de la réalité avec des marteaux toujours plus gros, écrasant des noix de plus en plus petites. Une longue marche, du cyclotron de table au collisionneur à supraconductivité avorté — qui s'était révélé pas si super que ça quand on avait fait une croix dessus, engloutissant plus de trois milliards de dollars dans une piste creusée pour rien au Texas. Un terrier fort coûteux pour les fourmis et les chiens de prairie.

Ça n'empêchait pas les spécialistes de croire dur comme fer que chaque nouvel accélérateur, plus gros que le précédent, révélerait une pléthore satisfaisante de particules inconnues, de la physique toute fraîche. D'après le modèle standard, le zoo de particules était maintenant presque complet. Des gros protons aux petits leptons, en passant par les quarks plus exotiques des années 1990, la faune des particules se révélait obligeamment à la demande, à des niveaux d'énergie plus élevés. Mais le RHIC chassait du plus gros gibier, un nouvel état de la matière, en fait.

— La saisie se passe bien, annonça-t-elle laconiquement à Zak.

— Ouais, ouais. C'est génial, hein ?

C'était la première fois qu'il participait à ce genre de test, et il n'avait pas assez d'yeux pour tout voir.

— L'élément nodal ? Tout va bien ? demanda un technicien.

— Parfait, répondit-elle avec fierté.

L'élément nodal était la contribution de l'UCI, l'université d'Irvine, en Californie, aux détecteurs BRAHMS du labo de Brookhaven. Alicia l'avait conçu et assemblé avec sa petite équipe de thésards et de postdocs. Elle travaillait dessus depuis son arrivée à l'UCI, après sa propre thèse à Berkeley. Elle y avait consacré trois ans de sa vie, à l'exclusion de toute autre tâche, et le voir tourner lui procurait une inexprimable sensation de légèreté. Elle avait l'impression de planer sur un nuage de joie pure.

Un détecteur de particules qui tournait bien était obsolète, ou n'avait pas été conçu assez près du bord affûté de la technologie. Mais son équipe avait passé les mois d'assemblage et d'essai de l'élément nodal à résoudre bien des problèmes.

Les ordinateurs de saisie de données appréciaient à présent le flux d'informations et renvoyaient régulièrement des images de collisions intéressantes. Elles étaient toutes enregistrées sur de gros disques lasers qui tournaient à une vitesse vertigineuse, des supports optiques holographiques. Des lignes colorées figuraient les noyaux d'U-238 qui arrivaient, puis se désintégraient en une pluie de lignes plus fines, incurvées selon une folle confusion. Les événements fleurissaient en bouquets ravissants. Des nombres, sur les bords de l'écran, exprimaient des coordonnées temporelles et des niveaux d'énergie, décortiquant la beauté sans remords, avec la froideur d'un biologiste disséquant une grenouille. Toutes ces splendeurs étaient figées en tranches de temps si fines qu'aucun être vivant n'aurait pu en enregistrer un million bout à bout.

Les êtres humains ne vivaient pas assez vite, pas assez finement, se dit-elle. Ils n'étaient que de grosses bêtes lentes, ramollies. Et pourtant ils attaquaient des moments minuscules au scalpel électrique et ils poussaient jusqu'au cœur.

C'est alors que les choses commencèrent à débloquer.

— Le taux de collisions diminue, annonça Zak, une heure plus tard, depuis la salle de calcul.

Elle le rejoignit et découvrit qu'il y avait un os.

Zak bichait comme un pou devant le moniteur sur lequel on lui avait confié le suivi du faisceau. Il pensait que c'était une tâche importante. En réalité, personne n'imaginait que le rayon du RHIC puisse hoqueter ou dévier. Le collisionneur s'était comporté mieux qu'on n'osait l'espérer au vu des essais chaotiques. Mais les postdocs avaient rarement l'occasion de se sentir importants dans le secteur.

— Hein ? dit l'un des techniciens. Vous devez mal regarder...

Alicia observa le flux des données. Son visage se figea.

— Il y a une baisse de trente pour cent, confirma-t-elle.
— Ça a diminué d'un coup, acquiesça Zak.
— Il doit y avoir un pépin, dit le technicien.
— Un gros pépin, reprit Alicia d'une voix tendue, stridente.

Tout s'était calmé dans la pièce, au fur et à mesure que l'essai se poursuivait. Les têtes se tournèrent en entendant murmurer les opérateurs.

ON PERD UN FAISCEAU? tapota Alicia sur sa console. Elle formula elle-même la réponse :

— Non. Ils sont réguliers.
— C'est un problème normal? s'enquit Zak.
— Bien sûr, répondit l'un des opérateurs. Il peut y avoir une douzaine de raisons à ça.
— Lesquelles, par exemple? insista Zak.

Alicia eut un sourire. Il apprenait à obtenir des informations, quitte à les arracher au pied-de-biche si nécessaire.

— Une défaillance d'un module, une faille dans un détecteur, toutes sortes d'incidents possibles, répondit l'opérateur. On va bien trouver d'où ça vient.

Sauf qu'ils ne trouvèrent pas.

Le nombre net de collisions dans la zone d'intersection des faisceaux dégringolait toujours. Les noyaux d'uranium continuaient à filer régulièrement dans le BRAHMS. Les champs magnétiques étaient constants dans les parages. Et pourtant, on aurait dit que les faisceaux ne se rencontraient pas. A ce taux de collisions, ils n'obtenaient plus assez de données significatives.

Ils tournèrent encore deux heures, puis Alicia perdit patience. A ce moment-là, le taux de collisions était descendu à quelques pour cent de ce qu'il était quatre heures auparavant. Les fleurs en Technicolor n'éclosaient plus que rarement sur les énormes écrans. Elle tournait en rond, descendait des tasses de mauvais café, utilisait les programmes de monitoring élaborés du détecteur, recommençait à faire les cent pas.

Le directeur des opérations l'appela. Les responsables du faisceau détestaient les pertes de flux. Ils craignaient que le système ne soit endommagé d'une façon ou d'une autre.

— Il doit y avoir quelque chose qui cloche dans le BRAHMS, dit-il délicatement.

— On dirait, convint-elle, refusant de lui accorder plus que l'évidence.

— C'est sans précédent. Pour moi, vous devriez revoir tout votre dispositif. Nous allons arrêter le faisceau pendant le temps nécessaire.

— Le temps d'essai nominal est de dix heures !

— Seulement si les choses se passent bien.

— Mais nous n'avons pas vraiment commencé, et…

— Ecoutez, vous n'avez qu'à y aller avec vos gars, essayez de trouver une solution rapide. On va s'y remettre tout de suite.

— Arrêter si vite ? fit Alicia, sachant qu'elle ne pouvait absolument rien faire pour empêcher ça.

5

Le BRAHMS était conçu pour rechercher les traces d'un plasma de quarks et de gluons selon un vaste éventail d'angles. Les noyaux qui se heurtaient de plein fouet formaient un « gaz » chaud de quarks et de gluons. Cette violence infinitésimale compressait la matière, la comprimait jusqu'à cent fois la densité des nucléons entrants.

Ensuite, en se refroidissant, ce nuage de débris se dilatait. Le BRAHMS scrutait toute la région centrale en expansion et échantillonnait le crachin virulent, cherchant une preuve évanescente d'un nouvel état de la matière. C'était un peu comme s'ils avaient essayé de découvrir la vapeur en projetant des gouttelettes d'eau les unes contre les autres.

Alicia, Zak et une équipe technique entrèrent dans la salle du BRAHMS en poussant des chariots chargés d'instruments de mesure et de détection.

— On va commencer avec le bras avant du spectromètre, dit Alicia.

Ce dispositif filtrait les énergies de particule à résolution fine, un rôle vital.

Ça paraissait judicieux. Ils passèrent une heure sur la masse de dix-neuf mètres de long. Tout allait bien de ce côté-là.

— On s'occupe des traceurs, maintenant ? suggéra Zak à l'un des membres de l'équipe.

Ils acquiescèrent. D'habitude, il y en avait un qui attendait placidement le verdict des diagnostics à distance, mais Alicia craignait que le problème ne vienne d'une défaillance de l'alimentation en énergie ou d'une rupture dans une conduite de gaz, indétectables depuis la salle de comptage.

En tant qu'« invités », Zak et Alicia ne connaissaient pas les us et coutumes de ceux qui avaient passé dix ans de leur vie à construire le BRAHMS. Alicia savait que beaucoup d'utilisateurs auraient attendu dans la salle de contrôle que l'équipe du collisionneur découvre l'origine du problème. Mais elle avait travaillé là alors qu'elle était étudiante, elle avait participé à la construction du dispositif complexe du BRAHMS, les compteurs faisceau-faisceau et tout ce qui s'ensuit. Elle n'était pas une utilisatrice comme les autres, se disait-elle. Certains membres de l'équipe ne voyaient pas les choses tout à fait du même œil, mais elle fronçait les sourcils, elle poussait un coup de gueule, et le travail avançait plus vite, ou du moins le pensait-elle.

Rien ne clochait du côté des traceurs.

Aucune trace de radioactivité dans la salle.

— Je suggère que nous regardions du côté du détecteur Tcherenkov de l'anneau-imageur, proposa Alicia. Il se pourrait qu'il nous donne un signal de contre-réaction défectueux et que...

— Je n'y crois pas, dit l'un des hommes.

— Comment? répliqua-t-elle sèchement.

— Ecoutez, si on allait déjeuner? intervint le chef d'équipe. Il y a un moment qu'on est là-dessus, et l'heure tourne.

Elle cilla. Dans son affolement, sa concentration voisine de la surchauffe, le temps avait cessé d'exister. Il n'y avait que le travail, l'interrogation, le mystère exaspérant.

— D'accord, d'accord. Ecoutez, merci les gars, vous avez été formidables.

Lorsqu'ils furent partis, elle inspira profondément.

— Zak, venez m'aider par ici...

Il se doutait bien qu'elle n'était pas d'humeur à faire une pause déjeuner. Il la suivit sans un murmure vers la zone centrale des installations.

Le long de l'axe du BRAHMS courait le tube radial que les noyaux parcouraient dans les deux sens, selon un faisceau étroit et rectiligne maintenu par de puissants aimants. Les résidus de leurs collisions se répartissaient dans les détecteurs massés tout autour. Le tube ne faisait que quelques centimètres de diamètre, ce qui était étonnamment modeste compte tenu des énergies qu'il canalisait.

En tant qu'utilisateurs extérieurs, ils apportaient à l'expérience leur dispositif particulier, l'élément nodal, qu'ils avaient mis au point pour accroître le potentiel du BRAHMS. Ceux qui avaient construit le corps principal du BRAHMS avaient tendance à penser que c'était leur chose. Alicia avait principalement consacré son doctorat à concevoir et à fabriquer un cylindre couvert de plaques noires, plates, inertes, formées de couches concentriques de silicone renfermant des millions de minuscules capteurs, reliés électroniquement, fabriqués comme les circuits intégrés pour ordinateurs que produisaient les firmes d'électronique. Les particules chargées heurtant ces plaques denses déclenchaient des impulsions électriques. La somme de ces innombrables pixels donnait une image de ces glorieuses collisions.

D'autres détecteurs prenaient la forme de longues dalles revêtues de housses de plastique noir, empilées comme des tuiles, auxquelles étaient reliés des bouquets sinueux de câbles optiques ou électriques obéissant à des codes de couleur.

Elle tapa des commandes sur le clavier et étudia l'écran où scintillaient des tableaux de chiffres vert phosphorescent : OK.

— Et merde !

Zak leva la tête des connexions qu'il vérifiait.

— Qu'est-ce qui ne va pas ?

— Rien, justement.

— Il doit bien y avoir quelque chose qui cloche...

— L'uranium circule dans le tube, mais rien n'en sort.

— Comment les deux faisceaux pourraient-ils se rater ? demanda Zak en fronçant les sourcils.

— C'est impossible. Les aimants marchent tous parfaitement, la focalisation est parfaite...

Elle se sentait ridicule d'énoncer ainsi l'évidence, mais ça lui faisait du bien. Et il n'y avait personne, que Zak. La transgression de l'apparence de calme, d'assurance obligée, était autorisée devant les postdocs et les thésards.

— Euh, enfin... dit Zak, embarrassé. Nous pourrions peut-être...

— Regardons l'anneau-imageur.

Elle avait retrouvé son sang-froid et s'approchait maintenant de l'énorme dispositif, à l'autre bout du BRAHMS. Zak la suivit docilement. Elle était virtuellement sûre que rien dans l'imageur ne pouvait faire foirer le comptage du flux, mais la perversité innée de la Nature pouvait...

Soudain, il y eut un grand *boum !* de l'autre côté du mur de béton.

Surprise, elle trébucha et s'étala par terre. Des débris heurtèrent les murs et criblèrent les capots métalliques.

L'explosion venait de derrière elle. *Qu'est-ce que... ?*

— Ça va ? appela Zak.

— Ouais. J'suis tombée sur le cul.

Zak semblait essayer de chasser une abeille de son oreille.

— Eh ben, quel barouf !

— Mais qu'est-ce que... ?

Un sifflement.

— La chambre à vide est touchée !

Ils se précipitèrent vers le tube radial, au centre même du BRAHMS. Il y avait un gros trou dans la paroi.

La rupture s'était produite près du cœur de leur propre détecteur, au niveau de l'un des aimants les plus puissants.

— J'appelle les Opérations ! hurla Zak d'une voix stridente, l'effet de l'adrénaline commençant à se faire sentir.

Il se précipita vers le téléphone mural, ses bottes martelant le sol.

— Le système va se verrouiller automatique... commença-t-elle.

Elle n'acheva pas sa phrase. Son visage se ferma. Le sifflement l'empêchait de se concentrer. C'était le désastre. Il y avait des éclats de métal tordu partout.

Elle s'engagea bravement dans le fouillis de câbles, écrasant des bouts de métal sous la semelle de ses bottes. Les palpeurs spéciaux, disposés en cylindre et entrelardés de câbles qui constituaient l'élément nodal construit par son groupe d'Irvine... Elle déglutit péniblement. Il était en mille morceaux.

Le chasseur de particules devait connaître intimement son détecteur afin de faire abstraction du bruit et d'en extraire la substantifique moelle : les données. Ça impliquait généralement de l'avoir construit soi-même, d'avoir veillé pendant de longues nuits de frustration et d'ennui, investies pour de trop brefs moments de vision privilégiée.

Ce dispositif avait nourri ses rêves fiévreux. Maintenant, sa surface lisse, ses micropuces intégrées, ses circuits assemblés à grand-peine, tout cela était en miettes.

Elle s'affala contre un montant d'acier gris. Elle avait donné des années de sa vie à l'élément nodal, comme on le désignait sur les schémas du détecteur. C'était son enfant spirituel. Elle avait nourri le fantasme complet de la physicienne, depuis les essais au collisionneur jusqu'aux travaux destinés à convaincre les collègues que son bien-aimé détecteur était une lentille transparente, neutre, objective, à travers laquelle la Science contemplait le Réel.

En physique des particules, une conférence digne de ce nom démarrait forcément par un quart d'heure de description amoureuse de son détecteur, ce que les théoriciens appelaient la partie « Scotch » du séminaire. Les théoriciens étaient des platoniciens, qui comptaient sur leur détecteur pour scruter froidement la réalité. Les expérimentateurs étaient des cartésiens, qui s'interrogeaient sans fin sur la fiabilité de leurs sens.

Pendant un long moment, tête basse, Alicia perdit tout sens de la réalité. Elle plongea dans un puits de désespoir et sentit ses genoux tremblants menacer de fléchir sous son poids. Le sifflement la ramena à la réalité. Elle se demanda s'il ne s'amplifiait pas.

Elle passa la tête entre deux gros aimants, dans le cœur du détecteur d'Irvine. Le tube radial était crevé. Toute une section avait été soufflée. Des éclats tordus de béryllium s'étaient fichés dans les parois du détecteur, en arrachant des lambeaux entiers.

La force avait dû être énorme. Mais surtout, les morceaux d'acier convulsé entouraient quelque chose d'impossible.

Dans le trou du tube, il y avait une sphère brillante.

Elle était d'un diamètre supérieur à la section du tube.

Alicia s'approcha avec circonspection. Sur la surface brillante elle vit apparaître le reflet de son propre visage déformé, la bouche ouverte.

Une bille de chrome, crépitante de lumière, sur laquelle les images semblaient palpiter d'une lueur diaprée.

Ce n'était pas une fleur mais une chose d'une beauté troublante. Oh, funérailles !

6

Tout là-haut, au plafond, une poutre d'acier horizontale roulait en gémissant sur de grands rails.

— En arrière, doucement, Zak ! lança Alicia.

La poutrelle recula un peu jusqu'à ce que l'aimant permanent qu'elle supportait se trouve juste au-dessus de l'étrange sphère métallique.

— C'est bon ! dit-elle.

— Hé ! fit Zak depuis le panneau de commandes de la poutrelle. Vous ne pensez pas... ?

— Ils vont rentrer de déjeuner d'une minute à l'autre. Aidez-moi à attraper cette chose !

— Mais... et si...

— Allez, vite !

Elle s'efforçait de garder un ton neutre et ferme, muant sa nervosité en autorité. Elle n'aimait pas la hiérarchie implicite entre le prof et son postdoc, mais il y avait des moments où c'était bien pratique. Enfin...

— Euh, s'il vous plaît...

La sphère n'avait pas bougé lorsqu'elle avait appuyé dessus avec un tasseau. Une tige d'acier aurait adhéré aux pôles magnétiques. Puis elle remarqua que la sphère n'était pas en contact avec le tube radial. Elle planait à un millimètre au-dessus, rien de visible ne la supportant.

Il n'y avait qu'une possibilité : les champs magnétiques la maintenaient fermement au milieu du détecteur. Deux aimants supraconducteurs refroidis encadraient le point de convergence. Il y en avait de plus petits, des aimants permanents en forme de U, dans une réserve.

Si elle pouvait amener l'aimant en U juste au-dessus de la sphère, puis insinuer les autres aimants dans la configuration, elle pourrait faire en sorte que la sphère se retrouve suspendue dans le champ magnétique de l'aimant permanent comme dans un support invisible, caoutchouteux.

— Bon. Nous allons jouer avec ces commandes-là, dit-elle.

Les électro-aimants proches pouvaient être coupés à l'aide du boîtier de commande portatif. Elle appuya sur quelques touches, interrompant les puissants champs magnétiques entourant le trou béant dans le tube radial. Elle crut voir tressauter la sphère, comme en réponse à l'étreinte de champs invisibles.

Elle avait pris bien soin d'éviter tout contact avec la sphère. Quand on la touchait avec une baguette, elle avait l'air solide. Et pourtant, la façon vibrante dont elle réfléchissait les images était troublante. Les rayons laser avaient cette qualité étrange, leurs ondes lumineuses modulées faisant alterner les franges brillantes et noires. Comment cette chose pouvait-elle faire ça?

Elle devait être conductrice, parce que les champs magnétiques puissants du tube radial la soutenaient. Une pierre, par exemple, serait tombée droit au travers. C'est en voyant cela qu'elle avait compris le parti qu'elle pouvait en tirer.

— Attention... Abaissez l'aimant...

Elle regarda les pôles du grand aimant en U descendre vers la sphère. Si elle se débrouillait bien avec les autres aimants, elle pourrait amener la sphère à entrer dans le champ magnétique de l'aimant permanent, plus puissant.

— Plus bas... Encore un peu...

La sphère frémit à nouveau. Alicia entra d'autres instructions afin d'ajuster les champs qui convergeaient sur la sphère. Celle-ci monta vers les pôles de l'aimant. Elle semblait lutter contre une résistance élastique, visqueuse.

— Combien pèse ce truc ? demanda Zak.

— Lourd.

C'étaient les champs magnétiques les plus puissants qu'ils aient pu obtenir, et c'est tout juste s'ils arrivaient à déplacer la chose.

Elle joua légèrement sur les champs supérieurs. La sphère bondit entre les pôles de l'aimant permanent… et s'immobilisa.

Elle reprit doucement sa respiration, comme si le moindre souffle risquait de tout perturber.

— C'est bon. Je pense que nous la tenons.

— Vous croyez que ça va aller ? demanda Zak avec un froncement de sourcils inquiet.

— Il y a un champ d'un demi-Tesla entre les pôles. De quoi supporter une sacrée masse.

Quand Zak remonta lentement, délicatement, le treuil vers le plafond, la sphère resta immobile entre les pôles. Alicia s'approcha du panneau de commandes.

— Doucement, dit-elle, prenant le relais.

Elle ne pouvait lui laisser la partie délicate. Si quelque chose tournait mal, ce serait sa responsabilité.

Les servos gémirent alors que le treuil reculait sur ses rails dans les profondeurs des grands murs de béton, emportant l'aimant en forme de U dans les ombres.

— Bonne idée de le mettre hors circuit, approuva Zak. Sacrebleu, d'où cette chose sort-elle ? Une partie de l'installation ?

Elle se rendit compte qu'il prenait cette grosse boule brillante pour une simple bille de roulement.

— Sais pas. Mieux vaut l'enlever des pattes de l'équipe, qu'ils puissent ressouder le tube radial.

— J'espère qu'on va bientôt pouvoir reprendre l'essai.

— Zak, l'élément nodal est irréparable.

— Je sais, je sais, mais les autres détecteurs...

Il ne finit pas sa phrase. Il était encore sous le choc. Etait-il cruel de le bousculer, de lui faire manœuvrer l'aimant permanent ? Non, pour elle, le meilleur moyen d'absorber une telle déception était de travailler à la résoudre.

Elle lui flanqua une claque sur l'épaule.

— Le reste du BRAHMS devrait nous fournir des quantités de données.

— Vous croyez ? Le spectromètre à vitesse moyenne...

— Pou' sû', dit-elle avec ce faux accent du Sud qui le faisait toujours sourire, comme une blague qu'ils auraient été seuls à comprendre. Allons-y.

Le temps que les autres rentrent de déjeuner, elle avait bricolé une rustine sur le tube radial. Ça ne leur plut pas du tout. Les réparations, c'était leur rayon. Alicia comptait bien là-dessus pour détourner leur attention de la bâche qu'elle avait jetée sur l'aimant permanent, logé dans un renfoncement du mur.

Zak avait peut-être raison ; il se pouvait que la chose ne soit qu'une curieuse boursouflure, mais elle n'y croyait pas. Son instinct lui disait que la sphère brillante était quelque chose de complètement inattendu. Tant qu'elle n'aurait pas vu ça de plus près, autant éviter d'impliquer l'équipe.

Alors, qu'est-ce que ça pouvait être ? Un accident, mais de quel genre ? Qu'est-ce qui avait pu, au cours de l'expérience, provoquer la formation d'une sphère de métal ? Un panneau ou autre chose avait-il été soufflé comme un ballon ? C'était peu probable. Qui avait dit que c'était du métal ? C'était conducteur, bien sûr, car sans cela les champs magnétiques auraient été sans effet. Ça brillait, certes... Mais le reflet moiré laissait fortement soupçonner qu'il y avait autre chose en jeu.

Du tas de débris de la physique théorique, elle connaissait beaucoup de particules hypothétiques. Certaines, trop bizarres pour se décomposer en particules banales, traînaient peut-être encore... mais sous forme de sphère brillante ?

7

Cette nuit-là, elle ne dormit pas. Elle se tourna et se retourna dans son lit en se demandant pourquoi elle avait fait ça.

Il était clair que l'apparition de la sphère était liée à l'avarie de la chambre à vide. Quand l'équipe était revenue, il y avait eu beaucoup de nettoyage à faire, et des tas de physiciens du BRAHMS s'étaient pointés pour examiner les dégâts en faisant grise mine. Elle avait tournicoté nerveusement autour d'eux en redoutant le moment où quelqu'un repérerait la bâche et dirait : « Hé, qu'est-ce que c'est que ça ? » Mais personne ne l'avait vue. Le désastre était assez spectaculaire pour monopoliser l'attention.

Son diagnostic improvisé s'était révélé juste. L'élément nodal d'Irvine avait absorbé le choc de la rupture du tube. Ses couches de silicone conçues spécialement pour traquer les produits de désintégration de l'uranium étaient criblées d'échardes d'acier, les mêmes qui jonchaient le sol tel un sable gris, grossier. Sa reconstruction exigerait des mois d'effort. Et de l'argent. Au moins, ils avaient des feuilles de silicone de rechange, alors le coût ne serait pas exorbitant.

Personne n'avait la moindre idée de ce qui avait pu provoquer l'explosion. Généralement, les pannes de vide étaient dues à des fissures, ou à des joints mal serrés. Même une rupture complète aspirait les composants vers l'intérieur, elle ne les soufflait pas au-dehors. Or il n'y avait pas le moindre fragment d'acier à l'intérieur du tube.

La réponse ne pouvait être que la sphère. Et elle la cachait.

Enfin, se dit-elle sinistrement, c'était son détecteur à elle qui avait souffert.

Et son contrat d'utilisatrice «invitée» couvrait les données concernant les particules microscopiques, pas macroscopiques.

Et puis... Elle grimaça dans le noir et ne put s'empêcher de rire de ses arguments.

Regarde les choses en face, cocotte, tu voulais *cette foutue chose*, se dit-elle.

Si c'était une pure étrangeté, bon... Si c'était quelque chose de fondamental, elle voulait être la première à savoir ce que c'était. Elle savait viscéralement que ce n'était pas de l'ambition; c'était de la curiosité à l'état pur.

Son professeur de thèse lui avait dit une fois qu'il y avait, aux recherches des physiciens, quatre raisons fondamentales, et la liste en était restée gravée dans sa mémoire.

D'abord, il y avait *Je veux savoir.* C'était ce qui la faisait agir en ce moment même. Fouiner dans les secrets de Mère Nature. Laquelle avait fait en sorte qu'il soit difficile de faire autrement.

Ensuite, il y avait *La théorie l'avait bien dit.* C'était la devise préférée des comités qui accordaient les plages d'essai. Les expérimentateurs qui redoutaient les théoriciens pensaient que c'était la meilleure des raisons. Alicia ne faisait pas partie de ces gens-là.

Parmi les expérimentateurs plus rassis, on aimait beaucoup *J'ai toujours fait comme ça.* L'habitude, souvent dépourvue d'intelligence. Au fond, ça voulait dire *J'ai toujours été comme ça.*

Il y avait une dernière raison, peut-être la meilleure de toutes, celle qui l'avait poussée à utiliser l'uranium :

Douce est l'expérience. Si l'uranium marchait, ça pourrait leur donner la clé de l'univers primitif. Le fait d'utiliser l'élément constitutif de l'arme de destruction nucléaire pour élucider les mystères fondamentaux de la Création comportait une symétrie perverse qui lui plaisait.

La sphère pourrait se révéler douce, elle aussi. Ça la démangeait de le découvrir. Alicia soupira et bannit ses doutes. Elle avait agi impulsivement en la planquant. Ainsi soit-il.

Bon, maintenant que c'était clair, et après ?

Le groupe BRAHMS était petit par rapport au PHENIX, cette énorme machine qui faisait travailler plusieurs centaines de physiciens. Sauf que, dans la sociologie congestionnée de la physique des particules/nucléaire, « petit » voulait tout de même dire que plus de trente physiciens travaillaient sur le BRAHMS, des gens de Strasbourg, de l'université de New York, de l'A & M du Texas, de Berkeley, en Californie, et de l'Institut d'énergie atomique de Pékin. Tout le monde s'était dit désolé de l'accident et avait beaucoup secoué la tête en faisant *tsk-tsk* devant les ruines de l'élément nodal.

Mais tout le monde était impatient de faire le ménage et de remettre ça. Les gros détecteurs, le PHENIX et le STAR, étaient dans d'autres zones autour de la piste. Ils étaient actuellement arrêtés pour maintenance, mais ils pourraient très vite procéder à une étude détaillée de la trajectoire des débris résultants des collisions d'uranium. Ils pourraient cracher des données — pour ces groupes, pas pour le sien. L'élément nodal était l'instrument crucial de l'expérience et voilà qu'il était anéanti. Mais on n'arrêtait pas la course pour un cheval à terre.

Le temps écoulé, le temps à venir, le temps d'essai, telles étaient les unités de compte de la physique des particules. D'ici six jours, le collisionneur recommencerait à tourner avec de l'or, et avec d'autres équipes de techniciens chargés des détecteurs. Ces gens voulaient toutes les données qu'ils pouvaient obtenir. Dommage pour l'élément nodal, mais c'était comme ça.

— Et en plus, ces bâtards vont garder les données — mes données — pendant des mois ! dit-elle tout haut dans le noir. Et merde !

Elle s'abandonna un moment à la colère, puis réussit à se dominer. Elle se récita les sermons habituels. Leurs buts étaient les siens, après tout. L'uranium pouvait encore murmurer des secrets merveilleux à qui savait tendre l'oreille.

Elle avait l'absolue certitude qu'en révélant l'existence de la sphère elle donnerait le coup d'envoi de la compétition qu'elle trouvait déjà tellement déplaisante dans ce domaine. Devoir poireauter pour récupérer ses propres données ! A cette époque où il y avait si peu de grosses installations et où le temps accordé aux expérimentateurs était tellement restreint, la moindre pointe d'étrangeté dans une courbe tracée d'avance pouvait provoquer une goinfrerie frénétique. *Viol collectif de données*, soupira-t-elle intérieurement.

Ah oui, les données. Ils avaient attendu le dernier moment pour lui dire qu'elle n'aurait pas la primeur des informations, mais qu'ils les savoureraient d'abord à loisir, ici, à Brookhaven. Tout ce qui pouvait être vraiment surprenant, ils le digéreraient minutieusement avant.

Eh bien, se dit-elle, d'humeur vengeresse, elle leur rendait simplement la monnaie de leur pièce. Elle ne se contentait pas de dire : « C'est bon, je reprends mes billes et je rentre chez moi. »

Elle éprouva aussitôt un pincement de remords. Ça ne collait pas avec sa propre voix intérieure, elle en était bien consciente.

Enfin, que disait toujours son père ? Dans le crépuscule de la petite chambre réservée aux « invités » du labo, elle se récita sa phrase : « Tant que tu gardes les yeux sur ton but, tu ne te regardes pas le nombril. »

8

C'était décidément trop la panique dans la zone de préparation. Ça devint évident dès la première heure.

Avec l'aide de Zak et de Brad Douglas, elle avait fait descendre l'aimant en U sur un chariot élévateur et l'avait amené dans la zone de préparation. Zak avait déjà dit à Brad qu'ils avaient trouvé dans le tube radial «un drôle de truc» qu'Alicia voulait étudier un peu. Avec sa tête d'Américain bon teint, Brad était un étudiant à l'ambition tranquille, qui était encore plus impressionné que Zak par l'atmosphère survoltée de Brookhaven. Il avait une façon de travailler par décharges subites d'énergie, comme si une idée venait soudain de prendre feu en lui. Il avait pour le professionnalisme de Zak du respect et une pointe d'envie.

Elle ne voyait pas l'intérêt de mettre Brad au courant tout de suite, et le fidèle Zak le dissuaderait de parler de la sphère à tort et à travers. Ça lui permettrait de gagner le temps dont elle avait besoin.

Elle les envoya tous les deux donner un coup de main au redémarrage. La section du tube radial endommagée ayant été réparée, on refit le vide et le groupe BRAHMS relança les faisceaux d'uranium. Elle aurait dû être dans la salle de comptage pour assister au nouvel afflux de données; elle faisait encore partie de l'équipe, après tout. A dix heures du matin, les responsables de l'accélérateur avaient recommencé à charger les paquets d'uranium dans l'anneau du RHIC. La physique continuait. Mais l'élément nodal était mort, et l'excitation de la veille aussi.

Un rapide coup d'œil circulaire... Bon, personne ne faisait attention à elle. Elle tira subrepticement sur la bâche qui masquait les pôles de l'aimant et examina la sphère. La surface, apparemment lisse, paraissait légèrement bleutée. Dessus se reflétaient les tubes de céramique fluorescents qui éclairaient la vaste salle et son propre visage, avec ses yeux en amande, qui la regardait à deux pieds de là. Pas de radioactivité.

Alicia renifla. Une odeur d'ozone ? Ça pouvait venir des éclateurs d'une manip en cours de préparation, non loin de là.

Elle toucha la sphère avec un tasseau, comme la veille, et obtint le même résultat : la surface était dure, résistante. Elle tapa dessus de toutes ses forces. Aucun tintement. Juste un choc sourd, d'objet absorbant un choc. Un solide ?

Elle inspecta à nouveau les environs. Personne ne semblait faire attention à elle. Parfait. Elle regarda le bout du tasseau. Une petite marque. Aucune autre trace.

Elle éprouva une soudaine tension nerveuse, ses doigts la démangeaient. Que pouvait-elle faire de plus ici ? Dans tous les coins, les équipes s'activaient autour de leur matériel.

La physique se targuait d'ignorer les frontières, mais elle se divisait souvent en tribus microscopiques. A Brookhaven, chacun des groupes qui travaillaient pour les divers détecteurs avait sa cafetière. S'il y en avait une qui se déglinguait, il ne serait venu à l'idée de personne de demander du café à un autre groupe ; on se contentait de ronchonner en attendant que l'appareil soit réparé. Comme le passage de l'or à l'uranium affectait chaque secteur du collisionneur, Alicia s'était retrouvée plus souvent au labo que la plupart des autres, et c'est souvent à elle que les gens venaient demander comment ça se passait dans les secteurs voisins, s'il y avait du nouveau, alors qu'ils n'étaient qu'à quelques centaines de mètres les uns des autres.

Maintenant, les physiciens et les techniciens des détecteurs STAR, PHENIX et PHOBOS venaient lui présenter leurs condoléances pour la perte de son élément nodal : « C'est vraiment un mystère », « A votre avis, qu'est-ce qui a pu provoquer ça, hein ?» et autres expressions de sympathie habituelles. Elle hocha la tête. Ils étaient vraiment gentils, mais elle avait du mal à se concentrer sur ce qu'ils racontaient.

Elle poussa un soupir. Il y avait trop de gens dans les parages pour émettre des hypothèses sans susciter l'intérêt. Et quelle hypothèse aurait pu avoir un sens ? Elle avait besoin d'emporter cette chose au calme, dans un laboratoire où elle pourrait réfléchir. Brookhaven était une usine à particules, par un endroit propice à la réflexion.

Nous avons peut-être découvert une vraiment grosse particule, se dit-elle follement. *L'énormion.* Avec une particule de la taille de la tête, plus besoin de micropuces compliquées ou d'imageurs, on pourrait l'étudier à l'œil nu.

La physique était comme ça, il y avait un ou deux siècles, même pas. Hertz mesurait ses ondes en traversant son labo, parce qu'elles étaient longues comme le bras. Roentgen avait découvert les rayons X à l'aide de vulgaires plaques photographiques et d'un presse-papiers d'acier. Peut-être la physique des particules avait-elle besoin d'un énormion.

— Espérons que le champ suffira à le maintenir, fit Zak par-dessus son épaule.

— Euh, comment se passe l'essai ?

Tout le reste du BRAHMS était encore opérationnel. L'élément nodal n'était qu'un dispositif particulier, construit spécialement pour l'uranium.

— Ils constatent tout plein d'événements dans le bras à vitesse moyenne.

— Génial.

Ils avaient passé l'après-midi de la veille à extraire les restes de l'élément nodal du BRAHMS. Pendant les mois qu'il leur faudrait pour reconstruire le détecteur, ils devraient se contenter d'analyser les nuages compacts de particules subatomiques à partir des quelques heures de données qu'ils avaient emmagasinées.

— Il fait quoi, un demi-Tesla ? demanda Zak en vérifiant l'inscription au stencil figurant sur l'aimant permanent. Ouais. Espérons que ça suffira.

— Pour maintenir la sphère ? Voyons...

Elle griffonna un rapide calcul sur sa planche à pince. Le champ magnétique appliqué à la sphère multiplié par la section transversale de la sphère devait excéder la force de gravité, alors...

— Tant qu'elle pèse moins de cent kilos, pas de problème.

— Pour de l'acier, ça devrait coller.

— Elle est en équilibre, reprit-elle, en ajoutant *in petto* : *Laissons-le croire que c'est de l'acier.*

Zak fronça le nez.

— C'est quoi, cette odeur ?

— L'odeur d'ozone des éclateurs, là-bas. Enfin, je pense.

— Hon-hon. Dites, vous êtes au courant pour cette réunion de la commission de sécurité ?

— Euh... non. Quand ça ? demanda-t-elle en se raidissant.

Il jeta un coup d'œil à sa montre-bracelet.

— D'ici deux heures à peu près. Vous n'avez pas relevé votre e-mail ?

Le segment de tube radial explosé trônait sur la table autour de laquelle étaient assis Zak, les gens de la sécurité et elle. La lumière fluorescente qui baignait la salle de conférence donnait à la pièce d'acier convulsée l'allure d'un cadavre posé sur une table d'autopsie.

Les préliminaires furent méthodiques. La description des procédures, le passage en revue des éléments, toutes sortes de détails pour se couvrir. Elle avait l'estomac en révolution, mais elle résista à la pulsion classique d'en dire trop long, sa grande spécialité quand elle ne se sentait pas en sécurité. Pourvu que personne n'ait remarqué la sphère...

Les images fournies par les caméras vidéo qui avaient enregistré l'explosion du tube étaient brouillées, partiellement obstruées par les détecteurs. La chemise de Zak était tout de même visible à l'arrière-plan. Alicia éprouva un vague malaise ; si les physiciens ne vivaient que pour l'inexpliqué, les ingénieurs avaient horreur de ça.

Un ange passa sur la pointe des pieds, en faisant la moue. Hugh Alcott refit l'historique des faits d'une voix monocorde.

— Notez les signes manifestes de rupture consécutive à une surpression au segment 248. Le revêtement intérieur endommagé présente un brunissement qui semble d'origine photonique. Dave ?

Dave Rucker hocha la tête avec un sourire incertain, navré.

— J'ai vu les dégâts qu'a subis votre élément nodal. Désolé, Alicia, mais je crois pouvoir vous assurer, ainsi qu'à votre équipe, que ce n'est pas dû à un oubli ou à une erreur prévisible du labo...

— Il est normal que le tube radial ait cédé au point de focalisation, puisque c'est à cet endroit qu'il est le plus mince, dit-elle. J'imagine que la rupture a été provoquée par un dépôt d'énergie anormal sur la paroi.

Elle était sûre que les ingénieurs avaient déjà pensé à ça. Le tube aminci laissait bien passer les produits de la désintégration, mais ce n'était pas sans inconvénients.

— Nous n'avons jamais rien constaté qui ressemble, même de loin, à ça, continua Dave. Il est clair qu'une décharge d'énergie a provoqué une pression sur le revêtement intérieur.

— Je comprends, dit-elle.

— La question, reprit Hugh en croisant les mains, est de savoir si c'est arrivé à cause d'un fait spécifique lié à l'utilisation de l'uranium ?

— Je ne vois pas comment, répondit-elle en écartant les mains. Il est vrai que l'énergie totale libérée par chaque collision est plus élevée, elle est supérieure à 200 GeV par noyau multiplié par 238, et par deux, puisqu'il y a deux noyaux. Mais ça ne fait pas beaucoup plus qu'avec l'or.

— A moins que vous n'ayez franchi un seuil crucial, reprit Dave Rucker à voix basse.

Elle s'y attendait.

— Nous avons, Zak Nguyen — mon postdoc, que voici — et moi-même, vérifié les signatures dans l'élément nodal et dans les détecteurs BRAHMS environnants. Nous avons regardé les comptages juste avant l'incident. Montrez-leur, Zak.

Zak se leva. Il tenait plusieurs exemplaires d'un diagramme énergétique. Elle vit qu'il souriait pour masquer sa nervosité. Il exposa les spécifications et décrivit leurs méthodes de travail d'une petite voix atone qui s'affermit lorsqu'il aborda les détails.

— Les comptages ne mettent en évidence aucun excès inattendu au niveau des détecteurs, conclut-il avec assurance.

— Hum, fit Dave en indiquant une courbe descendante. On dirait que le taux moyen était déjà bas.

— Nous avons constaté une lente érosion du flux pendant plusieurs heures avant l'incident, confirma Alicia. Le système était en sous-performance.

— Vous envisagez une défaillance du système, avança Hugh Alcott, l'air très attentif.

— Je ne suis pas une spécialiste du collisionneur, répondit Alicia en haussant les épaules.

— Ça vaudrait le coup qu'on vérifie, reprit Dave. Je vais demander à Tom Ludlam de voir ça.

Alicia haussa les épaules. Ludlam était le directeur des recherches, un homme très respecté.

— Laissez-moi tirer ça au clair, reprit-il en se penchant vers elle. Rien de spécial au niveau du signal de l'élément nodal ?

— Non, rien du tout.

Ce n'était pas sa faute s'ils ne posaient pas les bonnes questions.

— Si l'explosion s'était produite au point de convergence de l'un des grands détecteurs, le PHENIX ou le STAR, fit Dave d'une voix lente, troublée, monocorde, ç'aurait été la catastrophe. Tous les microcircuits et les détecteurs auraient été criblés de débris et rendus inutilisables…

— L'horreur, acquiesça Hugh. Je ne suis toujours pas convaincu que ça n'a rien à voir avec le fait d'utiliser de l'uranium.

Alicia n'avait rien à ajouter à ça. Elle observa les membres de la commission et attendit. Elle avait appris quand elle était étudiante que chez les physiciens, à moins d'être absolument sûr de ce qu'on racontait, il valait mieux se taire.

— Tant que nous n'aurons pas compris ce qui s'est passé, je préconise que nous ne procédions plus à aucune expérience avec l'uranium, conclut Dave.

Elle s'y attendait. S'ils ne trouvaient rien, le problème sombrerait dans les oubliettes au bout de quelques mois de frustration. A ce moment-là, elle saurait ce qui s'était passé et elle pourrait revenir à la charge pour reprendre les essais avec l'uranium.

— Je comprends, dit-elle.

Dave entrouvrit légèrement les lèvres, comme s'il était surpris. Le style agressif du microcosme imposait virtuellement qu'on discute à perte de vue tout jugement défavorable, et qu'on finisse par faire appel. Elle s'était dit que ça marcherait sûrement mieux si elle acceptait sans faire d'histoires. Lorsqu'elle reviendrait avec une explication et une solution, ils seraient plus disposés à composer avec elle.

— Pourvu que ça ne nous vaille pas un nouveau procès, reprit Hugh, pour rompre le silence. Une explosion lors de la première expérience avec de l'uranium, même si ça n'a aucun rapport…

— Les enragés contre le labo, comme Fish Unlimited, n'ont pas besoin d'être au courant, avança Alicia.

— Bien vu, fit Dave en s'illuminant. Veillons à ce que rien de tout ça ne transpire dans les publications du labo.

— D'accord, convint Alicia. Ces types me font plus peur que n'importe quelle explosion nucléaire !

La physique des particules était riche en images de changement — annihilation, désintégration, fluctuation, décomposition —, qu'elle contrebalançait avec des expressions exprimant la stabilité. Les expériences partaient de conditions initiales simples : des particules placées dans leur état fondamental étaient perturbées par des expérimentateurs qui cherchaient du neuf, un signal au milieu du bruit.

Mais ce genre de recherche impliquait une préparation minutieuse. Le mystère qui planait sous le piège était la réalité à l'état brut, sans fard.

Au cours de ses cinq jours de test restants, Alicia aida l'équipe du BRAHMS à collationner les résultats sur l'uranium. Les données arrivaient en masse et étaient emmagasinées sur les gros disques laser pour digestion ultérieure. Le BRAHMS palpitait de détermination. La poursuite du brouillard de particules qui mettrait en évidence l'état de plasma de la chromodynamique quantique ne serait jamais un « moment eurêka », comme Alicia en rêvait. Non, le brouillard de débris émergeant du point de convergence des faisceaux serait sondé, analysé au moyen de diagnostics prudents. C'est en l'analysant en détail qu'on saurait si les débris en question provenaient d'une masse comprimée dix fois plus dense qu'un proton.

C'était comme s'ils s'efforçaient de reconstituer un accident de la route en comptant les bouts de tôle éparpillés sur la chaussée. Pour cela, les physiciens des particules étaient associés avec ceux du RHIC, qui se prenaient pour des physiciens nucléaires parce qu'ils s'occupaient des circonvolutions produites par les interactions entre de nombreux corps. Leur antique rivalité était surtout une querelle de mitoyenneté, et pour une fois, au RHIC, les deux communautés enquêtaient main dans la main sur le désastre incompréhensible provoqué par la collision de particules fondamentales, complexes.

Quelle que soit l'étiquette sous laquelle ils travaillaient, l'ennui était le lot des physiciens nucléaires et des particules. Seuls les plus obstinés arrivaient au but.

Au final, ils se congratulèrent tous à nouveau et commencèrent à démanteler les installations mises en place spécialement pour cette manip. Puis vinrent le remballage et les vérifications, le moment d'inévitable retombée.

Sauf pour Alicia et Zak. Avec Brad Douglas, ils emballèrent la carcasse de l'élément nodal détruit. Lorsque Zak et Alicia sortirent la caisse de l'aimant permanent, Brad posa quelques questions. Alicia avait fait consigner l'aimant à son nom, sur la base d'une location, et sa demande avait été tamponnée sans un murmure.

Mais ils devaient subir l'examen de sortie rituel. L'équipe d'inspection regarda les caisses. L'un des gars s'arrêta devant la caisse de la sphère, étudia les papiers et tapota distraitement l'emballage pendant qu'elle retenait son souffle, le cœur battant la chamade. Puis il s'éloigna, sans autre forme de procès.

Vint le jour où ils assistèrent au chargement de leurs caisses à Islip Field, un terrain pour avions-cargos situé non loin de là. L'idée de transporter un objet qu'elle ne comprenait pas la troublait un peu, mais elle chassa toutes ses réticences. Elle avait fermement assujetti sa résolution, à présent, alors autant y aller franco. De toute façon, il n'en sortirait probablement rien.

Il y eut un dîner d'adieu avec son équipe et tous les collaborateurs du BRAHMS dans un restaurant italien quelconque de Long Island. Des mois d'analyse de données les attendaient, pendant lesquels ils essaieraient de prouver que quelque chose de nouveau et d'intéressant s'était produit au point de convergence des deux faisceaux d'uranium. Ils étaient fatigués mais ils affichaient un air un peu bravache, parce qu'ils s'attaquaient à une idée qui sortait des sentiers battus.

La plupart des gens de Brookhaven étaient d'avis que si on devait voir un brouillard de quarks et de gluons, ce serait lors d'un des nombreux essais avec les noyaux d'or, en établissant soigneusement des statistiques. L'uranium était une jolie idée, ils étaient prêts à le reconnaître, mais un peu tirée par les cheveux. Complètement, même.

Tout ce temps-là, des rouages cliquetaient dans un recoin de son esprit. Elle avait fait une chose basée sur une intuition purement viscérale, et ça n'avait pas réussi à écarter l'angoisse. Elle se surprit à tapoter nerveusement la boucle de sa ceinture, et même à se ronger les ongles, des manies dont elle croyait avoir depuis longtemps réussi à se débarrasser.

Quelqu'un proposa d'aller faire un tour à Manhattan, histoire de s'imprégner des effluves de la Grande Ville, mais Alicia se défila en arguant de sa fatigue et du fait qu'elle décollait tôt le lendemain matin de JFK.

Tout cela était vrai, mais ce qu'elle avait omis de dire, c'est que, par-delà l'épuisement, elle éprouvait une impatience et une agitation plus vives encore.

DEUXIÈME PARTIE

Mai 2005

Combien de fois vous ai-je dit que, une fois éliminées toutes les impossibilités, l'hypothèse restante, aussi improbable qu'elle soit, doit être la bonne ?

Sherlock Holmes,
Le Signe des Quatre (1888)

1

L'université d'Irvine, fondée en 1965, était le plus récent des campus californiens, mais il avait depuis longtemps perdu son air pimpant. Ses concepteurs l'avaient organisé autour d'un parc central, boisé. Il se composait de grands bâtiments jaunes aux courbes gracieuses et troués de fenêtres pareilles à des yeux aux paupières lourdes. Vingt ans plus tard, il y avait eu des infiltrations dans un bâtiment de biologie, qui exhibait maintenant sa tripaille métallique. On aurait dit un bouton sur le nez d'une princesse. A l'époque, les boîtes de recherche privées qui poussaient comme des champignons autour de l'université semblaient toutes vouées aux biotechnologies. Cette idée n'avait plus l'air aussi attrayante. Le bâtiment non plus.

Les parkings asphaltés et les bâtiments agglutinés les uns aux autres dans le style hétéroclite typique de la fin du vingtième siècle donnaient maintenant l'impression d'étouffer, piégés dans le cercle originel. Les nouvelles constructions angulaires, cagneuses, avec leurs enjolivures d'acier plaquées après coup, donnaient aux imposants édifices mauresques des airs de vieilles tantes toisant des enfants facétieux, turbulents.

Le complexe des sciences physiques s'enorgueillissait de cinq bâtiments disposés en parts de tarte, la pointe partant du parc central. Des caravanes de bois délavé étaient encastrées dans les recoins disponibles, plus délabrées chaque année, au fur et à mesure que le « provisoire » devenait plus définitif. Les étudiants assis sur les bancs de béton travaillaient en avalant des gobelets de café. Personne ne leva les yeux lorsque le camion s'engagea sur le parking réservé aux véhicules utilitaires et contourna une voiture qui n'aurait pas dû se trouver là.

Alicia Butterworth fit prudemment reculer le camion de l'administration dans la zone de chargement du labo de la faculté de physique. Zak sauta de la cabine et lui fit signe qu'elle pouvait y aller. A sept heures du matin, l'air ne recelait encore que la promesse de la chaleur lourde qui allait bientôt leur tomber dessus, et il n'y avait personne dans le bâtiment, ce qui était exactement ce qu'elle voulait.

Ils soulevèrent la caisse qui se trouvait au fond du camion à l'aide du pont roulant. Alicia avait acquis une sacrée expérience du maniement des charges lourdes au cours des années qu'elle avait passées à Berkeley puis au RHIC. Ils déposèrent la caisse cubique sur le sol de béton lissé et la transportèrent, avec un chariot élévateur, dans l'une des sous-sections de la zone. Là, au moins, ils pouvaient s'affairer sans crainte des regards indiscrets. Elle prit un pied-de-biche et fit sauter le cerclage d'acier. Le matériel était arrivé la veille au soir, le 3 mai, à l'aéroport John Wayne. Ils étaient là, Zak et elle, quand la porte s'était ouverte par ce beau mercredi matin. Le manifeste ne signalait rien de particulier à propos de l'expédition, et pourtant elle se demanda si la sphère était toujours suspendue dans le champ magnétique. Et si une secousse l'avait libérée ? Aucun signe visible de l'extérieur, en tout cas...

Sa montre-bracelet sonna.

— Et merde ! murmura-t-elle. Zak, attendez-moi. Nous finirons d'ouvrir ça quand je reviendrai.

Il hocha confusément la tête et partit se chercher un café. Elle passa prendre les notes et les schémas qu'elle avait laissés sur son bureau, situé non loin de l'amphi, trois semaines auparavant. Elle fouilla dans ses papiers en essayant de se rappeler où ils en étaient dans le programme et au niveau des devoirs. L'idéal dans ce genre de cours de présentation était de donner l'illusion que la science avançait régulièrement, en explorant systématiquement un horizon en expansion constante. Elle traversa la cour et entra dans le grand amphi. Cinq cents visages la saluèrent.

Elle posa sur le rétroprojecteur son premier schéma, représentant un effet de mécanique quantique, afin que le preneur de notes embauché par la Clone Factory ait le temps de le copier amoureusement. Comme ça, il pourrait vendre des polycopiés de son cours d'ici le lendemain matin, ce qui dispensait certains étudiants inscrits de se montrer. Le système de conférences avec prise de notes que les moines irlandais avaient inventé au Moyen Age battait sévèrement de l'aile en ce début de vingt et unième siècle, où il suffisait de brancher un micro et de tapoter dessus pour vérifier qu'il était ouvert. Elle jeta un coup d'œil à la cabine audiovisuelle où un employé réalisait un enregistrement de son cours, qui serait lui aussi en vente le lendemain. Le reste de leur prépa en médecine était-il aussi packagé, prédigéré ? Elle soupira. Bon, mise au point et c'était parti…

Elle s'excusa d'avoir dû se faire remplacer par Clare Yu pendant les semaines où elle avait été absente. Ça lui avait coûté cher : trois semaines de conférences, l'automne prochain, dans une classe de la section supérieure où Clare enseignait, plus un dîner au Four Seasons, où elles avaient eu une longue et bonne conversation sur les lubies des chers collègues.

Alicia se lança dans un exposé sur la mécanique quantique tout en se disant qu'elle n'était quand même pas perdante. Après ces trois semaines passées dans le froid de Long Island, elle se sentait comme si elle avait lézardé trois mois au soleil et au grand air. C'était bien beau, l'enseignement, mais c'était la recherche qui faisait chanter le cœur.

Son cours achevé — ses étudiants détestaient cet horaire de huit à neuf, mais, comme ça, elle avait le reste de la journée devant elle —, elle alla faire un tour au bureau du département. Sa case était bourrée et au bureau du concierge elle récupéra tout un carton de courrier, la moisson de trois semaines. Elle retournait à son labo quand le président du département apparut dans le couloir des services du personnel. Le responsable de la gestion administrative (personne ne portait plus de titre simple) l'avait manifestement prévenu de son retour.

— Ah, Alicia ! fit-il avec une jovialité peu convaincante. J'ai un petit service à vous demander.

Martin Onell portait son uniforme habituel : un costume trois pièces, gris ce jour-là, avec une chemise bleu marine et une cravate mordorée retenue par une pince de bronze, une pochette verte lorgnant ce monde débraillé depuis la poche-poitrine.

— Martin, je suis rentrée hier soir de Brookhaven...

— Je sais, fit-il en embrassant d'un ample geste le tableau blanc sur lequel figuraient des noms de professeurs, des destinations et des dates (quatre profs en vadrouille, à Kobe, Genève, Cambridge et Washington DC ; des perchoirs classiques). Vous avez fait votre cours aux 3B ?

— Bien sûr.

Où voulait-il en venir ?

— La responsable de l'enseignement identitaire...

— Oh non, ça ne va pas recommencer, soupira-t-elle.

— ... a appelé, et... eh bien, ils voudraient vraiment que vous...

— Je n'ai pas...

— … veniez à leurs réunions…

— … le temps en ce moment…

— … puisque vous aviez accepté le poste réservé à un représentant d'une minorité…

— J'avais dit oui, mais c'était l'année dernière…

— … sachant que c'était pour deux ans…

— La vice-présidente avait dit que ce ne serait pas un vrai travail.

— Enfin, quoi ? Voter des mesures… reprit-il, l'air intrigué.

— Il faut d'abord écouter les propositions. Et ça, je me suis rendu compte que c'était au-dessus de mes forces.

Martin Onell lui jeta son fameux regard culpabilisateur, mais ses sourcils haussés ne réussissaient qu'à lui donner l'air d'un hibou pris dans les phares.

— Vous aviez dit que vous le feriez.

— Je vais les appeler.

Ce qui s'appelait botter en touche, mais pour lui, ça faisait un problème de moins à régler, et c'était tout ce qu'il demandait en réalité.

— Très bien, très bien, fit-il avec un gros soupir. Euh, comment s'est passé votre essai ?

— Décevant. Nous avons cassé au début.

— Vraiment ? Je pensais que le RHIC était fiable.

— Oui, mais… Enfin, je cherche les raisons de l'incident. Le vide a lâché dans le tube radial.

— C'est bizarre.

Onell était spécialisé en physique des solides, mais il s'intéressait à un tas de choses.

— J'ai récupéré certains éléments pour les étudier. Mon détecteur est complètement fichu.

— Dommage, fit-il en secouant la tête.

— Je ne fais pas de publicité, à la demande de Brookhaven.

— Hon-hon, fit-il avec une moue entendue. Ça se comprend. Les grands accélérateurs sont sous étroite surveillance, ces temps-ci.

— Je ne pense pas que ce soit un problème majeur, dit-elle pour couper court à la controverse.

Onell était une vieille commère, et un encore plus vieil adversaire du groupe de physique des particules. Il avait probablement des copains à Brookhaven. Elle tourna les talons et repartit dans le couloir en lui faisant « au revoir » de la main.

Le magasin avait reçu une livraison pour elle. Direction le sous-sol, dans la cage de fil d'acier, signer les papiers. D'après le bordereau de livraison, c'étaient des éléments de circuits destinés à l'élément nodal qu'elle avait commandés par fax à Brookhaven. Très bien. Elle pourrait en faire état dans les discours réconfortants qu'elle devrait servir à ses thésards quand elle leur annoncerait la nouvelle.

Elle remonta dans son bureau, au troisième étage, en grimpant les marches deux par deux, ce qui était à peu près le seul exercice qu'elle prenait. Elle mit la clé dans la serrure rudimentaire de son antre. Le bureau disparaissait sous les papiers. Une pile de messages téléphoniques, qui attendraient. Clare Yu avait laissé les notes des derniers devoirs sur table du cours de physique 3B. Alicia jeta un coup d'œil aux courbes fournies par le programme de notation et poussa un soupir. Ce n'était pas brillant. Et même un peu plus mauvais que d'habitude, en fait, quoique dans les limites des variations auxquelles on pouvait s'attendre d'une interro à l'autre.

Elle n'avait vraiment pas ménagé ses efforts pour cette section, organisant des séances de travaux supplémentaires, prenant soin d'évoquer des exemples dans son cours magistral, dans les devoirs. Ses trois semaines à Brookhaven avaient-elles gravement terni l'opinion que ses étudiants avaient d'elle ? Se sentaient-ils négligés, nourrissaient-ils des idées déloyales envers la prof qui les avait abandonnés ? En réalité, ils devraient lui être reconnaissants. Clare Yu était une meilleure conférencière. Le cours de physique 3B était une option mineure, essentiellement suivie par des étudiants en biologie qui préparaient l'école de médecine. Pour eux, les professeurs de 3B étaient comme des obstacles à franchir sur la route qui menait au respect, au statut social et à la Mercedes.

Le jour de la rentrée, elle s'était fendue du discours « la tête dans le guidon » : « Vous voyez l'étudiant qui est à votre droite, celui de gauche, celui qui est devant vous et celui de derrière. Statistiquement, l'un de vous cinq seulement intégrera l'école de médecine. Votre note dans cette unité de valeur est l'un des éléments déterminants qui serviront aux comités de sélection pour séparer les torchons des serviettes. Ça ne me plaît pas plus qu'à vous, croyez-le bien, mais, comme les physiciens aiment bien le souligner, les faits sont les faits. J'essaierai de vous aider tous à donner le meilleur de vous-même. »

Elle repensait mélancoliquement à ce discours quand on frappa à sa porte. C'était une étudiante de 3B, une jeune Vietnamienne grave et sérieuse. Son heure de réception des étudiants. Elle avait complètement oublié de prévoir une dose spéciale pour compenser son absence. L'étudiante entra et exprima le souci habituel au sujet de sa note, et Alicia lui consacra les deux minutes de rigueur. Puis elle la caressa dans le sens du poil pour la faire parler de ce qu'elle n'avait pas compris, c'est-à-dire à peu près tout, ainsi qu'elle s'en aperçut au bout de quelques minutes. Alicia se cala contre le dossier de son fauteuil et regarda le petit poème qu'elle avait punaisé au pied de son bureau, hors de vue de ses étudiants :

Bourrage de crâne, fourrage de crâne,
Ces mômes n'ont rien dans la poire.
Bourrage de crâne, fourrage de crâne,
Ils n'ont pas fini d't'en faire voir.

C'était cynique, mais prouvé par l'expérience. Le rythme du cours 3B en démoralisait quelques-uns. Certains réalisaient que c'était peut-être son aspect primordial : il jouait un rôle de crible. Ce serait pareil à l'école de médecine, en pire.

Les étudiants lui dévorèrent la matinée. Elle alla au Phoenix Grill dans l'espoir de manger un poulet au curry qu'ils ne faisaient pas trop mal. La promenade était douce et fraîche dans le printemps précoce de la côte Ouest, et le gril alimentait des nœuds de dîneurs qui profitaient du soleil, déjà virulent. Clare Yu était assise à une table ronde, avec le groupe de physique des solides. Ils étaient faciles à repérer parce qu'ils portaient tous des chapeaux. Les étudiants qui les entouraient n'avaient pas l'air préoccupés par le cancer de la peau. Alicia la remercia d'avoir fait cours à ses 3B et écouta un postdoc décrire avec excitation un effet qu'il avait anticipé. Elle avait du mal à suivre son argumentation.

Quand Alicia retourna à son bureau, sa secrétaire l'intercepta avec des messages. Un coup de fil de son père, des tâches administratives qu'elle pouvait remettre à plus tard, et un « Rappelle-moi ! » de sa vieille copine Jill. Tout ça attendrait. Elle regagna son labo en vitesse.

Dans l'inévitable chaos de tout laboratoire, il y a souvent une oasis d'ordre, d'une netteté scrupuleuse. Dans le labo d'Alicia, c'était la salle d'assemblage, où les thésards et les étudiants les plus diligents assemblaient, selon des plans complexes, la myriade de capteurs de l'élément nodal. C'est aussi là qu'Alicia travaillait, passant le plus clair de son temps de recherche à procéder à des contre-vérifications, à régler des problèmes et à distribuer les encouragements patients. Cette exigence de détail était un bon entraînement pour un expérimentateur.

Zak était dans la salle de montage où il déballait les vestiges de l'élément nodal qui étaient arrivés par un autre avion. Il était allé les chercher sans même lui en parler. Mais aussi, se demanda-t-elle amèrement, comment aurait-il pu la trouver ? Elle n'avait pas touché terre de la journée.

Brad Douglas lui donnait un coup de main, ainsi que

deux étudiants plus jeunes qui sortaient, le visage défait, les débris soigneusement emballés de la caisse. Ils avaient tous passé de longs mois à monter, tester et optimiser l'élément nodal. Ils la saluèrent mollement.

Elle les fit asseoir autour d'une table d'assemblage pour parler un peu. Pas facile. Ils avaient tout de même perdu la première manche, et dans le Super Bowl de Brookhaven, encore.

Elle commença par leur annoncer que l'élément nodal avait parfaitement fonctionné et elle leur en attribua le mérite à tous. Il avait tourné à merveille, sans incident, permettant d'emmagasiner beaucoup de données à analyser, jusqu'à...

C'était la partie la plus difficile. Elle mit l'incident sur le compte de l'explosion de la chambre à vide et en resta là.

— L'affaire est en cours d'investigation, dit-elle.

Elle détestait utiliser la forme passive, mais c'était juste ce qu'il fallait : descriptif tout en laissant dans le vague l'identité des acteurs. Ils supposeraient qu'il s'agissait de Brookhaven, pas d'elle, et elle se garda bien de les détromper.

— Bon, on finit de déballer et on s'arrête pour aujourd'hui. On verra demain ce qu'on peut sauver et ce qu'il faudra refabriquer.

Ils hochèrent la tête, un peu assommés. Elle mit un point d'honneur à sortir énergiquement les pièces pulvérisées et à les trier par catégories. Bientôt, toute l'équipe fonctionnait relativement bien dans le grand local. Ils dégagèrent de la place et déplièrent soigneusement les feuilles blanches d'emballage isolant. Il y eut même des sourires par-ci, par-là.

Le moment était venu d'enfoncer le clou.

— Et voilà, dit-elle en montrant les éléments du circuit qu'ils venaient de recevoir. Les premières pièces de rechange. Nous commençons à remonter la pente.

Ça lui parut lamentable, trop théâtral, mais les gamins s'illuminèrent.

Brad avait un rôle crucial à jouer, à ce stade. Il ne parlait pas beaucoup, mais elle remarqua qu'il passait, mine de rien, dire un mot à chacun et lui remonter le moral. C'était le meilleur de ses thésards. Il était calme et ambitieux, et il avait un très bon contact avec les gens. Sa présence s'imposait auprès de Zak et d'elle, à Brookhaven.

Au bout de deux heures, elle profita d'une pause pour emmener Zak dans le coin un peu à l'écart où était entreposée la grande caisse qu'ils évacuèrent rapidement. L'aimant gris, en forme de U, était emballé dans du bullpack. Elle l'enleva avec circonspection. La sphère était toujours là.

— Elle a bien supporté le transport, constata Zak.

Alicia passa la tête dans le U de l'aimant et regarda son reflet déformé dans le miroir sphérique. Elle ne lui trouva plus cet aspect vibrant.

— Vous ne trouvez pas qu'elle a changé, Zak?

Il avait passé la tête par l'autre côté.

— Non, pas vraiment.

— Elle avait une sorte de... une sorte de cohérence.

— Je me souviens. Peut-être que la lumière était différente à Brookhaven.

— En tout cas, l'odeur est la même, dit-elle avec une grimace.

Zak renifla.

— Ça sent l'ozone. Comme dans la zone de préparation de Brookhaven.

— Ça doit venir de la sphère elle-même, dit-elle en reculant pour voir si l'odeur diminuait. C'est bien ça.

— C'est drôle. Il faut beaucoup d'énergie pour produire de l'ozone, non?

— Si. Mais comment un corps solide peut-il faire ça?

— L'ozone se forme autour des transformateurs et des lignes électriques.

— De l'énergie électrostatique ? risqua-t-elle en haussant les sourcils. Si cette chose a un fort potentiel…

— D'où tirerait-elle sa charge ?

— Ça…

Elle mit des gants de protection, prit un câble isolé et l'approcha de la sphère.

— Si le courant va à la terre…

Mais il n'en fit rien.

— Bon. Pas d'effet électrique.

Elle fit la moue, à cause de l'odeur. Elle lui semblait plus forte qu'à Brookhaven.

Zak fronça le sourcil.

— Comment une bulle de métal… ?

C'était le moment de vérité.

— Zak, vous êtes resté très discret sur la question.

Un air gêné effleura fugitivement son visage d'ordinaire impassible. Il haussa les épaules.

— Je pense que vous savez ce que vous faites.

— J'ai pris cette chose parce que je me suis dit que ça pouvait être important, très important. Il se pourrait que ce soit un gros, un énorme indice d'une autre physique, différente. Oui, je sais que ce que j'ai fait — et j'en assumerai toutes les conséquences, soyez-en sûr — est sujet à caution. Mais il fallait que je le fasse, point final.

Zak hocha la tête.

— Je ne suis pas venu à l'UCI pour mon postdoc parce que mes parents habitent à côté. Je suis venu pour vous. Vous êtes une vraiment bonne expérimentatrice. Tout le monde le dit. Je me fie à votre jugement.

Elle se posait quelques questions, jusque-là, sur la docilité silencieuse de Zak. Maintenant, elle s'interrogeait plus que jamais. Ils étaient deux éléments étrangers à la communauté scientifique, mais ils avaient des personnalités différentes. Enfin, c'était comme ça.

— De toute façon, fit Zak pour rompre le silence qui s'éternisait entre eux, il fallait bien que nous retirions une compensation de la perte de l'élément nodal.

— Une sorte de justice cosmique ? Ouais, je suis plus ou moins du même avis.

Ils échangèrent un sourire, une compréhension non dite passant entre eux. Elle poussa un soupir et regarda à nouveau leur reflet, deux froncements de sourcils perplexes.

— Je me demande si cette surface est solide.

— Elle l'est sûrement.

— On va vérifier.

Ils prirent une perceuse dans l'atelier et la fixèrent sur une monture. Zak prit un foret à pointe de diamant sur une étagère, le mit dans le mandrin. Il avança la pointe vrombissante pendant qu'Alicia regardait, un peu en retrait. La pointe entra en contact avec la sphère. Il ne se passa rien. Un hurlement strident de métal agonisant, mais le foret ne s'enfonça pas.

— Eh bé... fit Zak en retirant le foret.

— Waouh, fit Alicia, ce qui était peu dire en vérité.

— Une pointe comme ça devrait entrer dans de l'acier, même un alliage vraiment dur. Or je n'arrive pas à l'entamer.

Et tout ça sans laisser la moindre marque sur la sphère.

— Si on essayait de l'écailler ?

Ça rata aussi. Zak poussa un reniflement exaspéré.

— Quel genre de matériau super dur ça peut-il être ?

— Ce n'est peut-être pas un matériau.

— Comment ?

— C'était juste une idée en l'air.

Agacé, Zak tendit un doigt vers la sphère offensante.

— Ça a l'air bien concret. Le plus vraisemblable, c'est que nous nous y prenons mal.

C'est possible, se dit-elle. *Mais pas dans le sens où vous l'entendez.*

Pour la première fois, elle éprouva un picotement d'appréhension face à son reflet déformé qui semblait lui rendre son regard.

2

Laguna Beach était le genre d'endroit où on pouvait appeler sans rire «la Villa» un empilement de clapiers exigus, accrochés de façon précaire à un flanc de coteau sur Pacific Coast Highway. Alicia gara sa Miata bleue sur le dernier emplacement de parking longue durée disponible sur la route de la Corniche du bas. Un brouillard glauque montait de la plage, qui se trouvait à une centaine de mètres à peine. Elle avait pris un deux pièces, la plus grande surface dans la Villa, parce qu'elle voulait vivre au centre du village. La plupart des gens fuyaient le grand Los Angeles et son immensité pour se terrer dans ces canyons abrupts, étroits, dans ces rues où il était impossible de marcher, et où on arrivait tout juste à ramper.

Ce qu'elle voulait, c'était juste assez de pulsation urbaine pour rappeler la Californie du Nord, où elle avait obtenu son diplôme, sans l'atmosphère de taudis à grande échelle de la République populaire de Berkeley. Avec leur salaire, la plupart des assistants professeurs préféraient vivre dans les appartements du campus, gérés par l'université. Cette seule idée lui donnait la chair de poule. Les loyers auraient été moins élevés dans l'intérieur des terres, mais le territoire était occupé par des gens du troisième âge, en tenues confortables couleur de sorbet, les hommes avec leurs jambes spectrales fichées dans les éternelles sandales portées avec des chaussettes noires, les femmes arborant des visières de golf de teintes pastel sur des lunettes de soleil qui leur mangeaient la figure.

Elle descendit l'escalier casse-gueule, laissant les fleurs l'accueillir chez elle. Un doux parfum de jasmin planait sur l'odeur humide de la plage, montait le long des treillis qui encadraient les portes. Comme elle descendait vaille que vaille les marches malcommodes entre les murs gaiement carrelés de bleu et de blanc, un oiseau-mouche voletait autour de quelques fuchsias plantés dans des paniers. Il se figea, la regarda et fila si vite qu'il parut se volatiliser. Au niveau suivant, il y avait des pétunias aux effluves enivrants, lourds et sucrés. Les appartements étaient minuscules, à cet endroit. La Villa était une blague réservée aux New-Yorkais pour qu'ils se sentent comme chez eux. Les pétunias à eux seuls auraient suffi à la faire fuir. Mais juste un peu plus loin, dans l'espace exigu séparant les murs, planait maintenant la senteur tranchante, acide, de grosses marguerites jaunes. Son appartement, situé sur la gauche, jouissait d'une vue imprenable sur Broadway et Pacific Coast Highway, avec, au-delà, les cimes couronnées de blanc, le tout nimbé dans un halo de bougainvillées magenta, heureusement inodores. Elle se sentait déjà mieux, ayant laissé derrière elle l'énigme du labo, lorsqu'elle remarqua que sa porte était entrebâillée.

Elle entra sur la pointe des pieds. Ça sentait le lilas dans le salon.

— Sortez ou je tire !

— Eh ben, t'es aimable ce soir, fit une voix légère.

— Jill, c'était une nouvelle serrure !...

— Ouais, elle m'a pris une trentaine de secondes avec une lime à ongles émoussée.

— Ton nouveau parfum est renversant, fit Alicia en s'avançant à travers la porte en arcade dans une pièce sobrement meublée de rotin rembourré de tweed gris.

Jill lisait *Natural History*, vautrée sur le canapé, les doigts de pied en bouquet de violettes. Elle avait ôté ses sandales, son chemisier de soie bleu était rentré dans un pantalon de toile blanche, ses cheveux blonds faisaient comme un halo autour de sa tête.

— C'est juste un test, dit-elle avec un grand sourire. Il y a un gars, au boulot, qui en raffole.

Jill s'était fait, à l'université, une réputation de crocheteuse de serrures, une sorte de talent de salon.

— Ça fait partie de l'enseignement dispensé aux futurs journalistes ?

Alicia laissa tomber son attaché-case dans un coin et Jill bondit pour la serrer sur son cœur.

— Juste au cas où je serais affectée à la Maison-Blanche et où j'entendrais parler d'un truc bizarre au Watergate. J'ai déjà mes outils.

Alicia eut un sourire las et se coula dans son rocking-chair en acajou — c'était bon pour son dos endolori.

— Ma cocotte, je suis absolument, complètement, rigoureusement cre-vée.

— Hé, on est censé fêter ta manip, tu te souviens ?

— Elle a foiré.

— Comme ça, crac-boum ?

— Un gros boum !

Jill cilla.

— Alors ton message téléphonique, ce n'était pas une blague...

— Il y a des gens qui ne prennent pas tout à la blague, comme toi.

— Ça a vraiment loupé ? Pourquoi ?

Alicia se lança dans des explications. Une minute plus tard, voyant que Jill avait ce regard vide qu'elle connaissait bien, elle conclut par une rapide allusion à la sphère et se balança un peu en silence. Jill respectait son travail mais s'intéressait peu à ses modalités. Après réflexion, c'était peut-être l'une des raisons pour lesquelles elles s'entendaient si bien, songeait Alicia.

— Euh, garde les détails pour les amuse-gueule, fit Jill, l'air soulagée. T'es prête ?

— Oh, Seigneur ! Non. Je vais ouvrir quelque chose. Rouge ou blanc ?

— Plutôt blanc. Je vais probablement me le renverser dessus.

Alicia pêcha une bouteille de sauvignon blanc dans le petit réfrigérateur de sa cuisine. Laquelle était à peine plus grande, d'ailleurs, mais elle lui plaisait comme ça.

C'était un bon prétexte pour ne pas préparer des dîners de cinq plats. Elle repassa sous l'arcade, remplit deux verres de vin et se réinstalla dans le rocking-chair.

Jill la dévisagea et dit :

— Tu sais que tu es bien comme ça ? Quand tu amènes un mec ici, assieds-toi toujours là.

— C'est bon pour mon vieux dos.

— Non, vraiment, ça met ta peau en valeur.

— L'acajou, m'dame ? Mon ambition est d'être considérée comme ce que le paternel appelle « jaune foncé ».

— Jaune ? Comment une Noire pourrait-elle être jaune ?

— En y mêlant un peu de blanc, qui est rose, en réalité.

— Argh ! Ne te lance jamais dans la peinture.

— Je serais bien la seule à ne pas le faire dans ce bled.

Jill fléchit les doigts et Alicia sut qu'elle pensait à une cigarette. Mouais. Elles étaient deux dans ce cas-là. Trois mois, maintenant, et il ne se passait pas une heure qu'elle ne se sente en manque. Elles s'aidaient mutuellement à tenir. Une ébauche de froncement de sourcil, et Jill dit avec vivacité :

— Je te le donne en mille.

— Un nouveau mec ?

— Ça se voit tant que ça ?

— Arrête, on a livré ensemble une décennie de Guerre des Sexes. Tu sortais avec un dingue d'informatique...

— Lui ? J'ai découvert qu'il avait un chiffon en guise de bouchon d'essence...

— Alors, accouche.

Jill énuméra un nom, un métier, des caractéristiques physiques, tout ça avec une précision et à une vitesse de comptable.

— Un Type Bien Sous Tous Rapports, alors ? coupa Alicia.

— Non, juste un Type Bien Sous Tous Rapports Sexuels.

Alicia secoua la tête.

— L'approche utilitaire. Le sexe hygiénique. Pour ne pas se laisser rouiller.

— Bah, je parcours, comme tout le monde, les six étapes de la vie : la Naissance, l'Enfance, les Affres de l'adolescence, la Crise du milieu de la vie, la Chirurgie esthétique, la Mort ou Dieu sait quoi.

Jill crispa nerveusement les doigts à nouveau, et ses incisives supérieures mordillèrent son rouge à lèvres écarlate comme si elles cherchaient le filtre qui ne s'y trouvait pas.

— Ce sont les options ? Je crois que je vais rester assise ici en attendant que ça passe...

— Oh, tu es exaspérante ! fit Jill en se penchant vers elle. Tu disais qu'après ta manip tu rentrerais dans la course.

— Ne m'agite pas le doigt sous le nez comme ça. J'ai eu des ennuis avec mon expérience et...

— Tu parles ! Ecoute, en ce qui concerne ta vie sentimentale, tu devrais arrêter de te casser la tête et laisser faire une pro.

— Dans ton genre ?

— J'ai fait plus de tours de piste que toi.

— Une véritable athlète olympique.

— Si je ne me trompe, c'est ce qu'on appelle un jugement tout fait.

— Non, un fait.

— Hé, laisse tomber. C'est moi, Jill. Je t'ai vue avec ta robe coincée dans ton slip, tu te souviens ?

Alicia eut un pauvre sourire.

— Ça va, ça va. J'ai peut-être besoin d'être un peu encouragée...

Jill la regarda d'un air méditatif.

— Un remake, ça ressemblerait plutôt à ça.

Elles s'étaient rencontrées à Berkeley. Jill avait deux ans de moins qu'elle, une maîtrise de communication et un diplôme de droit. Elle bossait en free-lance pour TV

Land, comme elle disait, et elle gagnait un fric fou. Un circuit rapide, quand on pensait à Berkeley, ses mélanges de céréales allégés et autres lubies écologiques, comme les Birkenstocks[1]. Alicia en avait encore des ampoules. Enfin, ça valait toujours mieux que l'UCI, où on pouvait se pavaner dans une tenue d'un ton neutre et d'une coupe tout ce qu'il y a de chic sans que les profs vous voient. Bon, les secrétaires se fendraient d'une phrase un peu maladroite, parce qu'elle était prof, mais c'est tout ; pas de quoi sauter au plafond.

Alicia poussa un soupir et finit son verre de vin.

— Où on va dîner ? Un endroit où on peut parler.

— Ne change pas de sujet ! Ecoute, je ne dis pas qu'il faut que tu partes en campagne, ou je ne sais quoi. Inutile de refaire le débarquement de Normandie.

— La dernière fois que tu m'as aidée à m'attifer, un ventilateur a eu raison de ma coiffure à cent dollars.

Jill tendit les mains devant elle, paumes offertes.

— Okay, c'était une erreur tactique. J'essayais le look Diana Ross rétro.

— Le look Eva Peron, tu veux dire.

— Bon, d'accord, mais tu as les cheveux dramatiquement courts, maintenant. S'ils étaient juste un tout petit peu plus longs...

— Ecoute, j'ai mes raisons de ne pas vouloir trouver de jules en ce moment. Le travail...

— Ah, défense d'invoquer le travail ! L'argument est usé.

Alicia ne put retenir un sourire. Le seul moyen de faire changer Jill de sujet — « Sauvons Alicia » était son thème préféré — était de la battre sur son propre terrain.

— Bon : raisons de ne pas chercher les aventures, commença-t-elle en comptant sur ses doigts. Je déteste partager au restaurant chinois ; le mâle idéal pour moi n'a

1. Grosses chaussures d'origine allemande en faveur chez les écolos dans les années 80. *(N.d.T.)*

pas encore été inventé — en fait, c'est peut-être une impossibilité anatomique — ; j'ai besoin d'être au lit et de dormir à dix heures du soir, ou je suis grognon.

— Tu es déjà grognon...

— Femme noire avoir besoin manger, fit Alicia en hochant vigoureusement la tête.

— C'est sortir avec quelqu'un dont tu as besoin. Je te l'ai dit cent fois.

— Sortir ? Comment tu écris ça ?

— Hé, aucun homme n'est une île, ou quoi ?

— La plupart d'entre eux devraient l'être.

— Ne commence pas à dénigrer le gibier.

— Et c'est moi qui suis ronchon ?

Elles allèrent au Las Brisas. Ça leur donnait l'impression de faire un choix sain et vertueux. Elles dégustèrent la soupe du jour en ignorant le fragment de pomme de terre ruisselante de beurre bourré de cholestérol qui lui aurait donné du goût. C'était un restaurant mexicain du Sud-Ouest, touristique mais agréablement raffiné, pas donné, bien que d'un rapport qualité-prix raisonnable, et déjà presque plein. Aucun type intéressant du côté du bar, endroit stratégique pour les célibataires, ce à quoi on reconnaissait que c'était un vrai restaurant et pas un abreuvoir avec des amuse-gueule.

Jill lui fit son numéro de cliente de restaurant névrotique, commandant tout à part, demandant à être servie sur de petites assiettes comme-ça-elle-avait-l'impression-d'en-avoir-plus, sortant sa propre sauce à salade allégée, additionnant les calories avec sa calculette, faisant semblant de trouver les choux de Bruxelles absolument délectables. Une fois, lors d'une sortie à quatre, elle avait gratifié Alicia d'un interminable soliloque sur l'opportunité de manger un petit quelque chose avant d'aller au restaurant, afin que leurs cavaliers ne pensent pas qu'elles bouffaient comme des chancres.

Le menu détaillait les ingrédients des plats, genre « pommes à la cannelle au coulis de miel de luzerne agrémenté de crème fraîche ». Elles avaient mangé un peu plus de la moitié d'une entrée qu'elles avaient décidé, après une négociation délicate, de partager — un « poulet sauce pueblo aux pointes d'asperge », combinaison improbable et qui, d'ailleurs, ne marchait pas très bien —, avant qu'Alicia ne réussisse à ramener la conversation sur la sphère. Jill l'écouta attentivement en hochant la tête sans cesser de grignoter des bouts de céleri.

Lorsque Alicia entra enfin dans les détails concernant la nature de la sphère, Jill bâilla et darda vers elle un index autoritaire.

— Et alors, que veux-tu qu'on te dise ? Quelque chose a fait foirer ton expérience, et tu as pris cette chose. Brookhaven te devait bien ça.

— La physique ne marche pas comme ça. Les savants ne sont pas des maquignons.

— Tu vas être obligée de couper ce truc en deux ?

Alicia ne put retenir un gloussement. C'était peut-être le vin.

— On a essayé. On n'arrive même pas à l'entamer.

— Tu pourrais dire que tu ne savais pas ce que c'était.

— Certes. Mais j'ai subtilisé un résultat important d'une expérience...

— Rien ne prouve que ce soit important.

— Je le sens. Dans mes tripes, répondit Alicia en se rendant compte qu'elle avait serré les poings.

— Votre Honneur, le témoin est un peu émotif...

— D'accord ; je n'en sais rien. Mais si on me le demande, la vérité c'est que j'ai l'impression, depuis le début...

— Dis juste : « Votre Honneur, je refuse de répondre sur la base de données insuffisantes... »

Alicia secoua la tête et n'ajouta rien.

Jill fronça les sourcils, se pencha sur la petite table, écarta son décaféiné et prit les mains d'Alicia entre les siennes.

— Tu es plus inquiète que tu ne le laisses paraître.

— Oui. Je... je n'ai aucune idée de ce que peut être cette foutue chose, j'ai fait ce truc dingue sur une impulsion, je n'ai personne vers qui me tourner sans que ça se sache, et il va falloir que je réponde...

— Je ne suis pas une spécialiste des fusées... Seigneur, tu dois détester cette phrase, non? Comme si les ingénieurs qui lancent les fusées étaient tous géniaux! Essaie seulement de coucher avec un de ces types! Enfin, écoute : ce que les gens comme moi attendent d'un savant, c'est qu'il ait une curiosité dévorante et qu'il se fie à son intuition.

— Du dehors, on ne dirait pas que j'ai commis un crime capital? fit Alicia, l'air surprise. Ça me plaît.

— Je te donne l'absolution, cocotte. On embrasse l'anneau papal, non? Je voudrais un autre expresso.

Elles descendirent vers la plage. Jill échappa de justesse à une grosse vague qui lui lécha les pieds en sifflant, manquant passer par-dessus ses sandales vertes toutes neuves. Alicia remonta avec elle jusqu'à sa BMW haut de gamme garée — la saison touristique avait déjà commencé — sur Legion Street.

Elle rentra chez elle à pied, en faisant un détour par la plage pour écouter encore le bruit des vagues. Elle resta un moment assise sur les rochers, et bientôt tout sembla aller mieux. Elle rentra par Coast Highway. De là, la ville ressemblait à des guirlandes de Noël enroulées autour des collines de charbon dressées au-dessus.

Elle bâilla et repéra une autre femme noire qui venait vers elle. Les efforts de Jill pour éveiller son instinct de compétition avaient dû porter leurs fruits car elle vit aussitôt en elle une rivale. Pas mal. Et puis non, pas si bien que ça; un peu lourde. Elle ne lui arrivait pas à la cheville, question look. Elle se rendit compte avec un choc qu'elle voyait son propre reflet éclairé à contre-jour dans une vitrine. Elle essaya, tout le long du chemin de retour chez elle, de ne pas y penser, sans succès.

3

La recherche scientifique avance généralement le long de sentiers bien balisés. Dans les limites d'un cadre reconnu, elle cherche à découvrir des tourbillons mineurs et des courants secondaires, à élargir la connaissance sans violer de frontières. En elle vibre la tension entre le connu et l'à-moitié vu.

Alicia avait toujours méprisé ces approches conventionnelles, prudentes. Après tout, le RHIC était une percée en terrain inexploré. Le fait qu'il n'ait pas encore donné lieu au genre de découverte qui fait ouvrir des yeux ronds ne niait pas son ambition initiale. Mais elle travaillait dans une communauté fidèle à des approches consacrées par l'usage. Elle prenait conscience du confort de ces limites, à présent qu'elle se trouvait à un carrefour et devait s'aventurer en territoire inconnu.

Evidemment, cette chose qui planait à quelques pas d'elle pouvait n'être qu'une bizarrerie de métallurgie explosive. Zak le croyait encore. Faire tout un fromage d'un artefact mal compris pouvait être fatal.

Il y avait une histoire célèbre sur ce thème : une fois, à l'accélérateur linéaire de Stanford, un utilisateur étranger — il enseignait ailleurs — regardait tomber les résultats d'une de ses expériences, à une heure avancée de la nuit, et avait conclu, un peu hâtivement, qu'il avait découvert une nouvelle particule. Il avait aussitôt proposé de créer un groupe de travail sur le phénomène et demandé à un postdoc de venir travailler avec lui. Quelques jours plus tard, le professeur avait réuni tous les membres du groupe en interne ainsi que les utilisateurs extérieurs, leur avait présenté ses travaux en faisant des effets de manche et annoncé qu'il — et pas « nous », avait noté le postdoc —, qu'il avait, donc, découvert une nouvelle particule. Ce n'était pas évident pour tout le monde. *Plutôt un bruit de fond qu'un signal*, telle avait été la conclusion généralement admise. En quelques semaines, le professeur avait quitté le groupe et disparu du paysage. On pouvait procéder à des revendications hâtives, c'était le vice préféré de l'ego, mais jouer du tam-tam sans accompagnement d'orchestre trahissait un jugement déficient. A part la pure erreur, il n'y avait pas plus dangereux qu'une grande gueule.

Elle fermerait la sienne jusqu'à ce qu'elle ait compris ce qui se passait. C'était le milieu de la matinée, les étudiants travaillaient à côté, elle avait toute la journée devant elle. Elle était un peu tendue, mais le travail la calmerait.

Alicia tourna le dos aux pôles de l'aimant. Bon, et maintenant ? Le problème, avec l'inconnu, c'est qu'il n'y avait pas de poteaux indicateurs pour le baliser. Hier, ils avaient essayé d'entamer la sphère avec un foret à pointe de diamant et ça n'avait rien donné. Elle commençait à démonter la perceuse sur un établi et songeait à employer un laser quand elle remarqua une marque sur la pointe du foret. Il étincelait à la lueur fluorescente du labo.

Sous un microscope à faible grossissement, la pointe de diamant semblait toute neuve. Le contact avec la sphère avait-il éliminé la mince couche d'oxydation qui se forme sur tous les métaux ?

Elle emprunta un microscope électronique au labo de Walter Bron, dans un autre bâtiment. La sphère n'avait pas de structure discernable à ce niveau de grossissement. Pas de fissure, ni abrasion ni défaut. Qu'est-ce que ça pouvait bien être ?

Elle éprouva un picotement curieusement agréable. Sa « curiosité réflexe », comme elle l'appelait à la fac, quand elle avait pour la première fois entrevu les certitudes sereines de la physique, qui contrastaient fortement avec le tohu-bohu vulgaire du monde.

La perceuse avait émis un bruit strident quand on l'avait appliquée à la surface de la sphère. Le contact avait dénudé la pointe de diamant du foret.

En cas de doute, toujours en revenir à l'évidence. Elle mesura soigneusement le rayon de la sphère à l'aide d'un compas d'épaisseur. Après avoir tout préparé, elle effleura pour la première fois la surface de la sphère. Elle paraissait légèrement chaude, lisse. Pas fraîche, comme elle l'avait pensé spontanément. Le métal avait toujours un contact frais, même quand il était à la température ambiante, parce qu'il était fortement conducteur de chaleur et que les récepteurs sensoriels de la peau réagissaient à la perte de chaleur. Elle la toucha plusieurs fois tout en effectuant la mesure, puis elle fit la moyenne des résultats : 37,8 cm, plus ou moins 0,3 cm. Une petite boule de bowling.

Elle se demanda ensuite comment la peser. Si elle avait connu le poids de l'aimant, elle aurait pu peser l'ensemble et faire la soustraction, mais elle l'ignorait. Une mesure directe exigerait qu'elle libère la sphère du champ magnétique pour la déposer sur le plateau d'une balance. Cette idée la mettait mal à l'aise. Et si la contrainte magnétique était importante pour sa structure ? Quelque chose lui disait de laisser les choses en l'état, même si le fait de travailler dans un champ magnétique lui compliquait un peu la tâche. L'idée de perdre le contrôle de l'objet dans le labo ne lui disait rien.

Elle fronça les sourcils. Cette odeur d'ozone... Un sacré indice, mais qui menait où ? En cas de doute, se rabattre sur les chiffres.

Elle monta au département chimie et chercha un test simple de concentration de l'ozone. L'oxygène était composé de deux atomes et, quand on y mettait l'énergie nécessaire, il en comptait trois : l'ozone. Il était plus lourd que l'air, de sorte que si la sphère en émettait, il devait tomber sur le sol du labo. Il suffirait, pour cela, de décharges électriques silencieuses ou, d'après le *Chemical Rubber Handbook*, de radiations ultraviolettes autour de 250 nanomètres. Ça représentait une énergie de 4 électronvolts, l'équivalent d'une température de près de 40 000 degrés K.

Et si la sphère émettait des radiations dans l'ultraviolet? Elle ne voyait rien. Elle fit le tour des lieux, éteignit les tubes fluorescents et les spots. Lorsque ses yeux se furent adaptés à l'obscurité, elle regarda entre les pôles de l'aimant. La perception de l'œil humain couvrait un large éventail, plus étendu que celui des détecteurs photoélectriques, mais il pouvait aussi se laisser abuser.

Elle crut percevoir une lueur et tenta de la regarder du coin de l'œil. Le désir de trouver quelque chose pouvait provoquer ce qu'elle appelait des « mécanismes du vouloir », induire un résultat là où il n'y avait rien, que du bruit. Pour empêcher ça, elle se retourna dans l'obscurité absolue et regarda à nouveau. Où était-ce ? Là ? Elle tendit les mains, heurta une paillasse de laboratoire. Non, elle n'avait pas achevé son tour sur elle-même. La faible lueur qu'elle croyait avoir vue était au mauvais endroit. Elle tourna la tête, ne vit rien. Elle réessaya. En vain. Après quelques autres essais infructueux, elle laissa tomber.

Peut-être que si elle essayait de regarder dans une chambre noire, avec des photodétecteurs ultrasensibles ? Il faudrait des lentilles à quartz...

Plus tard, peut-être. Pour l'instant, il y avait plus simple à tenter.

Dans l'un des laboratoires d'essais atmosphériques du département de géophysique, un compteur électronique compact l'attendait dans un placard. Il servait aux mesures d'ozone pour les études de pollution atmosphérique. Elle trouva un postdoc et demanda l'autorisation du professeur responsable, évidemment. Celui-ci accepta cordialement de lui confier l'appareil pour un petit moment. Il vint même en personne au labo, se demandant ce qu'elle faisait avec un instrument aussi ordinaire alors qu'elle travaillait sur les énergies ultra hautes. Elle était tellement nerveuse qu'au début elle essaya de s'interposer entre l'aimant en U et son visiteur, puis elle se rendit compte qu'il ne verrait rien, de toute façon, avec tous les instruments massés autour. Il était difficile pour un non-spécialiste de deviner la fonction d'un dispositif.

— Je cherche juste l'origine d'une source atypique, dit-elle d'un ton qu'elle espérait détendu.

Elle passa la moitié de la journée à effectuer des relevés à des distances variables de la sphère, et à les retranscrire soigneusement dans son cahier de labo. C'était un bon appareil, facile à utiliser. La concentration d'ozone évoluait en raison inverse du carré de la distance, comme s'il se formait à la surface de la sphère et rayonnait vers l'extérieur.

Elle regarda un moment la chose en fronçant les sourcils pendant que ses étudiants travaillaient sur l'assemblage de l'élément nodal dans l'autre partie de la salle. Elle leur avait dit qu'elle ne voulait pas être dérangée et allait, toutes les deux heures, voir s'ils avaient besoin d'aide pour effectuer ce travail fastidieux.

Devait-elle essayer d'entamer la sphère au laser ? Il faudrait qu'il soit assez puissant, et ce serait toute une affaire rien que de l'installer ici. Sans compter que ça risquerait d'attirer l'attention. Qui en avait un ? Toborek ? Bron ? Non, trop compliqué, et trop risqué.

Et si elle demandait à un métallurgiste ? Pas grand-chose à en attendre si ce n'était pas du métal, et son petit doigt lui disait que ce n'en était pas. En fait, c'était le meilleur moyen de provoquer des rumeurs.

Pour faire quelque chose, elle alla chercher le laser à faible puissance que son équipe utilisait un peu pour tout. Elle régla les optiques, ce qui n'était pas compliqué, et braqua le laser sur la sphère en s'arrangeant pour que le rayon résultant tombe sur un simple écran blanc, improvisé avec l'emballage de plastique de la caisse qui avait contenu l'élément nodal.

Elle eut un peu de mal à installer le dispositif et à placer l'écran entre les pôles de l'aimant, près de la sphère. Quand le rayon se réfléchissait dessus selon un angle aigu, il formait sur l'écran une tache brillante, rouge rubis, d'un millimètre de diamètre.

Elle modifia ensuite l'angle d'incidence de telle sorte que le rayon effleure la surface de la sphère, sur la droite. La tache devint une ellipse de plusieurs centimètres de longueur.

— Allons bon… murmura-t-elle, intriguée.

Elle joua un moment avec les réglages, mais il n'y avait pas d'erreur.

Ce n'était pas possible. Que le rayon réfléchi par la courbure forme une tache, c'était normal, mais aussi allongée ? Ça signifiait que la sphère ne se contentait pas de réfléchir la lumière : elle la réfractait.

Elle fit la grimace. Cette conclusion ne lui plaisait pas. C'était comme si le rayon laser cohérent entrait un peu dans la sphère et en ressortait réfracté.

Elle eut une autre idée. Elle passa une règle de bois dans le rayon laser, par la gauche, et observa la tache elliptique. Une ombre apparut *sur la droite* de l'écran.

— Le côté gauche est donc plus réfracté, marmonna-t-elle.

La lumière entrant du côté gauche du petit rayon laser pénétrait plus profondément… dans la sphère ?… et était donc davantage réfractée, de sorte qu'elle sortait du côté droit de la tache. La réfraction avait pour effet d'inverser la droite et la gauche.

Cette chose réfléchissait donc bien la lumière, mais elle la réfractait aussi, proportionnellement à la distance parcourue à l'intérieur par le rayon. Ça n'avait pas de sens. *A l'intérieur ?* La sphère présentait un aspect de surface métallique, dur, réfléchissant. Comme si la lumière rebondissait sur une couche unique. Or le résultat de la réfraction annonçait clairement que la lumière pénétrait à des niveaux différents, qui la réfractaient différemment.

Elle commençait à avoir un sacré mal de crâne, pas à force de se creuser la tête, mais de regarder fixement le rayon laser. Son esprit lui refusait désormais tout service. Brad Douglas l'appela de l'autre bout de la salle, où les étudiants s'échinaient à assembler le nouvel élément nodal. Apparemment, il leur manquait une pièce.

Elle alla l'aider avec un soupçon de soulagement. En cas de doute suffisant, laisser son subconscient travailler sur le problème.

4

A la fin de son cours de physique 3B, elle feuilleta machinalement le manuel pendant que le grand bol de l'amphi se vidait. Elle évitait ainsi de se retrouver avec les étudiants dans les portes malcommodes, ce qui était une invitation implicite à lui poser des questions ; certains, les Asiatiques, en particulier, étaient d'une timidité maladive et ne venaient jamais la voir pendant ses heures de réception.

Elle approchait les cours magistraux en considérant le programme comme connu. Son rôle consistait à leur en donner un autre aperçu. Ça ulcérait, elle le savait, les étudiants qui auraient voulu que son cours aborde le programme exactement comme dans le livre, en l'agrémentant d'allusions pressantes à l'examen. Elle préférait évidemment, et de loin, les étudiants qui s'intéressaient à la physique pour elle-même, et s'efforçait plutôt de leur en montrer la beauté sublime, dans toute sa simplicité.

Le livre de cours était illustré de photos en noir et blanc des Grands Noms de la physique, immortalisés dans une pose académique, cadrés aux épaules, en veston et cravate, regardant dans le vide d'un air hautain et méditatif. Seuls Richard Feynman et Einstein donnaient d'eux-mêmes une image décontractée, Feynman jouant du bongo et Einstein les cheveux hirsutes, l'œil triste, en haut de survêtement. De grands hommes — elle ne pensait pas *De grands hommes blancs* —, hors du temps, de tout lieu, de toute théorie. Ce qui constituait une théorie en soi, bien sûr : l'idée que la physique survolait le marécage tumultueux de la culture.

Enfin, pourquoi pas ? Ses premiers émois pour la physique venaient en partie de l'espoir que l'humanité parviendrait à s'élever au-dessus de la morne plaine des passions et des combats sans trêve, à entrevoir une beauté sereine planant au-delà des maux de la tribu et du langage. Ces visions apparaissaient à d'immenses intellectuels qui dominaient la mêlée grouillante, et les lui retransmettaient.

Alicia ne nourrissait pas l'illusion de devenir un jour un monolithe impressionnant comme Einstein, Faraday ou Fermi. Il y avait un moment, dans la vie de tout physicien, où il se rendait compte que, dans le grand opéra de la science, il serait un hallebardier et non une prima donna. Mais c'est en proie à une tension délicieuse qu'elle quitta l'amphi et repartit vers son labo. Les tâches administratives et la correction des copies attendraient. Elle s'était investie dans la physique précisément pour cette impression d'« être sur une piste », qui faisait battre le pouls plus vite.

Aucun étudiant ne s'approcha, une question aux lèvres. Tous étaient pressés de sortir pour mémoriser. Elle ferma le livre avec un claquement décidé, réunit ses graphes et mit le cap sur son labo.

Zak avait suivi ses instructions de la veille. Il avait apporté un chariot plein de photodétecteurs pêchés dans son labo et dans d'autres. Personne n'avait beaucoup de matériel, en cette époque où les fonds se réduisaient comme une peau de chagrin. L'emprunt était devenu la règle. Elle examina les appareils, remarqua qu'ils avaient été achetés grâce à des dotations de l'armée de l'air, du NSF, de la marine, du ministère du Commerce et de la NASA. Ces organismes savaient-ils à quels usages divers et variés leurs dollars étaient consacrés? Sûrement. Ils se contentaient de regarder ailleurs. Seuls les sénateurs et les simples d'esprit pensaient que la science se faisait dans des boîtes joliment rangées.

Elle finit d'installer les photodétecteurs avec Zak, puis ils les branchèrent aux ordinateurs. D'abord, ils allaient étudier les propriétés de la sphère dans la lumière réfléchie, puis ils travailleraient dans le noir à la recherche d'émissions. Plutôt que de déplacer l'aimant et la sphère, ils préféraient masquer l'aimant sous un tissu opaque et éteindre toutes les lumières pour faire bonne mesure. Ses étudiants travaillaient généralement l'après-midi, après les cours, de sorte qu'elle préférait les matins. Ils étaient sur le point de commencer quand le téléphone de son labo se mit à sonner. Elle résista à la tentation d'ignorer la sonnerie et répondit. Sa secrétaire savait qu'il ne fallait pas la déranger. Il fallait que ce soit vraiment important.

— Alicia? Ici Hugh Alcott, de Brookhaven...

— Oh, ah oui, répondit-elle, en proie à une appréhension soudaine, aiguë.

— Nous avons revu les circonstances de l'accident et nous nous demandions si vous aviez quelque chose à ajouter.

— A quel propos?

— Rien au sujet des débris?

— Je ne vois pas, non.

— Eh bien, j'aimerais que vous nous fournissiez une description de tout ça, de l'incident, par écrit.

— Je pensais que vous aviez enregistré la réunion de sécurité...

— C'est-à-dire que nous voudrions mettre les choses au carré, pour cette affaire, vous comprenez.

— Pourquoi?

Il resta coi, manifestement surpris. Elle regretta qu'ils ne soient pas sur un de ces systèmes du Net qui transmettent une image rafraîchie toutes les cinq secondes, mais il pourrait aussi voir sa tête, et elle n'était pas trop sûre de ce qu'elle pouvait trahir. Ah, misère ! Il aurait même pu voir l'aimant, derrière elle.

— Pour être sûrs que ça ne se reproduira pas lors de votre prochaine session de test avec l'uranium.

— Oh, bien sûr.

Elle avait complètement oublié qu'elle était inscrite pour une nouvelle fenêtre d'essai d'ici six mois. L'élément nodal serait-il prêt à temps ?

— Vous pourriez me l'envoyer par e-mail ?

— Ça risque de prendre un moment. Les examens approchent, et...

— Ecoutez, j'aimerais quand même recevoir ça assez vite.

— Bon. Je vais voir ce que je peux faire.

Ils tortillèrent encore un peu du croupion autour du problème, puis Alcott finit par raccrocher. Alicia ferma les yeux et se repassa mentalement la conversation, le combiné collé à l'oreille, en écoutant la tonalité, pour que Zak ne voie pas la tête qu'elle faisait avant qu'elle ait eu le temps de se composer une expression. Ça paraissait assez normal, un bureaucrate ouvrant le parapluie et exigeant un rapport pour se couvrir. Rien de plus. Alors, pourquoi son cœur battait-il la chamade ?

Elle retourna aider Zak à finir les branchements.

— Par où on commence ?

Elle alluma quelques lampes.

— On cherche des raies de spectre dans la lumière réfléchie.

— Du fer ? On pourrait chercher le spectre du fer.

— Absolument, répondit-elle.

Elle chargea rapidement deux fréquences de raies dans un logiciel facile à consulter. Elle ne pensait pas que cette chose soit de l'acier, mais il fallait bien commencer quelque part.

Au bout d'une demi-heure, ils étaient sûrs qu'il n'y avait pas de raies caractéristiques du fer. Une heure plus tard, ils n'avaient pas trouvé d'autres raies, à part celles déjà présentes dans le rayonnement des lampes qui éclairaient le labo. Quand Zak lui demanda ce que ça pouvait bien vouloir dire, elle se rabattit sur la Mystique professorale, une technique à laquelle elle avait souvent recours :

— Hum, murmura-t-elle d'un ton mystérieux.

Et elle commença à préparer les manips dans le noir.

Il était bientôt midi, mais ils emballèrent l'aimant, les photodétecteurs, et baissèrent la lumière. Ils explorèrent minutieusement le spectre affiché sur l'écran d'un ordinateur, à la recherche d'émissions venant de la sphère. Il y eut les erreurs de manipulation habituelles, rapidement rectifiées. La lumière filtrant par l'encadrement d'une porte tombait sur l'un des photodétecteurs et ils durent la masquer.

Au bout d'un long moment, Zak dit :

— Il y a des photons...

— Combien ?

Elle vérifia le cache pour s'assurer que rien ne pouvait filtrer dans la zone de l'aimant.

— Très, très peu. A la limite de la traçabilité.

— Je ne vois aucune raie, dit-elle en vérifiant sur le scope.

— Il n'y en a pas.

— Pas de raies ? Il devrait y en avoir.

— Eh bien, il n'y en a pas.

— Alors, il y a quelque chose qui cloche dans notre installation, dit-elle fermement.

Ils réexaminèrent tout le dispositif. Il était assez simple, et elle était sûre qu'ils trouveraient un câble débranché, ou un interrupteur fermé quelque part. Ils ne trouvèrent rien. Alors ils recommencèrent, sans plus de succès. Elle finit par pousser un soupir et dit :

— D'accord. Le spectre est peut-être bon. Mais comment est-ce possible ?

Zak la regarda, l'air complètement dépassé.

— Je ne sais pas.

La lumière était distribuée sur tout le spectre. Les atomes émettent des fréquences propres, correspondant aux sauts qu'ils font d'un niveau d'énergie quantifié à un autre. Dans un solide, les interactions qui lient les atomes entre eux brouillent un peu ces raies, mais pas assez pour expliquer ce qu'ils voyaient : cette lueur vague, complètement diffuse, pas concentrée du tout.

— C'est dingue, fit Alicia.

— Peut-être qu'en accumulant sur une longue période de temps on pourrait faire ressortir des raies du bruit de fond, suggéra Zak.

S'ils laissaient s'accumuler la lumière — en langage photographique, ça revenait à laisser le diaphragme ouvert pendant un moment —, alors les erreurs auraient tendance à s'annuler et ils verraient la radiation persistante.

— Pas bête, convint Alicia, ravie.

Zak était un étudiant rapide, adaptable et compétent, qui avait toujours un métro d'avance dans sa réflexion. Et c'était de nature. Les professeurs éduquaient les plus capables, mais ils couvaient comme autant de trésors ceux qui s'élevaient au-dessus de ce niveau, avec qui le travail cessait d'être du boulot et devenait passionnant.

Ils laissèrent le système de traitement optique gérer la lumière émise pendant vingt minutes. Alicia éprouva un mélange d'exaltation et d'angoisse en attendant, vérifiant le système pendant qu'il décomptait les photons lumineux sur tout l'éventail de son spectre. De l'exaltation, parce que la sphère semblait émettre un peu de lumière. Très, très faible, mais de la lumière quand même. Et de l'angoisse, parce qu'il se pouvait que ce beau résultat ne soit qu'une erreur. Peut-être leur installation improvisée dans un hall qui n'avait absolument pas été conçu pour ce genre de travail minutieux sur le spectre laissait-elle passer une source de lumière non détectée. Enfin, il faudrait qu'ils répètent toute l'expérience, évidemment. Personne ne prenait en compte une mesure précise sur la base d'une unique manip.

— Jetons un coup d'œil, dit-elle, incapable de refréner plus longtemps sa curiosité.

La compilation du relevé digital prit un moment, et une courbe bleue s'inscrivit sur l'écran. Ils réagirent tous les deux en même temps.

— Hein ? fit Zak.

Alicia retint un hoquet de surprise et resta le bec ouvert jusqu'à ce qu'elle pense à fermer la bouche.

— Ça ressemble beaucoup à un spectre de corps noir, dit Zak.

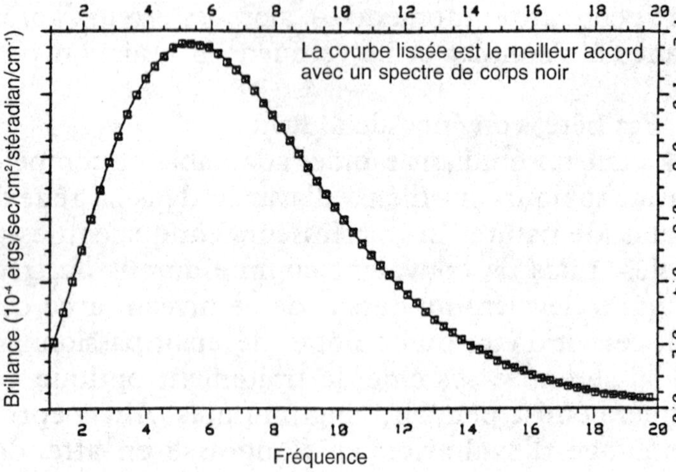

— Oui, en effet.

La courbe montait et redescendait selon un schéma connu depuis un siècle. Tout objet sombre — le *corps noir* idéal — émettait un tel spectre. Au fur et à mesure qu'il se réchauffait, la courbe se décalait vers la droite, vers des fréquences plus élevées.

— Aucune raie, bien sûr, fit Alicia en lisant l'axe des fréquences horizontales et en griffonnant sur un bloc. Il émet de très faibles radiations, en effet... mais à une température équivalente à plus de 40 000 degrés K.

— C'est dingue, fit Zak en secouant la tête. Il doit y avoir une erreur.

— Hon-hon. Probablement. On va revérifier tout ça.

Elle était à peu près sûre que rien ne clochait, ni dans les spectromètres, ni dans le reste. C'était une mesure standard, après tout. La routine du labo de physique avancée 320. Mais il y avait toujours un risque d'erreur, et ça lui laissait le temps de réfléchir. Ils inversèrent la procédure standard, remontant le circuit à l'envers, en partant des ordinateurs. Tout paraissait correct. C'était vraiment déroutant...

Alicia remit tout en place pour procéder à une autre intégration sur le temps, vérifia le cache opaque et relança l'expérience. Puis elle emmena Zak vers l'une des petites pièces d'assemblage, pleine d'éléments disparates de l'élément nodal. Elle les regarda comme si c'étaient des vestiges trouvés sur un site archéologique, dans un lointain passé. Sur une cloison était fixé un tableau noir couvert de bribes d'anciennes conversations à la craie. Elle les effaça et nota leurs résultats :

Corps noir, T 40 000 °K
Emission faible
Réfléchit la lumière ambiante
Diamètre 37,8 cm
Masse 100 kg

— Nous avons une boule brillante qui semble émettre dans l'ultraviolet. Comme si elle était très chaude, mais très faible, dit-elle. Et comme elle a aussi la propriété de refléter notre propre lumière, ce serait plutôt un miroir qu'une fenêtre.

— Vous savez que j'ai confiance en vous, en votre jugement. Mais quand même ! fit Zak avec une moue dubitative.

— Là, ce n'est pas à mon jugement que vous vous fiez ; c'est à celui de la Nature.

Il se raidit un peu.

— D'accord, alors supposons que la même propriété, le fort réfléchissement, vaille pour l'ultraviolet que nous voyons. Ça voudrait dire qu'une petite partie seulement de ce qui est émis nous parvient. Comment ça se fait ?

— La radiation ne doit pas pouvoir sortir, dit-elle en haussant les épaules.

— Allons, objecta Zak. A 40 000 degrés ?

Elle hocha la tête.

— Posez la main dessus ; elle est à la température ambiante.

— Alors la radiation émane de ce qui est à l'intérieur, quoi que ce soit ?

Elle hésita, essayant d'énumérer les possibilités.

— Je suppose. Ça irradie vers nous, très faiblement, à travers cette... fenêtre ?

— Une fenêtre à travers laquelle on ne voit rien, reprit Zak en faisant les cent pas, le visage figé par la concentration.

— Dans la lumière visible. L'ultraviolet réussit à passer, pour une raison ou une autre. Elle réfléchit quatre-vingt-dix-neuf pour cent de la lumière visible qu'elle reçoit, d'accord ? Et ce n'est pas du métal, rappela-t-elle en croisant les bras.

— Et elle la réfracte, en plus. Et merde, elle fait tout ! lança Zak en s'énervant. Nous devons récupérer une infime fraction à peine de la lumière ultraviolette qui est émise de l'intérieur, sans quoi cette boule brûlerait tout ce qui se trouve dans le labo. Ça n'a pas de sens !

— Et elle pèse aussi lourd qu'une personne, ajouta-t-elle. Une personne assez forte.

— Qu'est-ce que ça implique ?

— Je ne sais pas. Mais c'est une donnée supplémentaire. D'habitude, quand on fait une liste, ça finit par évoquer quelque chose... fit-elle en se laissant tomber dans un fauteuil de labo.

— Pas cette fois, répliqua laconiquement Zak.

— Une chose aussi chaude... devrait émettre de la lumière, forer un trou incandescent... ajouta-t-elle, les mains voletant futilement devant elle.

— Eh bien, c'est un peu ce qu'elle fait. Brûler un trou dans l'air, je veux dire. Elle produit de l'ozone.

— Un trou. Exact, j'oubliais ça.

Elle se leva et écrivit sur le tableau noir : *Réfraction proportionnelle à la profondeur de pénétration.*

Elle exposa à Zak ses observations antérieures.

— C'est comme si la lumière entrant dans la sphère selon des angles légèrement différents pénétrait jusqu'à des couches différentes et était réfractée d'autant plus fortement qu'elle avait pénétré profondément.

— Ah, fit Zak.

— Exactement, répondit-elle.

Ils restèrent un moment assis devant la liste, et s'accordèrent à trouver que ça n'avait pas de sens. Elle se rappela avoir entendu dire un jour que les types portés à la recherche avaient une certaine tolérance pour l'ambiguïté, pour continuer à avancer sans savoir où ils allaient. De la curiosité, se dit-elle, pour ce qui était la partie qu'elle aimait le plus : le mystère.

D'habitude, en physique des particules, les plus grandes énigmes étaient : « Pourquoi ce sacré truc ne marche-t-il pas ? » ou : « Comment pourrait-on donner un sens quelconque à cette confusion ? » Mais au-delà de tout ça, il y avait de profonds impondérables. Cette chose était-elle un objet si fondamental ? Elle se sentait en proie à une attente picotante, qui lui faisait battre le cœur plus vite.

En cas de doute, affiner les données.

— On va lever l'incertitude dans la mesure de ce corps noir, proposa-t-elle en se flanquant des claques sur les cuisses pour se tirer de cette rêverie.

— Il faudrait un labo plus opaque, fit Zak en parcourant l'endroit du regard. Nous avons des fuites.

— D'accord. Il vaudrait probablement mieux refaire l'expérience de nuit.

— Je pourrais m'en occuper.

— Bon. Nous allons dresser la liste des choses à faire, et puis il va falloir que je vous laisse. Je me disais aussi qu'il faudrait peut-être regarder dans les journaux pour voir si une anomalie comme celle-ci s'est jamais présentée.

— J'en doute, répondit Zak en faisant la moue.

— Moi aussi. Mais quand même. Je vais procéder à une rapide investigation dans la littérature.

Les postdocs de physique des particules lisaient rarement les publications, sauf pour trouver des interlocuteurs et obtenir les informations indispensables. Dans les séminaires, ils posaient peu de questions, ne voulant pas avoir l'air largués. Cela dit, s'ils connaissaient bien le sujet, ils défiaient, ils testaient. Parler de son propre travail de façon convaincante était crucial, et un peu de bluff marchait souvent. Presque tous les expérimentateurs postdocs avaient une histoire favorite sur la façon dont ils avaient réalisé, grâce à un travail acharné, le matériel ou le logiciel qui avait fait marcher une manip. Mais dans leur récit transparaissait souvent une note de tristesse, parce que la simple habileté ne suffirait pas à garantir leur ascension dans la profession ; pour ça, il faudrait qu'ils fassent preuve d'indépendance, d'intuition, de grâce intellectuelle. Personne ne le leur disait, évidemment, ça faisait partie de la sous-culture non dite de la physique des particules. Certains ne s'en rendaient jamais tout à fait compte ; les autres pigeaient en constatant que leur travail ingrat n'était pas reconnu, alors que d'autres postdocs qui prenaient tous les risques recevaient l'approbation générale.

Zak n'était pas comme ça. Sa bourse ne pouvait financer qu'un seul postdoc. Il était sorti du lot parce que, s'il avait beaucoup de qualités typiques, il faisait aussi preuve d'une loyauté à toute épreuve. Or réussir au RHIC exigeait une petite équipe extérieure fonctionnant comme une mécanique bien huilée, réagissant vite et ne ménageant pas sa peine.

Elle quitta le labo et se dirigea vers son bureau. La place devant le bâtiment des sciences physiques grouillait d'étudiants arborant de coûteux atours, faussement négligés : des survêtements, des chaussettes tubes, des coupe-vent aux couleurs criardes, des chaussures de marathon blanches à semelle épaisse, des blousons affichant des marques de stylistes à la mode, des vestes des surplus de l'armée, des casquettes de base-ball portées comme il se doit, la pub devant. Surtout des tenues de travail, et pas de travail intellectuel, non, de travail physique. Elle se demanda pourquoi cette génération connaissait mieux des termes comme « deltoïdes », « pectoraux » et « triceps » que les noms des planètes du système solaire, alors qu'ils marchaient si peu, se ruaient dans les ascenseurs et les escaliers mécaniques du campus et bourraient les parkings de voitures confortables.

Les étudiants asiatiques étaient les mieux habillés — ou du moins ceux qui en avaient pour le plus cher sur le dos. Les panneaux d'affichage qui ornaient les murs du campus et les pavillons étaient maintenant souvent en langues étrangères, la plupart du temps asiatiques. Les annonceurs ne voulaient que des ressortissants de leur propre ethnie, surtout quand il s'agissait de louer une chambre ou partager une maison. Elle avait entendu surnommer aigrement l'UCI « Université d'Indochine ». La « diversité » était devenue synonyme de balkanisation.

Mais la segmentation des étudiants dissimulait une stratégie délibérée. L'administration pratiquait la tactique classique consistant à diviser pour régner, faisant de chaque faction étudiante une cliente, dépendante du corps exécutif en expansion permanente qui se prenait pour le « management » et considérait les universitaires comme des ouvriers et les étudiants comme un marché captif. En cela, ils ne faisaient que refléter le style politique en vigueur dans tout le pays, un héritage du vingtième siècle.

Elle arriva au quatrième étage à l'heure du thé de l'après-midi. Elle avait l'intention de rafler quelques biscuits, une tasse de thé, et de repartir, mais plusieurs expérimentateurs des particules voulaient savoir comment l'élément nodal avait explosé. Elle leur débita l'histoire qu'elle avait répétée, profitant de cette occasion pour tester leur réaction. Un cercle se forma autour d'elle, où la compassion se teintait de curiosité. Après tout, cette histoire était pour eux un nouveau problème non résolu, c'est-à-dire un os à ronger. Les postdocs et les universitaires participaient à la discussion sur un pied d'égalité, mais les étudiants restaient cois.

Le groupe des particules se considérait comme une élite, une méritocratie dans laquelle tout le monde avait une chance égale au départ. C'était souligné par les bureaux identiques, l'utilisation du prénom même pour désigner ses aînés et le code vestimentaire rigoureusement informel. Elle en avait fait une fois la remarque à un professeur titulaire, qui avait haussé les épaules et répondu : « Euh, oui, évidemment », d'un ton impliquant que réfléchir aux forces sociales et psychologiques était contraire à l'éthique de la physique. Personne ne parlait de ces questions, mais tout le monde reproduisait la structure fine du milieu bien avant de l'intégrer.

Jonas Schultz, le grand ponte des expérimentateurs, la prit à part et lui demanda :

— Comment cela va-t-il affecter votre programme de recherche ?

— J'essaie d'être prête pour le prochain test, dans six mois.

— Je peux faire quelque chose pour vous ?

C'était un grand et bel homme aux tempes grisonnantes, aux manières douces, new-yorkaises, qui avait fait ses débuts en des temps où les mœurs étaient plus agréables dans le milieu. Sur le coup, elle fut tentée de lui parler de la chose étrange qu'elle avait dans son labo, mais la prudence l'emporta.

— Mon équipe semble tenir le choc, mais merci quand même. Il se pourrait que j'aie besoin de vous emprunter du matériel.

— Vous n'avez qu'à demander, dit-il avec chaleur (car le revers de la compétition exacerbée entre physiciens des particules était une loyauté tribale). Nous ne voulons pas que ça vous retarde dans votre titularisation.

Ah, la titularisation : le Saint Graal, à une époque où les fonds alloués à la recherche scientifique allaient en s'amenuisant. S'engager dans la physique des particules revenait désormais à vivre dans une angoisse permanente. Les étudiants craignaient en secret de ne pas arriver à la cheville des géants du temps jadis. Les thésards avaient peur de perdre leur temps à faire des expériences qui ne marcheraient que marginalement. Les postdocs devaient faire preuve de clairvoyance, deviner des années à l'avance parmi tous les sujets qui se pointaient à l'horizon lesquels étaient les plus gratifiants, puis jongler avec les horaires. En ces temps troublés, elle avait obtenu (à sa grande surprise) un poste à l'université. Stanford ou Harvard ne lui ayant évidemment pas fait signe, elle avait contacté trois universités moins prestigieuses, et l'UCI était la seule qui lui ait proposé quelque chose.

Une fois là, Alicia s'était aperçue que son angoisse avait encore grimpé d'un cran. Le barreau suivant était celui de la titularisation : qu'il lâche, et elle n'avait plus qu'à s'en aller, ou à essayer de trouver un poste dans un laboratoire national. Et même si elle réussissait à se faire titulariser, elle n'était pas au bout de ses peines. Elle devrait entamer la longue escalade entre les crevasses et les embûches des attributions de bourses ou de plages d'essai, et — comme partout — se tailler une place dans les médias, les médias, les médias. D'accord, elle avait adoré chaque étape du processus. Ceux qui n'aimaient pas ça étaient forcément moins bons à ce jeu et poursuivaient inévitablement, au bout du compte, une carrière plus lucrative dans la gestion de stocks ou les technologies classiques.

Ignorant les coups frappés à sa porte, elle pianotait sur l'ordinateur de son bureau, rédigeant le rapport pour Hugh Alcott. Ces questions semblaient très loin. C'était comme si toute l'affaire avait reculé dans le passé, par rapport au mystère plus nettement contrasté qu'elle affrontait dans son bureau.

Elle s'arrêta à la moitié, alla chercher un thé au chariot du quatrième étage et revint s'asseoir devant son écran. Elle avait appris, en écrivant sa thèse de doctorat, à ne pas insister quand elle séchait. Elle se connecta donc au serveur de la bibliothèque de l'UCI. Pendant une heure, elle explora le labyrinthe de la base de données et en ressortit triomphalement les mains vides : il n'y avait aucune référence dans la littérature scientifique à un objet excentrique qui ressemblât, même de loin, au sien.

Oui, se dit-elle, *le mien*. Autant se montrer possessive. Puis elle se remit au travail sur son rapport, l'envoya à Alcott et retourna à son labo.

5

Elle aurait préféré rester chez elle, à lire ou même à se légumifier devant la télé, mais Jill n'était pas de cet avis :

— Tu avais dit que tu viendrais, dit-elle en se laissant tomber sur le canapé d'Alicia et en envoyant promener son microscopique sac à main en nacre. Je resterai assise ici à râler jusqu'à ce que tu te prépares...

— Mais j'ai du travail, je suis épuisée, et...

— Si tu es vraiment si fatiguée, il ne faut pas travailler. Ces intellectuels, je te jure! Il faut tout leur dire!

— Ce n'est qu'un draguodrome de plus, fit Alicia d'un ton accusateur.

— C'est une formulation désastreuse. Nous nous efforçons simplement de rencontrer des étrangers aimables. Allez, emballe la viande, ordonna Jill en pointant un ongle verni de marron vers la chambre.

Alicia passa un bon quart d'heure à choisir des vêtements qui ne ressemblent pas à une Déclaration Ouverte jusqu'à ce que Jill intervienne. Elle se retrouva dans une robe bleue et en train de geindre :

— Ce n'est vraiment pas la couleur qui me va le mieux...

A quoi Jill rétorqua :

— Et alors? C'est la couleur favorite des Mâles. Tu ne lis donc jamais rien? Tu n'essaies pas vraiment de te caser...

Alicia farfouilla ensuite dans ses bijoux, choix compliqué par le fait qu'elle n'en retrouvait pas la moitié. C'était une loi immuable : dès qu'on rangeait un objet dans un endroit plus logique, la seule chose dont on arrivait à se souvenir, c'était qu'on l'avait enlevé de là où il était pour le mettre ailleurs, à sa Vraie Place.

Elle finit par «se trouver présentable», comme disait son père, et Jill inspecta le résultat.

— Des chaussures noires? Mais les rouges sont bien mieux!...

— Ce sont mes chaussures pour me faire trombiner. Ce n'est pas le signal que j'ai envie d'envoyer.

— Bon, admettons. Allez, on y va.

— Tu te souviens quand les filles qu'on connaissait emportaient des capotes à ce genre de soirée? demanda Alicia.

— C'était un truc du milieu du vingtième siècle, bien avant que nous arrivions sur le marché. Maintenant, je ne compte plus que sur ma personnalité. Laissez cette semence dangereuse à sa place, dans sa burette...

— Ses burettes.

— J'oublie toujours qu'il y en a deux. Je me demande bien pourquoi...

— C'est un truc de mec. Toujours garder une petite réserve.

Elles arrivèrent à la soirée en bon ordre. Le tourbillon social, au sud de Los Angeles, suivait la ligne de force des codes postaux des villes côtières, de Huntington Beach (92649) à San Clemente (92672), Newport (92660) étant le chemin le plus sûr, et donc à privilégier, tandis que Laguna Beach (92651) était la championne du comté pour l'intelligence collective, les artistes et les vedettes des médias. La collision d'angoisses de ce soir-là se déroulait à Fashion Island, juste derrière Newport Harbor. La route qui venait de Coast Highway était bordée de palmiers phoenix aux pieds desquels étaient enfouis des spots bleus. Leur lumière faisait ressortir les palmes vertes qui dansaient comme de grandes jupes de vahinés dans la brise océanique et salée. Un projecteur d'un jaune purulent fouillait la strate de brouillard qui montait de la mer et planait au-dessus de l'hôtel Four Seasons. Elles confièrent la Miata d'Alicia au voiturier et se frayèrent un chemin entre les obstacles habituels : un comptoir où on écrivait son nom sur une étiquette adhésive, les tables où l'on aiguillait les célibataires et, comme elles arrivaient au détour d'un couloir, un cadavre. Un type gisait sur le dos, la chemise sortie du pantalon, quelque chose répandu sur les cheveux.

— Mon Dieu ! Il est mort ? hoqueta Alicia.

— Socialement, seulement. Je dirais plutôt qu'il est schlass.

Jill l'enjamba sans hésiter. Alicia la suivit et, le temps qu'elles arrivent au bout du couloir, quelques hommes essayaient de relever le type. Apparemment, rien de tout ça ne suscitait beaucoup d'agitation.

— Attends une seconde, fit Alicia en s'engageant sur un balcon.

Jill lui emboîta le pas.

— Le stress classique de la fumeuse, fut la seule critique qu'elle exprima, bien que sa bouche de travers dise le reste.

Alicia écarta l'objection. Elle *sentait* les phénols et les pyrènes râper ses tendres cellules épithéliales, les cils de ses bronches frémir, l'oxyde de carbone et le cyanure se jeter avidement sur son hémoglobine innocente, son cœur s'activer vertueusement, en proie à une panique chimique. Tout son organisme chantait stérilement un hymne à la vulnérabilité dans un monde de molécules malignes, mais elle en avait *besoin* et puis, après tout, qui est-ce qui commandait, ici, hein ?

Tout cela s'évapora beaucoup trop vite hélas dans l'air sec. Elle ferma les yeux, soupira. Retour dans la mêlée. Alicia était allée à plusieurs de ces soirées, mais pas récemment. Ça lui procurait une certaine distance, et elle se retrouva un peu en retrait, deux centimètres en arrière de ses yeux, en train d'observer le spectacle.

Les femmes se saluaient d'une voix haut perchée, une voix de tête, étirant les mots comme pour y rajouter des syllabes supplémentaires : « Ti-i-i-ens, sa-a-a-lu-ut, co-o-omme-e-ent ça-a-a va-a-a ? » Les hommes, au contraire, parlaient d'une voix de basse, par grognements staccato ponctués de brefs hochements de tête : « Hé, hé. Ça va ? » Les femmes essayaient de nouer des liens, éprouvaient des émotions et les exhibaient. Les hommes se rencontraient, tels des coqs dressés sur leurs ergots, se lançant parfois un coup de poing pour rire, ou une insulte amicale. Des poignées de main révélaient qu'ils avaient surmonté leur besoin de défendre leur espace individuel. Des siècles auparavant, ce geste aurait prouvé qu'ils n'étaient pas armés. Alicia, elle, était armée jusqu'aux dents lorsqu'elle entra dans la grande salle de réception pleine de brouhaha.

— Alicia ! Où étais-tu passée ?

— Tu nous as manqué, dis donc !

— Mon Dieu, je te croyais morte, ou mariée !

— Ou les deux, répliqua-t-elle platement, personne ne l'écoutant.

Plus longtemps les femmes étaient restées sans se voir, plus elles étaient proches et plus le ton montait. Elles se penchaient l'une vers l'autre, se parlaient sous le nez. Alicia voyait le schéma, d'accord, et la mit en veilleuse, mais les postures et les cris charriaient un plaisir impérieux.

Les hommes regardaient cela comme s'ils avaient assisté à un sabbat de sorcières. Ils se tenaient volontairement en retrait par rapport aux couples qui se congratulaient, parcouraient la pièce du regard, chasseurs flairant leur proie.

Les salutations effectuées, chacun retrouvait un ton à peu près normal. *Pas étonnant*, se dit-elle abstraitement. Les retrouvailles étaient source d'angoisse, et le mouvement de défense consistait à se rabattre sur le rôle imposé par son sexe. Les femmes infantilisaient leur voix, comme pour dire « Vous n'avez rien à craindre de moi », tandis que les voix graves des hommes signifiaient « Ne me cherchez pas noise ».

Elle examina le cheptel. Les hommes du grand Los Angeles portaient trop souvent des blazers de couleurs vives avec des pantalons sans ceinture, des mocassins bien cirés et des chaussettes multicolores. Ou bien c'était le look George Will[1]. Il y avait surtout des Blancs, évidemment, mais aussi quelques Asiatiques. Des Indiens, de

1. Journaliste politique conservateur, lauréat du prix Pulitzer en 1977, conseiller de campagne de Ronald Reagan. Bref, pas du mâle pour rire. *(N.d.T.)*

style brahmane, un peu déplacés. Trois Noirs, elle les voyait d'ici, près de la porte. Ils détournèrent tous le regard quand ils la remarquèrent, le signal habituel. Ils chassaient la femme blanche ; s'ils voulaient des Noires, ils seraient allés plus au nord, peut-être jusqu'à Los Angeles, où il y en avait à revendre.

— Hé, ça fait plaisir de vous revoir, fit un homme plutôt bien habillé, un peu plus grand qu'elle.

— Désolée, je ne me souviens pas...

C'était pure vérité, mais ça eut au moins pour résultat de la mettre sur une trajectoire prévisible. Pendant les cinq premières minutes, la conversation fut vive, enjouée, plaisante. Pendant les vingt minutes suivantes, il parla comme un homme entraîné à avoir l'air formidable pendant cinq minutes. Ses saillies faciles faisaient penser qu'il citait quelqu'un d'autre — et c'était probablement le cas.

Soudain affamée, elle se fraya un chemin jusqu'au buffet. Elle aurait juré qu'elle sentait sa robe bleue se resserrer sur elle. Jill s'activait dans la foule, mais revenait loyalement la voir tous les quarts d'heure pour s'informer de l'avancement des travaux et bavarder un peu. Au sujet de la robe bleue, qui semblait maintenant remonter vers le haut des cuisses d'Alicia comme un champignon intelligent, elle dit sardoniquement :

— C'est marrant. Les hommes disent « Donnez-moi un quarante-huit », alors que nous disons « Je fais une taille quarante ». Qu'est-ce que ça t'inspire ?

— Que je fais plus probablement du quarante-six, répondit Alicia d'un ton sinistre.

— A part ça, bonne pêche ?

— Je voudrais qu'on cesse de rabattre les Noirs vers moi. Ils ont un regard de bête prise au piège quand ils approchent.

Jill acquiesça d'un hochement de tête.

— Je vais le leur redire. Je viens de perdre une demiheure avec un type qui pense que le refroidisseur de polystyrène expansé était une invention aussi énorme que la roue.

— Un nez veiné de violet ?

— Ouaip. Un picoleur, fit Jill en fronçant les sourcils. Pourquoi je les attire ?

— Ces réunions sociales sont comme l'escalade de l'Everest en robe de cocktail. Les carnivores flairent la faiblesse.

— Peut-être sommes-nous trahies par ces gouttelettes de sueur révélatrices sur la lèvre supérieure ? avança Jill en zieutant la foule.

— Ça, et puis nous ne sommes pas des canons, répondit Alicia qui ne s'était seulement jamais prise pour un petit calibre. Les belles filles en savent moins sur les hommes que nous, les moches. Ils nous traitent différemment.

Jill esquissa une moue sarcastique.

— Ça ne compte pas que je sache préparer à dîner, rien d'extraordinaire, disons un veau aux champignons, en deux coups de cuiller à pot ?

— Seulement quand tu seras mariée. Et qu'il sera trop tard, évidemment.

— Pourquoi venons-nous toujours dans ce genre d'endroit pleines d'optimisme pour en repartir déprimées ?

— Parce que les hommes ne répondent pas à nos rêves, répondit pensivement Alicia. Nous essayons toujours de lire en eux au premier coup d'œil...

— Et au lieu de ça, nous croyons voir à travers eux, fit Jill en sirotant une gorgée de vin qui lui arracha une grimace. Regarde ce type, là-bas. Si j'étais méchante, je dirais, à voir sa tête, que pour lui la Volvo fait probablement partie de l'anatomie féminine. Sinon, il ne serait pas mal.

— Eh ben, va lui parler.

— Tu vois à qui il fait la causette ? La jupe en cuir noir et l'anneau dans le nez ? Quand Henry Ford a mis les fabricants de cravaches sur la paille, dommage pour eux qu'ils ne soient pas restés dans les affaires le temps de voir arriver le marché lucratif du sadomasochisme...

— Tu n'es pas d'humeur à ça, hein? fit gentiment Alicia.

Gentiment, et d'un ton plein d'espoir.

— D'accord, je vais me jeter sur lui. Dès que Miss Piercing le lâchera pour aller chercher un autre verre.

Ça prit un bon quart d'heure, mais un autre quart d'heure plus tard, Jill faisait de grands signes à Alicia, souriait furieusement et finit par partir dîner avec l'homme. Alicia n'eut pas autant de chance. Elle traîna encore un peu puis elle s'en alla, l'estomac embrasé par le mauvais chardonnay. Elle n'était vraiment pas bonne à ce jeu-là, se dit-elle pour la énième fois. Quelque chose chez elle n'était pas fait pour aller avec l'universitaire typique, alors elle cédait aux incitations pas très subtiles de Jill et se fourvoyait dans ces trucs insensés.

Irrémédiablement décalée, à vrai dire. Elle était gravement hors du coup. L'évolution avait conçu la pensée du primate pour la socialisation effective, disaient les biologistes, mais, de ce point de vue, elle était un ratage complet. C'était un miracle, vraiment, que les mêmes esprits capables de saisir les complexités de l'accouplement et d'éviter les prédateurs arrivent à entrevoir si peu que ce soit la réalité. La science était une invention humaine récente et complexe, à part pour quelques rares élus; pourquoi était-ce devenu son principal refuge, dans un monde qu'elle arrivait à peine à comprendre?

6

Brad Douglas cilla et lança, sincèrement choqué :

— Pourquoi ne m'avez-vous rien dit?

— Moins il y avait de gens au courant, mieux ça valait, répondit Alicia.

C'était fatal. En cherchant quelque chose, Brad s'était

aventuré près de l'aimant en U, il s'était demandé ce que cachaient toutes ces bâches, ces écrans, et il avait vu ce qui se passait.

— Mais pourquoi ? Nous aurions pu l'étudier ensemble…

— C'est ce que nous faisons, rétorqua Zak.

— Brookhaven n'est pas un endroit pour les recherches ouvertes, reprit doucement Alicia.

Zak avait trouvé Brad en train de se gratter la tête devant la sphère. Il n'avait rien dit et l'avait appelée dans son bureau. Elle était venue tout de suite.

— C'est un énorme dispositif, fait dans un but particulier.

— Ouais, fit Brad. Les particules. Des tas de gens pour donner un coup de main…

— Et se mettre dans nos pattes, coupa Alicia.

— Nous aurions… vous auriez dû montrer ça à l'équipe du BRAHMS, rétorqua fermement Brad.

— Notre accord prévoyait le partage des données. Cette chose n'a pas été détectée. Elle a détruit un détecteur.

La main de Brad trancha l'air dans un geste d'exaspération.

— C'est spécieux.

Alicia n'en revenait pas. Les Amis de la Terre, les avocats, la frustration croissante, sa première expérience en tant que chef de projet, les problèmes de sécurité, la destruction de l'élément nodal, la sphère, tout s'était enchaîné pour l'amener là.

— Je suis responsable de ce contrat de recherches, et c'est moi qui fixe la politique, dit-elle, d'une voix qui lui parut manquer de fermeté.

Allons, du calme. Ce n'est qu'un thésard, après tout. Mais sa gorge ne marchait pas.

— Nous avons bien réfléchi, intervint Zak, venant à sa rescousse, et nous ne voulions pas nous ridiculiser en montant en épingle une chose sans intérêt.

Pas vraiment, songea Alicia, *mais bon… Il y avait de ça aussi*. Elle hocha la tête.

Brad secoua la tête, l'air de dire « Cause toujours ».

— Bref, ajouta Zak d'un ton léger, désinvolte, nous pensions que c'était juste une bulle d'acier.

Ce n'était pas tout à fait vrai non plus, mais elle s'en remettrait.

— C'était bien notre hypothèse de travail. Un phénomène de matière condensée intéressant. Pas de quoi fouetter un chat.

— Alors, pourquoi ne pas la balancer aux ordures ? lança Brad en la défiant du regard.

— Nous devions l'ôter de là, de toute façon. C'est lourd, difficile à manier. L'aimant semblait un bon moyen de la transporter en la maintenant isolée.

Ça lui paraissait bien tiré par les cheveux, même à elle, mais sa voix s'était un peu raffermie.

— Mouais, fit Brad, sceptique. Alors, qu'est-ce que c'est ?

— Une chose qui n'a aucun sens, répondit-elle en haussant les épaules.

— En tout cas, ce n'est pas du fer, reprit Zak. Nous avons effectué une analyse du spectre réfléchi à l'aide d'un laser à gaz.

— Alors, qu'est-ce que c'est ? répéta Brad du ton atone de celui à qui on ne la fait pas.

— Rien de clair. Pas de raies indiquant la présence d'un métal connu.

Zak eut un mouvement de tête qu'elle interpréta comme une attitude de douce modestie, un geste qu'il avait dû acquérir pour dissimuler sa propre confiance en ses facultés. Elle reconnut un peu d'elle-même dans ce petit signe de tête, une courbette nominale.

Brad esquissa une moue de frustration.

— Et si c'est dangereux ?

Elle s'autorisa un mince sourire.

— Pourquoi serait-ce dangereux ?

— Ça a fait exploser le tube radial, non?

— Peut-être. Peut-être que cette sphère n'était pas la cause de l'explosion mais un effet annexe...

— De quoi? rétorqua Brad.

Elle haussa les épaules.

— Nous l'ignorons. Il ne faut pas sauter aux conclusions quand on n'a pas assez d'éléments.

— Mais la prudence...

— La recherche, c'est ne pas savoir ce qu'on fait, répondit Alicia, s'abritant de son regard intense derrière un vieux cliché.

— Ce n'est sûrement pas très important, reprit Zak. Il y a des tas de choses qu'on a du mal à expliquer, mais qui n'ont rien d'exotique.

— Il y en a d'autres? demanda Brad.

Alicia vit qu'il gagnait du temps en essayant d'imaginer la conduite à tenir dans cette affaire.

— Non, répondit Zak.

— Vous avez cherché?

— Hé, c'était juste au milieu de l'élément nodal, au point de convergence des faisceaux.

— Et alors?

— Alors, le rasoir d'Occam. L'hypothèse la plus économique, si vous préférez, répliqua sèchement Alicia. La chose s'est produite au point de convergence, parce que c'est là que l'énergie devait induire le processus de formation. Nous avions constaté une chute des collisions depuis plus d'une heure avant d'arrêter et d'aller voir. Il faut croire que la sphère, en se formant, avait obstrué le passage du faisceau. Une seule sphère suffit à expliquer ça. Et puis, avec tous ces gens qui procédaient à des vérifications sur le BRAHMS, s'il y avait eu une autre sphère, même si elle nous avait échappé, ils l'auraient remarquée...

Brad tordit à nouveau la bouche comme s'il avalait une potion amère.

— Je pense malgré tout que vous auriez dû en parler aux autres.

— C'est une décision politique, et c'est moi qui prends ce genre de décisions.

Brad s'assit au bord d'une table d'assemblage et secoua la tête. *Le bâton ne suffira pas*, se dit-elle. Le moment était venu d'agiter la carotte.

— Zak, merci de votre aide. Je vais m'en occuper.

— Vraiment? Ah bon.

Il parut soulagé de ce congé explicite. Il cessa de se dandiner d'un pied sur l'autre et s'éclipsa.

— Brad, je voulais éclaircir le problème avant de vous demander de passer du temps dessus, dit-elle gentiment.

— Je devrais arriver à comprendre ça, répondit-il, toujours sur la défensive.

— D'ailleurs, vous jouez un rôle crucial dans la reconstruction de l'élément nodal.

— Ouais, mais ça commence à devenir un peu ennuyeux.

— Eh oui, l'ennui est notre lot à tous, dans ce métier.

— Ça, il y a des choses plus intéressantes...

A quoi faisait-il allusion?

— Alors, on va tâcher de vous obtenir une petite rallonge pour vous en occuper.

— Comment?

L'un des aspects mineurs du système de l'université de Californie résidait dans le rituel des examens qui permettaient à un étudiant de proposer sa candidature et d'être promu à un poste d'assistant de recherche tout en préparant son doctorat. Brad avait fini tout le travail de cours exigé et faisait maintenant de la recherche à temps complet, grâce à une bourse du ministère de l'Energie. D'habitude, les étudiants attendaient d'avoir pratiquement fini leur thèse pour passer l'examen de candidature, conséquence d'un mélange de trac et de flemme. Plus on approchait d'un résultat concret, moins on risquait de rater l'examen.

C'est ce qu'elle lui expliqua tout en s'efforçant de ne pas donner l'impression d'acheter plus ou moins son silence. Sauf que, bien sûr, il avait intérêt à faire ce qu'on lui dirait. A sa grande surprise, il secoua la tête.

— Je vais passer l'examen, évidemment. Et alors ?

— Alors, je me disais que votre thèse pourrait porter sur la description des problèmes techniques posés par la construction de l'élément nodal...

— Je voudrais y mettre plus de physique que ça.

— Nous aurons davantage de données à Brookhaven...

— Ben voyons, à condition qu'ils nous laissent y retourner.

— Que voulez-vous dire ?

— Je veux parler de ça, répondit-il en indiquant l'aimant en U. Ça pourrait nous valoir de gros ennuis.

— Vous exagérez...

— Je voudrais travailler là-dessus avec vous. Faire autre chose, pour changer.

Hum, l'examen *et* la sphère, donc. Le gamin savait manœuvrer. Avec subtilité, en plus.

— Nous aurions bien besoin d'aide. Mais ça ne veut pas dire que vous laisseriez tomber l'élément nodal pour autant.

— Oh, je ne laisserais pas tomber, répondit Brad avec un soudain empressement.

Abattant sa réserve calculée, il la bombarda de questions sur la sphère. Les données expérimentales qu'elle avait notées trois jours plus tôt sur le tableau noir y étaient encore — *Une surprenante imprudence,* se dit-elle avec mélancolie. Elle les passa en revue avec lui et, au fur et à mesure qu'elle parlait, elle vit une étincelle de curiosité grandir dans son regard.

— Waouh, c'est vraiment bizarre !...

— Bizarre et secret, dit-elle prudemment. Nous voudrions avoir la certitude qu'il s'agit vraiment de quelque chose de nouveau avant que ça... enfin, que ça nous échappe.

Il prit cette déclaration dans son sens métaphorique,

mais elle parlait au sens propre. Quand elle regagna son bureau, un e-mail d'Hugh Alcott rendit le problème plus aigu :

Sur un enregistrement vidéo de l'expérience on vous voit avec un postdoc manœuvrer un aimant permanent. Pouvez-vous nous expliquer de quoi il s'agit ? On dirait que vous soulevez quelque chose du tube radial. Rien dans votre rapport ne mentionne cela.

Hugh

Elle alla se chercher du thé et tournicota dans le département à la recherche d'informations et de documents, en réalité pour laisser à son esprit agité le temps de s'apaiser. Mieux valait fournir une réponse rapide, se dit-elle. Rapide, évasive et définitive.

Je pense que vous nous avez vus, Zak Nguyen et moi, en train d'évacuer les débris du tube. Il y avait dedans des fragments de l'élément nodal. Nous avons décidé de les retirer avec l'aimant permanent, car certains étaient lourds et nous ne voulions pas perdre de temps à démonter le tout.
Mes amitiés à Tom et à toute la bande.

Alicia

Là, ça leur clouerait peut-être le bec. Peut-être. Foutues caméras, va ! Elle les avait complètement oubliées. Si elle voulait se diversifier, elle n'avait pas intérêt à se lancer dans le braquage de banques...

7

Zak régla l'image et pianota sur le clavier de son ordinateur.

— La ligne en pointillé représente les données obtenues au cours des derniers jours d'accumulation de données. Les précédents résultats sont la ligne continue.

Alicia se rapprocha. Les deux courbes étaient très similaires, à son grand soulagement. Au moins, ils ne s'étaient pas complètement trompés. Zak avait poursuivi l'expérience pendant cinq jours d'affilée, captant minutieusement le moindre rayonnement ultraviolet émanant de la sphère, évitant toute lumière parasite.

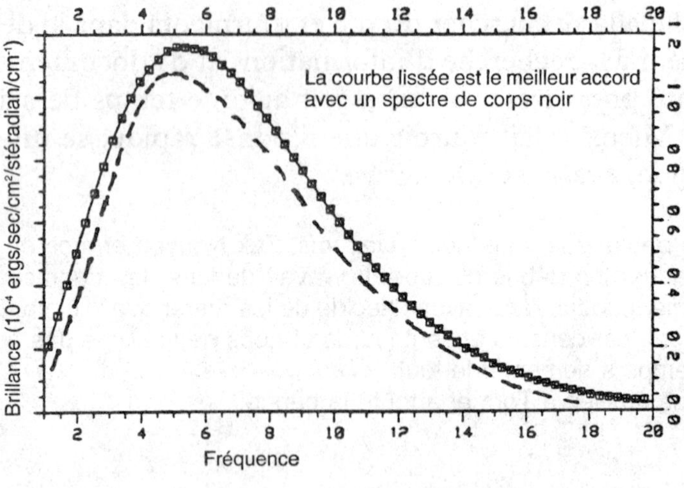

Mais il y avait certaines différences. La nouvelle courbe en pointillé était légèrement décalée vers le bas, vers l'extrémité rouge du spectre, et elle était plus courte, aussi.

— Il y avait quelque chose qui clochait dans notre première courbe, marmonna Alicia.

— Je ne crois pas, objecta Zak.

— Elle est décalée par rapport à la nouvelle.

— C'est le reflet de la réalité, dit-il en la regardant bien en face, comme pour apaiser ses doutes. J'ai cherché toutes les sources d'erreur. Il n'y en a pas une seule qui suffise à expliquer ça.

— La seconde courbe tout entière s'est déplacée vers des fréquences plus basses. Une température plus basse.

Zak la gratifia à nouveau de son regard fixe, convaincant.

— C'est la vérité. Tout est là.

Son carnet de labo, ouvert à plat, offrait des entrées méticuleusement inscrites à l'encre en plusieurs couleurs : bleu pour les données, noir pour les calculs, rouge pour les conclusions, et quelques notes annexes dans un vilain vert bilieux.

— Mettons que ce soit vrai. La température de cette distribution de corps noir serait en train de diminuer ?

— Oui, répondit-il en tournant comme un ours en cage, malgré son self-control apparent. (Il portait une chemise à carreaux bien repassée, comme son jean bleu. S'était-il vêtu spécialement pour la circonstance ?) Elle se refroidit. Mais il pourrait s'agir aussi d'un décalage vers le rouge...

— Un décalage vers le rouge ?

Ces mots planèrent un instant dans le vide entre eux. Un objet en déplacement émettait une lumière qui semblait perdre une fraction de son énergie, et toutes les couleurs se décalaient vers le rouge. Les atomes approchants émettaient une lumière plus bleue.

D'après les résultats de Zak, soit c'était un corps chaud en train de se refroidir, soit il s'éloignait d'eux, du labo, à une vitesse...

Elle secoua la tête.

— Ce n'est pas possible. Ça voudrait dire que la source émettrice s'éloigne de nous à deux pour cent de la vitesse de la lumière.

— Exact. Mais je crois que mes mesures sont justes, répéta Zak avec obstination.

Il s'en remettait au jugement technique d'Alicia en toute circonstance, ou presque, mais il savait aussi défendre son travail. *Une attitude professionnelle appréciable,* se dit-elle.

— Cette chose n'est pas chaude au toucher, mais dedans, il y a un corps noir à 40 000 degrés K.

Il y a une erreur quelque part, pensa-t-elle.

— Il faut que je regarde ça.

Il se détendit et s'assit sur un tabouret de labo.

— Rien ne pourrait me faire plus plaisir.

— Vous avez cru, pendant un moment, que vous étiez devenu fou ? avança-t-elle avec un sourire.

— Quelque chose comme ça.

Elle éprouva une soudaine vague d'affection pour lui.

— Il faut savoir vivre avec l'ambiguïté, Zakster, dit-elle en lui tapotant l'épaule. Il y a des moments où c'est une garce.

Le décalage des courbes était bien réel. Elle passa deux jours à revoir toutes les données, se référant parfois aux données brutes et recomptant les photons un par un à la recherche d'une erreur. Peut-être dans la tabulation des comptages individuels, loin aux limites, où l'effet était plus important et le flux de lumière plus faible ? C'est là qu'une erreur aurait fait le plus de ravages.

Elle regarda attentivement, recommença. Pas d'erreur.

Zak travaillait à côté d'elle et ne disait pas grand-chose, mais elle sentait son excitation croissante.

— Tous les chiffres sont là, dit-il enfin.

— Félicitations.

— Je me sentirais mieux si j'y comprenais quelque chose.

— La compréhension n'est parfois que le cadeau Bonux. Le truc, c'est la découverte.

Ils le savaient tous les deux. Ils restèrent un moment plantés là, à regarder les deux courbes. Elle fit un geste vers la liste des mesures énigmatiques, qui était restée sur le tableau. Brad était passé les voir, mais il savait que c'était, pour le moment, du moins, leur truc à eux. Personne n'avait avancé la moindre explication.

— Vous savez, ça pourrait vraiment être un décalage vers le rouge. Il y a la constante de Hubble, évidemment, dit-elle d'une voix lointaine.

— Mais c'est un décalage cosmologique, répondit Zak, assis au bord de la table, sous la lumière blafarde des tubes fluorescents. Provoqué par l'expansion de l'espace-temps.

— Il y a peut-être une explication identique à ça? risqua-t-elle.

— Une boule cosmologique? Si c'était un genre de trou noir, enfin...

Il s'approcha du tableau noir et écrivit, sous leur liste, l'équation d'un trou noir.

— Un trou noir d'une masse de cent kilos serait plus petit qu'un proton! fit-il en jonglant avec la craie. Non, il n'y a rien de cosmologique là-dedans.

Alicia avait envisagé cette hypothèse et l'avait repoussée, mais il n'était pas mauvais de laisser Zak suivre le même raisonnement.

— Nous avons besoin d'aide.

— J'en ai bien peur.

Son enthousiasme était en train de retomber, son visage se rassérénait.

Ils avaient aussi essayé de tirer une image de la lumière accumulée, mais ils n'avaient obtenu qu'une lueur douce, uniforme. Conforme à la représentation d'un objet brûlant, sans caractéristiques.

— Que disait Newton? demanda Alicia. «Je ne formule pas d'hypothèses...» C'est un bon conseil, quand on n'a pas un indice.

— A qui pourrions-nous nous adresser? Je veux dire, nous ne savons même pas à quelle porte taper, dans quel domaine. Pour moi, ça doit être un phénomène atypique de matière condensée.

Elle parcourut la liste de ses collègues de l'UCI. De bons physiciens, solides, certes. Mais un peu trop conventionnels pour cette bizarrerie. La politique des départements démontrait suffisamment que certains accueillaient toutes les idées nouvelles avec trois clous et un marteau. Et surtout, elle ne voulait pas que la nouvelle se répande.

— Je crois que je vais faire un petit tour. Ça m'éclaircira les idées, dit-elle.

8

Peu après son arrivée de la côte Est, un matin, sans y penser, elle était descendue sur la plage pour regarder le lever du soleil. Tandis que la vérité se faisait littéralement jour en elle, elle vit qu'elle était arrivée au bout de l'Amérique. Elle avait mis un moment à appréhender l'ambiance de ce pays sauvage qui se prélassait complaisamment sous une lumière scrutatrice, alcaline. Les horizontales de Los Angeles faisaient curieusement écho aux verticales de New York et les ridiculisaient même, mais les unes comme les autres encadraient les êtres humains dans une géométrie oppressante, insistante. La seule constante réelle, en fait, était le rythme auquel la Californie disparaissait sous le béton, précurseur d'autres séquelles. Toujours la même stratégie : diviser pour régner. Ce n'était peut-être pas un hasard si les studios de cinéma ouvraient leurs portes et s'emparaient de l'imagination nationale, de l'avenir, au moment où la frontière se refermait.

Le monde naturel, léthargique, gisait désormais caché sous le tohu-bohu. Elle suivit l'autoroute 5, puis la 57 et le flot de la 10 vers Pasadena. Un itinéraire un peu bizarre, mais rapide. Ce n'était que le début de l'après-midi, et il y avait déjà des bouchons. Sur une partie de la 10 pareille à un parking infini qui s'étendait jusqu'au Pacifique, elle prit une bretelle qui descendait vers une rue « intelligente » où la circulation était régulée par des feux de signalisation informatisés, comme les compteurs d'entrée de l'autoroute. Elle n'avait aucun de ces systèmes de navigation qui informaient les conducteurs sur les ralentissements de la circulation. La moitié des embouteillages étaient dus à des accidents ou à des pannes. Tout ça était sûrement très efficace. La seule chose à laquelle personne n'avait pensé, c'était au stationnement de toutes ces voitures, une fois arrivées à destination.

Elle se gara sur un emplacement interdit et entra à pied dans le cœur de Caltech. Des colonnades à l'espagnole bordaient la longue allée plantée d'herbe. Des poivriers murmuraient dans la brise sèche, âpre, qui venait en chantant du désert recuit, à l'est. Deux Californies se heurtaient au bout du ruban d'herbe, où le parallélépipède lisse, euclidien, d'une bibliothèque se cabrait tel un point d'exclamation sur la nostalgie du bon vieux temps, annonçant la gravité du présent. Dans un long bâtiment de style mauresque appelé «Pont Est», on retrouvait le même motif d'arcades dans des segments blancs surplombant de grandes dalles couleur pain brûlé. Elle passa sous des grilles de fer forgé qui en rajoutaient dans le style, et entra dans une pièce où l'on pouvait trouver les derniers journaux. L'odeur minérale des matériaux vieillissants, le plâtre et les carreaux vernissés, rappelait celle d'une chapelle. Elle était en quête d'illumination, d'accord, mais pas du genre qui tombait par le vitrail ouest d'une église.

A Caltech, la physique s'attaquait aux problèmes fondamentaux. C'était utile, sans doute, mais on avait tendance à mépriser les travaux qui n'étaient pas radicalement surprenants. C'était le fief de Richard Feynman et de Murray Gell-Mann ; des légendes vivantes arpentaient les couloirs. Elle s'arrêta, songea à retourner à l'UCI. Et si la sphère n'était qu'un artefact métallique ? Elle avait pu faire une erreur élémentaire quelque part. En mêlant des étrangers à ça, elle risquait de sombrer dans le ridicule.

Reprends-toi, cocotte. Elle poursuivit son chemin.

Juste après la salle des interactions astrophysiques théoriques, avec sa machine à café et ses publications récentes, se trouvaient les bureaux de physiciens réputés : Thorne, Blandford et consorts. Elle hésita. Des cerveaux, des autorités, mais que penseraient-ils de son histoire ? Invraisemblable, au premier abord, et avec son ratage de Brookhaven pour couronner le tout... Elle avait bondi dans sa Miata et avait foncé sans réfléchir.

Peut-être un plus petit calibre ? Pas facile à trouver, à Caltech...

Les salles étaient pleines de gros systèmes informatiques. Maintenant, tous les métiers avaient leurs « quants » : des gens capables de faire l'interface avec la jungle digitale étourdissante et de l'interpréter pour leurs pairs. « Passerelle » était le mot d'ordre. Les spécialistes de chimie organique étudiaient la structure moléculaire avec des pirates informatiques. Des diplômés de l'école de médecine travaillaient avec des ingénieurs électriciens pour concevoir des réseaux neuroniques qui fonctionnaient un peu comme le cerveau. Toutes les disciplines étaient solubles dans les nouvelles technologies.

Du couloir, elle entendait des gens parler à leur ordinateur dans un jargon sur mesure. Quand tout allait bien, les nouvelles technologies avalaient la complexité et la recrachaient simplifiée. Les derniers répondeurs téléphoniques programmables étaient tellement « intelligents » qu'ils pouvaient s'adapter au style de l'interlocuteur et s'exprimer dans le langage châtié, réservé, d'un majordome britannique, ou avec la vivacité insolente d'une secrétaire posant des questions du tac au tac. Ou même comme un robot, ce qu'ils étaient.

Quelques couloirs plus loin, elle arriva dans la section de Thorne. Deux postdocs qui partageaient le même poste la regardèrent avec curiosité, se demandant sans doute ce que cette Noire faisait ici, se dit-elle. Derrière, le bureau 146 était celui d'un professeur associé, Max Jalon.

Elle jeta un coup d'œil par la porte et vit un grand brun en pantalon gris anthracite et chemise bleu ciel. Sur son nez mince étaient perchées des lunettes à monture d'acier. Il écarta distraitement ses cheveux trop longs de son front haut tout en écrivant sur un bloc jaune. Le bureau ne ressemblait pas au repaire habituel des théoriciens, bourré de papiers. Des cartons de revues étaient sobrement étiquetés TH. DES CORDES, MATHS GENE et OBS.

Enfin, au moins, le style ne lui était pas étranger. Elle avait toujours plutôt apprécié les hommes plus soignés qu'elle, ce qui n'était pas difficile. D'après l'annuaire de Caltech, qu'elle avait pris le temps de consulter à l'UCI, les spécialités de Jalon étaient les « ondes gravitationnelles, la cosmologie et l'astrophysique ». « Obs » voulait probablement dire « observations ». On pouvait donc en déduire que ce n'était pas un matheux complètement abstrait. Bon, trêve de tergiversations. Le moment était venu de se jeter à l'eau.

— Euh, docteur Jalon ?

— Allez-vous-en, répondit-il sans lever les yeux, en écrivant frénétiquement sur son bloc.

— J'ai quelque chose qui pourrait vous intéresser.

— Revenez dans dix minutes, dit-il alors qu'elle franchissait la porte.

Pour tuer le temps, elle arpenta nerveusement les couloirs, fit un tour dans la salle de consultation des périodiques, expérimenta les joies obscures des dernières publications étalées sur des rayonnages d'acier gris. Le temps qu'elle revienne, elle était hors d'elle, mais elle réussit à articuler sèchement :

— Ça va ? J'ai dix sur dix ?

Il finit par lever les yeux, puis la regarda plus attentivement. Surpris de voir une Noire en cet endroit ? Il ébaucha un sourire.

— Vous êtes étudiante?

— Merci pour le compliment, même s'il n'est pas voulu. Non, je suis professeur à l'UCI.

Ils se reniflèrent mutuellement pendant quelques minutes, conformément au rituel, puis il contra son ouverture un peu sèche : «Vous pouvez garder un secret?», par un «Vous pouvez tenir une promesse? Dites-moi tout».

Optant pour la stratégie «Il y a un mystère», elle lui montra des photos de la sphère, énuméra les propriétés listées sur le tableau noir à l'UCI. Et finit par lâcher d'où elle venait. Pendant tout ce temps-là, il resta assis les mains croisées derrière la tête, ses pieds chaussés de Doc Martens sur son bureau, et ne dit pas un mot jusqu'au moment où elle en arriva aux collisions des atomes d'uranium. Alors il lui arracha rapidement, par une rafale de questions, les faits et les hypothèses connexes, et il conclut avec un petit sourire :

— Et vous avez réussi à la faucher sans le dire à personne?

— J'imaginais que c'était une bulle de métal ou je ne sais quoi, juste une bizarrerie...

— Non. Cette histoire ne passera pas.

— Comment?

— Vous avez flairé quelque chose d'intéressant et vous avez fait main basse dessus. Allez, avouez.

— Vous sautez aux conclusions sans...

— Dites-moi que je me trompe et je vous fais mes excuses.

Elle laissa échapper un petit rire.

— Vous savez que vous m'embêtez, là?

Il se releva vivement, dans un mouvement fluide, ses Doc Martens heurtant bruyamment le sol carrelé. Elle contempla son sourire amusé, trouva à son sourcil arqué quelque chose de sardonique.

— Vous venez de me répondre. Bon, venez prendre un café au *Greasy* et on ira jeter un coup d'œil à cette chose.

9

Elle avait imaginé le moment où elle lèverait le voile — *presto !* — et montrerait à un monde ébahi le… sa… enfin, *la chose*, quelle qu'elle soit.

Max ne se prêta pas à son jeu. Il parut, en fait, assez indifférent. Il se contenta de regarder la sphère et entama une série de questions :

— Quelles mesures avez-vous prises ? Avec quelle précision ? Quelles sont les sources d'erreurs possibles ?

Ensuite seulement il tapota pensivement la sphère et hocha la tête.

— Vous avez exclu toutes les explications ordinaires, alors…

— Oui ? demanda-t-elle doucement.

— Alors, vous l'avez dit vous-même, c'est extraordinaire, répondit-il avec un sourire. Ça ne veut pas dire que ce soit significatif, juste que c'est intéressant.

— J'espère ne rien avoir oublié d'élémentaire.

— J'en doute. Qu'est-ce que c'est que cette odeur ?

— Oh, l'ozone. Oui, j'avais oublié…

Il se pencha entre les pôles de l'aimant pour regarder la sphère de plus près.

— Le rayonnement ultraviolet que vous avez détecté est très faible. Et cette chose, ajouta-t-il en tapotant la sphère, paraît dure comme du verre. Alors ce n'est pas la source du rayonnement, quelle qu'elle soit, qui la réchauffe.

— Non, la sphère est à la température ambiante.

— C'est vraiment bizarre. Vous avez remarqué que l'air paraissait… disons, différent, tout près de la sphère ?

— Comment ça ? demanda-t-elle en se penchant de l'autre côté.

— Je ne sais pas. C'est juste une impression. On sent…

comme une onde, quand on fait ça, répondit-il en passant la main au-dessus de la sphère.

Elle tendit prudemment la main droite entre les pôles du gros aimant. Elle éprouva quelque chose, en effet, une légère traction, en retirant ses doigts.

— Je n'avais pas remarqué.

— C'est peut-être nouveau.

— Je l'aurais senti avant.

— Depuis combien de temps n'avez-vous pas mis la main à cet endroit ?

Elle réalisa que ça faisait au moins une semaine, peut-être davantage. Elle comprit soudain que l'étrangeté de la chose l'avait rendue méfiante. Brad et Zak étudiaient aussi la sphère à l'aide de diagnostics à distance, comme s'ils prenaient garde à ne pas perturber les photodétecteurs et les dispositifs électroniques une fois qu'ils étaient réglés. Les expériences contrôlées menaient au détachement. Cette petite déviation leur avait-elle échappé à tous ?

Elle fronça les sourcils. Si la chose était en train de changer, tous ses paramètres avaient peut-être évolué aussi.

— La température élevée, nous nous en sommes aperçus des semaines après les premières mesures d'UV.

— Oui ? fit Max, le regard atone.

— Et si elle n'était pas là au début ?

— Les expérimentateurs détestent que les choses évoluent, fit-il avec un grand sourire. Mais ce n'est pas le propre du monde, en général.

Elle y songeait encore alors qu'il repartait vers la porte.

— Je réfléchis mieux à la bibliothèque, ajouta-t-il en se retournant.

— Moi, c'est au labo.

— Bon. On se revoit plus tard, dans votre bureau. D'accord ?

Elle ne s'attendait pas à cette sortie, qui frisait la rebuffade. Elle remit un peu d'ordre dans le labo, irritée, redressant les appareils qui avaient été posés n'importe comment, débarrassant les plans de travail de tous les débris épars. C'était machinal, une sorte de thérapie.

Max l'avait ennuyée avec ses manières de théoricien pur jus. Contrairement aux expérimentateurs, qui étaient plutôt des hommes d'extérieur, les théoriciens étaient généralement des oiseaux des villes. Il répondait à la définition jusqu'à la caricature, avec son col boutonné jusqu'au menton. (Ça lui allait bien, à elle qui devait se botter les fesses pour sortir de son jean tous les mois, ou tous les deux mois ! Sans Jill, son arbitre des élégances, elle y aurait complètement renoncé, s'habillant surtout parce qu'il était interdit de se promener toute nue.) Les théoriciens accédaient très tôt à un statut, comme les musiciens de génie. Ces sorciers du tableau noir avançaient dans leur domaine grâce à des collaborations auprès desquelles les mariages entre vedettes de cinéma étaient des modèles de stabilité. Les expérimentateurs étaient plus monogames, vivant en couples durables agglutinés autour de leurs détecteurs. Cela dit, ce n'était pas son cas. Elle était une solitaire, et elle le savait.

Chez les théoriciens des particules, le haut du pavé était tenu par ceux qui mettaient au point des modèles censés mettre de l'ordre dans le zoo des particules. Juste en dessous venaient les sujets plus accro encore aux mathématiques, dont les travaux lui paraissaient souvent abstrus et non intuitifs. Ils n'avaient pas l'étoffe des physiciens viscéraux, infaillibles. Encore en dessous venaient les phénoménologistes, c'est-à-dire ceux qui essayaient simplement de faire coïncider la théorie existante et le taillis inextricable des données fournies par les expérimentateurs. Max appartenait à cette tribu, pour autant qu'elle le sache.

Les expérimentateurs évitaient généralement les théoriciens et vice versa. « Les théoriciens croient tout ce qui est sur papier millimétré », disait-on souvent. Si les résultats d'une expérience contredisaient une théorie existante, les expérimentateurs incriminaient généralement une erreur de manip. Les théoriciens, au contraire, pensaient que c'était la théorie qui clochait. Mais seulement quand on les laissait dans leurs propres groupes. Mettez des membres des deux tribus dans la même pièce, et ils affectaient de penser le contraire.

Il y avait aussi d'étranges petits schémas tribaux. Par exemple, les filles d'expérimentateurs se mariaient souvent avec des théoriciens. Personne n'avait d'explication à ce phénomène, mais personne ne s'en étonnait non plus.

Elle secoua la tête, regarda à nouveau la sphère et éteignit les lumières. Max était une perte de temps, elle en était sûre, tout à coup.

Elle regagna son bureau dans la grisaille du crépuscule. Le téléphone se mit à sonner alors qu'elle se bagarrait avec la serrure récalcitrante de sa porte. C'était Dave Rucker, de Brookhaven. Elle jeta un coup d'œil à sa montre. Il était près de neuf heures, là-bas.

— Alicia, Hugh Alcott m'a demandé de vous appeler, dit-il d'une voix tendue, coupant court aux préliminaires. Sa commission d'enquête vient d'achever ses travaux. Il est assez tard, ici, mais je voulais vous parler d'un problème sérieux. D'après la commission, vous auriez emporté quelque chose d'important hors de la zone de l'accident.

— Oui, des pièces brisées…

— Non, autre chose. J'ai regardé les bandes, et je dois dire que je suis d'accord avec eux. Il y avait quelque chose dans cet aimant, n'est-ce pas ?

— Euh, oui, en effet. Nous l'étudions. Je ne pense vraiment pas que ce soit la cause…

— Ça, c'est à Hugh et à ses gars d'en décider.

— Je pensais que ce n'était qu'un débris intéressant.

— Un débris ? Une boule ?

— Et que voulez-vous que ce soit d'autre ?

— C'est à Hugh d'en décider.

— Ecoutez, Dave, je reconnais que vous avez raison. Cette chose est atypique. A un point que je n'imaginais pas quand je l'ai prise.

Ça au moins, c'était assez vrai.

— Raison de plus pour...

— Je pense que nous ne comprendrons pas pourquoi le tube a explosé, ou pourquoi le flux d'uranium a commencé à chuter avant d'avoir compris cette chose.

— C'est exactement pour ça que nous voulons la récupérer.

— Nous sommes au beau milieu d'études extensives destinées à...

— Quoi que ce soit, ça appartient au labo, Alicia. Je ne peux pas vous couvrir sur ce coup-là.

Elle réfléchit frénétiquement. Contre-attaqua :

— Et mes données ?

— Comment ?

— Vous vous rappelez ? Les données sur l'uranium doivent être en partie traitées, maintenant. Je les veux.

— Je ne suis pas sûr que ce soit fini...

— Eh bien, vérifiez.

— N'éludez pas. Le règlement, notre contrat le spécifiait bien : quel que soit cet objet, il appartient au labo.

— Je crains que nous ne puissions nous en séparer pour le moment, Dave. Je serai heureuse d'en parler avec vos gars...

— Ah, ça suffit ! Je ne vous laisserai pas vous en tirer comme...

— L'élément nodal est propriété de l'UCI. Et ce truc était incrusté au beau milieu de ses débris.

— Ça n'a aucune importance. C'est vital pour la compréhension...

— Nous ne pourrions pas transiger ? Je partage les données...

— Vous n'êtes pas en position de négocier, Alicia. Avant ça, il y a eu violation des procédures du protocole de sécurité.

Elle se mordilla la lèvre.

— D'accord. J'ai peut-être omis de remplir certains formulaires…

— C'est bien pire que ça. D'après Hugh, vos calculs, la simulation numérique des produits de désintégration radioactive, les diagrammes, tout était bidon !

Règle numéro un : n'avouez jamais.

— Ça, c'est son point de vue. Ecoutez, même un calcul fait sur le dos d'une enveloppe montre que la radioactivité résiduelle ne suffirait pas à faire rôtir une mouche.

— Je le sais, nous le savons tous, mais pas les juristes. C'est pourquoi nous faisons tout ça, Alicia. Vous mettez tout le processus en danger si vous… enfin… (Elle sentit qu'il hésitait à prononcer LE mot fatidique.) Si vous falsifiez les analyses de sécurité.

— Je confirme le résultat final.

— Les protocoles de sécurité n'ont rien à voir avec les résultats finaux, c'est une question de procédure.

— Je suis une personne de résultat, Dave.

— Ecoutez, Alicia, je m'efforce d'arrondir les angles, là. Hugh veut votre tête.

— Je suis prête à coopérer sur les questions scientifiques. Mais je dois achever mes propres études.

— Hugh saute au plafond.

— Grand bien lui fasse. Il pourrait peut-être tisser une toile d'araignée, tant qu'il y sera.

— Ce n'est pas avec des sarcasmes que vous…

— Vous n'y arriverez pas davantage en faisant pression sur moi. Je suis en plein dans des manips délicates, en ce moment, et je n'ai pas le temps de…

— Alors, coupa-t-il d'un ton soudain glacial, je vous informe que j'ai pour instructions de me retourner vers vos supérieurs…

— Prévenez-moi si vous arrivez à en trouver un ! lança-t-elle en raccrochant.

10

Le protocole de sécurité. Elle l'avait oublié, celui-là.

Elle s'assit à son bureau en fulminant pendant que la nuit tombait dehors, la douce lueur jaune de la côte filtrant à travers le brouillard ivoire. Elle s'en voulait d'avoir oublié la plus élémentaire des corvées, ces foutus formulaires qui donnaient à Hugh un moyen de pression sur elle. Après tout, une vague forme sur une bande vidéo pouvait laisser imaginer des choses, et alors ? Mais pour un bureaucrate dans l'âme, une infraction administrative était un merveilleux os à ronger.

Elle tourna et retourna dans sa tête les moyens de rétorsion dont Brookhaven disposait contre elle, et elle n'entendit pas qu'on frappait à sa porte. Quand elle alla enfin ouvrir, elle découvrit avec stupeur Max, un sourire extatique aux lèvres. Lui aussi, elle l'avait complètement oublié.

— Vous avez trouvé quelque chose ? avança-t-elle pour dissimuler sa surprise.

— Une hypothèse tirée par les cheveux, mais une hypothèse quand même. J'ai assisté à une conférence sur un sujet de ce genre, il y a quelques années, et j'ai retrouvé l'auteur. Il se trouve qu'il a pondu tout un livre sur la question.

— Quoi ? On a déjà vu ce genre de chose ?

— Non, non, ce n'était que de la théorie. Bref, je pense... (Il s'interrompit pour soigner son effet, posa le coin d'une fesse sur son bureau, les bras croisés, la tête inclinée selon un angle impertinent.) Je pense que vous tenez un pont d'Einstein-Rosen.

— Un *quoi* ?

— Pour parler comme Monsieur-Tout-le-Monde, un trou de ver. Mais c'est une classe d'objet plus générale.

Toute déformation lorentzienne de l'espace-temps — c'est-à-dire conforme à la relativité spéciale — répond à la définition. Je pense que vous en avez trouvé une forme stable.

— Les trous de ver sont des raccourcis à travers l'espace et le temps. Cette chose n'est pas un trou ; elle est solide...

Il hocha joyeusement la tête.

— D'autant mieux. C'est ce curieux effet de ride qui m'en a donné l'idée. Vous savez, quand on passe la main autour. C'est un effet de marée.

— Hein ? Mais comment ? C'est une toute petite chose, d'une centaine de kilos, peut-être.

— Quoi que ce soit, ce qui assure sa cohésion est assez puissant pour courber l'espace-temps aux environs.

— C'est dingue !

Elle sentit fondre l'espoir qu'elle fondait sur ce type. Elle n'avait pas besoin d'idées rocambolesques sur les trous de ver.

— J'ai parcouru la littérature. Il y a un bon livre, *Lorentzian Wormholes*, de Matt Visser. Des théorèmes, des discussions, tout ça. Il ne sait pas comment les fabriquer, évidemment — ça, c'est votre rayon. Ils pourraient se former dans les parages de champs gravitationnels intenses, puisque à cet endroit le réceptacle de l'espace-temps fortement incurvé pourrait permettre à des topologies non évidentes de se former.

— Possible, dit-elle sobrement.

Inutile d'arrêter un théoricien sur sa lancée, aussi le laissa-t-elle délirer pendant qu'elle réfléchissait de son côté. Les incertitudes sur la question venaient, disait-il, d'une rupture cruciale dans la physique du vingtième siècle : les tentatives pour fusionner les deux grandes théories du siècle, la relativité d'Einstein et la mécanique quantique, avaient donné naissance à un ramassis tentant, non balisé, d'énigmes, de contradictions désordonnées et de zones incalculables. Mais Vissen avait montré que pour qu'ils tiennent le coup — et pour qu'ils soient de taille raisonnable — les ponts imaginés par Einstein et Rosen devaient être constitués de matériaux exotiques. Une matière à densité d'énergie négative, alors que la matière ordinaire avait une énergie positive.

Elle émit un reniflement dédaigneux, et Max dit très vite :

— Mais la densité d'énergie négative existe. Vous connaissez l'effet Casimir ?

— Non.

Encore un tour de passe-passe théorique ? Elle aurait dû se renseigner sur ce type avant...

— Il montre que l'espace contenu dans une petite boîte de métal peut avoir une densité d'énergie négative.

— C'est fou !

— Pas vraiment, dit-il, ignorant allègrement la tête qu'elle faisait. Le métal isole les ondes électromagnétiques, d'accord ? Faites en sorte que la boîte soit assez petite pour que l'effet s'accroisse. Les ondes manquantes diminuent la densité d'énergie effective à l'intérieur de la boîte. En continuant, vous obtiendrez une énergie négative.

— Une boîte de quelle taille ?

— Oh, de la taille d'un proton, répondit-il avec une désinvolture qu'elle ne put s'empêcher d'admirer.

— Un proton !

— Bon, ce n'est qu'une théorie d'école, bien sûr, un principe. Ce que je veux dire, c'est que l'idée de fabriquer un pont susceptible de cohésion et qui pourrait se trouver dans votre labo n'a rien de dingue.

— Autre problème : vous parlez de trous dans l'espace-temps, or cette chose est solide...

— Des matériaux à densité d'énergie négative pourraient paraître solides aussi, répondit-il en pointant un doigt vers elle. Vous ne pouvez pas prouver que c'est fait d'atomes ordinaires, hein ?

— Non, mais...

— Pas d'émission de raies atomiques, pas de réseau cristallin ?

— Non, mais...

— Alors la question reste en suspens. Personne, vraiment personne, ne sait de quoi cette chose peut avoir l'air, quel contact elle offre.

— Ecoutez, j'apprécie que vous voyez venu jusqu'ici et que vous ayez essayé, je vous assure, mais...

— Je sais, je sais, dit-il en tendant les deux mains, paumes en l'air. Mais je peux faire une prédiction. Procédez à une mesure de contrainte et vous mesurerez cette force de marée.

— Comment ça ? demanda-t-elle en cillant.

— Elle devrait décroître rapidement, en raison inverse du cube de la distance de la sphère.

— C'est...

Elle s'interrompit et réfléchit à la façon dont elle pourrait mener l'expérience.

— Dingue ? avança-t-il en souriant à nouveau, ce qui commençait à devenir agaçant. Peut-être juste assez dingue pour marcher.

— Juste assez dingue pour me faire perdre beaucoup de temps.

— Vous avez un rendez-vous ?

Ouais, pensa-t-elle. *Avec les avocats de Brookhaven.*

— Vous savez, quand j'ai fait appel à vous, je pensais que vous pourriez regarder les chiffres, imaginer de quel matériau bizarre elle pourrait être constituée...

— C'est ce que j'ai fait. C'est juste un peu plus bizarre que vous ne pensiez.

Après son départ, elle réfléchit à ce qu'il lui avait dit. C'était le début de la soirée, et elle avait l'estomac dans les talons, mais tout était allé si vite qu'elle éprouvait le besoin de rester là un moment et de repasser tout ça dans sa tête.

Elle était plus convaincue que jamais d'avoir perdu son temps avec Max et ses idées farfelues. Mais s'il y avait une expérience définitive, elle la tenterait. Les chiffres l'emportaient toujours sur la théorie. Et puis, elle pourrait peut-être apprendre quelque chose de nouveau.

Il fallut près d'une semaine pour préparer la mesure de contrainte, et une deuxième pour l'effectuer. Brad et Zak s'en chargèrent. Zak retarda les vacances qu'il avait prévu de passer au Mexique avec ses parents. A la grande surprise d'Alicia, ils avaient accepté sans faire d'histoire et ils étaient venus voir le labo, apparemment impressionnés par le chemin que leur fils avait parcouru en sortant de l'atelier de confection familial.

Les non-diplômés poursuivaient la réfection de l'élément nodal, et elle devait aussi les surveiller, tout en maintenant ses cours aux étudiants de 3B, les corrections de copies, ses heures de réception, la routine, quoi. Le président du département, Onell, lui courait toujours après pour qu'elle assiste aux réunions fastidieuses du comité de tutorat des minorités. Elle ne répondait pas à ses e-mails et s'ingéniait à l'éviter dans les couloirs, surtout en se terrant dans son labo. Elle arrivait tôt, repartait tard et ignorait les coups de fil de Jill. Leur dernière sortie avait été une farce grotesque, et elle n'était pas disposée à se relancer de sitôt dans l'arène sociale.

En physique des particules, les expérimentateurs se perfectionnaient dans trois grands domaines : la conception des manips, la construction des détecteurs et le passage des données au crible. Elle n'avait rien contre la spécialisation, mais elle avait appris très vite qu'il fallait savoir faire les trois. Les physiciens polyvalents grimpaient; les gratte-papier et les physiciens de terrain faisaient du sur-place. Et elle soupçonnait que c'était ce qu'ils voulaient pour la plupart.

Elle appréciait cette adaptabilité, maintenant. Elle n'avait jamais réfléchi à la façon de mesurer une tension gravitationnelle, et elle apprit beaucoup en parlant à Riley Newman, un professeur titulaire qui avait effectué une mesure précise de *g*, la constante gravitationnelle. Sa méthode faisait appel à de petits pendules à torsion très délicats. Leur période diminuait lorsqu'ils s'éloignaient d'un corps, un effet qu'elle n'aurait qu'à mesurer au millième afin de vérifier l'assertion de Max. Le dispositif de Newman était portatif et ferait parfaitement son affaire.

La tâche paraissait aisée, mais elle devait se révéler très compliquée. Alicia tenait Max au courant, lui demandant quelle précision de mesure serait décisive à son avis. Elle était prise par son cours de physique et aurait bien confié le projet à Zak Nguyen s'il n'avait déjà retardé son voyage avec ses parents jusqu'à la limite de validité de leurs billets. Il avait pris deux semaines, et c'était aussi bien. Ils s'étaient un peu accrochés, Brad et lui, au cours de la semaine passée. Brad, qui était rapide, sûr de lui, n'arrêtait pas de marcher sur les plates-bandes de Zak, avec ses manies de vieux garçon. Pis encore, Brad prenait parfois des raccourcis pour se faire une idée rapide de ce qui l'attendait, alors que Zak prévoyait tout minutieusement, de sorte qu'il n'avait que peu de surprises. Brad aurait voulu passer plus de temps sur la sphère et moins sur l'élément nodal. Lorsqu'il partit, Alicia vit que Zak était content de prendre un peu de distance avec Brad et le labo. N'empêche que ça lui faisait drôle de ne pas sentir sa présence immuable.

Du coup, elle mit Brad sous pression. Elle l'utilisa comme arpète pour installer les appareils de Newman. Comme d'habitude, toutes sortes de détails exaspérants allèrent de travers. Le champ magnétique compliquait les choses, mais un jour, en fin d'après-midi, ils réussirent à réunir les données qu'ils inscrivirent sur le tableau noir. La force de marée gravitationnelle qui entourait la sphère diminuait nettement, en raison inverse du cube de la distance.

— Qu'est-ce que ça peut bien vouloir dire ? demanda Brad.

— Ça veut dire que nous avons trouvé un objet vraiment bizarre, en vérité. Il est sphérique, mais d'après l'effet de marée qu'il produit, la masse qui se trouve à l'intérieur doit être déséquilibrée.

Elle était à la fois fatiguée et étrangement satisfaite. Elle n'avait pas vu Max depuis sa visite, mais ils s'étaient parlé au téléphone, et ils avaient échangé des questions laconiques par e-mail. Ce serait drôle de lui raconter ça.

— Votre théoricien, il avait prévu ça ? demanda Brad, sceptique.

— Affirmatif, fit une voix dans les ombres profondes du labo.

Max. Elle sursauta en le voyant émerger dans la lumière des spots qui éclairaient l'aimant en U.

— Je suis arrivé il y a une demi-heure, mais je voulais vous voir travailler, dit-il. Je suis resté assis au fond.

— Comment saviez-vous...

— Vous aviez dit que vous aviez presque fini. Je donne un séminaire à l'UCSD, demain, alors je me suis dit que je ferais aussi bien de passer.

Malgré la rivalité entre les théoriciens et les expérimentateurs, elle prit un réel plaisir à lui montrer l'expérience, les données précises, claires. Dans un monde peuplé de gens aux passions exacerbées, constamment en guerre pour des idées, un fait scrupuleusement établi était le bienvenu.

Elle le vit froncer le sourcil lorsqu'elle lui montra le résultat final. Un théoricien attendant la vérification d'une de ses hypothèses évoquait vaguement un inculpé attendant le verdict du jury. Sauf que l'inculpé savait s'il était coupable ou non, et se contentait d'espérer soit que le jury se tromperait s'il était coupable, soit qu'il verrait clair s'il était innocent. Dans le domaine scientifique, le jury de la Nature avait toujours raison ; il suffisait de prendre la précaution de lui poser la bonne question. Celui qui se risquait à faire des prévisions en était réduit à attendre la sentence sans savoir s'il était innocent ou coupable, de sorte qu'il y avait un réel suspense lorsque le président du jury se levait pour annoncer...

— Bon Dieu ! fit Max avec un grand sourire. Une masse de guingois à l'intérieur, d'accord ; une structure interne que nous ne pouvons voir...

Ils étaient tous radieux. Max posa quelques questions sur des points de détail, puis s'interrompit pour dire :

— Aucun risque qu'il s'agisse d'une coïncidence ?

— L'effet est beaucoup trop manifeste, répondit-elle en riant. De toute façon, la coïncidence est le moyen que choisit Dieu pour passer incognito.

— Génial, fit Max avec une joie qui faisait plaisir à voir.

— Une prédiction qui se réalise. Une sorte de rareté, déclara Alicia.

— Je ne comprends pas, fit Brad, les bras croisés, l'air perplexe, en se penchant pour observer les relevés de chiffres. Nous avons passé des jours à vérifier tout ça, d'accord. C'est une chose assez particulière que nous avons là. Mais *un trou de ver* ?

— A objet exotique, explication exotique, reprit Max.

— Ça crache des UV ! Et qu'y a-t-il à l'autre bout ?

— Une étoile, je dirais, répondit vivement Max.

Alicia eut un sourire. C'était l'appât classique des théoriciens, le lancer de jugement sec. Des points en plus, s'il était, comme celui-ci, particulièrement outrecuidant.

— Une étoile ultraviolette ? releva Brad d'un ton dubitatif.

— Pas vue de dehors. Ce trou de ver pourrait être à l'intérieur d'une étoile, à l'endroit le plus chaud.

— Pourquoi ?

— L'essentiel de la masse de la galaxie se trouve dans les étoiles. Si ce trou de ver s'était ouvert près d'une étoile, il aurait pu s'effondrer.

— Ça paraît invraisemblable, répondit Brad.

Alicia se demanda s'il s'efforçait de marquer son territoire en affectant l'incrédulité. Sa chance de briller, puisque Zak était en vacances. En réalité, il avait travaillé plutôt dur, ces derniers temps, lui aussi.

— Ça l'est, vous avez raison. Sauf si un trou de ver a décidé de profiter d'une dépression locale dans le potentiel gravitationnel pour s'ouvrir. Les étoiles répondent à cette définition.

— Pour moi, ça fait beaucoup de *si*, renifla Brad.

Max lui dédia un petit sourire indulgent qui s'estompa rapidement.

— Je vous l'accorde, mais pour imaginer tout ça, il faut bien que nous procédions par sauts.

Alicia ne pouvait s'empêcher de respecter le scepticisme de Brad envers la position de Max. C'était bon signe chez un étudiant, même si c'était souvent aussi le plus sûr chemin vers une humiliation passagère.

— Nous en sommes réduits aux suppositions, pour l'instant, de toute façon, dit-elle.

Max inscrivit quelques chiffres sur le tableau noir.

— Disons qu'il s'agit d'une étoile comme la nôtre, assez classique. Il y a beaucoup de lumière qui tournoie dedans...

Il inscrivit quelques symboles qu'Alicia se rappelait vaguement avoir vus pendant ses rares cours d'astronomie. Elle savait que la lumière mettait des dizaines de jours à parcourir la distance séparant le centre du Soleil de la surface, en rebondissant parmi les atomes comprimés. Max réorganisa les équations, puis se tourna vers Brad.

— Combien avez-vous compté de photons quittant cette sphère à la seconde ?

Brad dut chercher la réponse et Max mit ce temps à profit pour poursuivre ses calculs au tableau, finissant avec une expression exprimant le nombre de photons UV qui devaient passer par l'autre bout du trou de ver. C'était une idée assez simple, en fait. Si le trou de ver s'ouvrait dans l'intérieur bleu, chaud, d'une étoile, alors la lumière brillerait à travers.

— Mais nous ne voyons même pas la lumière, objecta Alicia.

— Oui, ça me tracassait aussi, répondit Max. Mais imaginez que l'autre bout ne soit pas de la même taille que celui-ci. Rien ne dit que ça doit être le cas.

Brad revint avec le chiffre, un peu moins d'un million de photons à la seconde. Max introduisit le nombre dans son équation et écrivit $\approx 10^{-4}$ *CM* sur le tableau noir.

— Ça ne fait pas beaucoup, dit-il pensivement. Guère plus gros qu'un grain de poussière.

Alicia secoua la tête.

— Ce serait donc une tête d'épingle de l'autre côté, mais une boule de bowling ici ?

— Mouais, il faut croire, répondit Max.

— Ce genre de calcul ne prouve pas grand-chose, reprit Brad, faisant écho aux pensées d'Alicia.

— Surtout, dit-elle lentement, parce que vous esquivez l'évidence. Si c'est un trou de ver, comment se fait-il que nous ne puissions passer à travers ? Ou que l'intérieur brûlant de l'étoile ne se déverse pas ici ?

Max hocha la tête et lança sa craie dans la réglette, sous le tableau noir.

— Ça doit venir du matériau dont il est fait. Tout ce que nous savons, c'est que si les trous de ver sont possibles, le matériau dont ils sont constitués doit être assez exotique pour les maintenir ouverts. D'où cet effet de marée. Il se pourrait que ce matériau ne laisse pas passer la matière ordinaire, mais seulement la lumière.

— Hon-hon, fit Alicia en essayant de rester aimable. J'ai quand même l'impression qu'il y a beaucoup d'improvisation dans tout ça...

— Exactement, confirma Max avec un grand sourire. Nous improvisons et nous vérifions. C'est le seul vrai moyen de faire des progrès.

— Ça n'explique pas grand-chose ! lança Brad, le sourcil froncé.

— Je me demande s'il y a aussi un décalage gravitationnel, reprit Max, apparemment pas troublé par le ton acerbe de Brad. Vous avez dit, il y a un moment, que vous vous demandiez si vous n'aviez pas constaté un décalage vers le rouge, plutôt qu'un refroidissement...

— Nous avons abandonné cette idée. Je pense que ça se refroidit, répondit prudemment Alicia.

Les idées fusaient un peu trop vite pour elle.

Elle se rappela vaguement que la lumière, en montant de la Terre vers la Lune, devenait plus rouge. L'effet avait été mesuré à l'aide de lasers. Pour elle, c'était comme si la lumière s'épuisait. Elle savait que c'était faux, mais c'était un moyen mnémotechnique commode. Si l'autre bout du trou de ver plongeait dans une étoile, déboucher ici revenait à escalader une colline gravitationnelle escarpée et la lumière paraîtrait plus faible pour leurs instruments. Elle essaya de visualiser la chose, et y renonça.

— Possible, possible, fit Max en recommençant à jeter des symboles sur le tableau noir. Même si j'admets que ça ne marche pas très bien non plus. Regardez : pour obtenir un décalage gravitationnel aussi important, il faudrait être près d'un trou noir. Quelque chose de vraiment comprimé au fond d'un puits gravifique abrupt. Une étoile ordinaire ne ferait pas l'affaire.

— Pourquoi, alors, devrions-nous poursuivre cette idée? demanda Alicia.

Max haussa les épaules.

— La théorie n'a pas besoin d'être juste. Il suffit qu'elle soit intéressante.

Alicia avait toujours détesté cette façon «pour l'amour de l'art» de considérer la science, mais elle voyait pourquoi il prenait ses ennuis à la légère.

— Alors, donnez-nous le chiffre, dit-elle. Que faudrait-il pour provoquer un décalage vers le rouge de... combien avait dit Zak?

— Deux pour cent de la vitesse de la lumière, répondit Brad. Un sacré décalage.

— Il faudrait... hum... une masse près de dix mille fois

supérieure à celle du Soleil, fit Max en écrivant l'équation et en soulignant le résultat.

— Ne dit-on pas qu'il y aurait un trou noir au centre de notre galaxie ? risqua Alicia.

— Il ferait quelques millions de fois la masse du Soleil, confirma Max. Alors, notre trou de ver viendrait de là ?

— Je trouve ça assez ébouriffant, commenta Brad.

— Ouais, fit Max en renvoyant la craie dans la réglette, où elle se cassa en deux. Sacré problème.

Alicia indiqua une affichette qu'elle avait plus ou moins oubliée, qui était collée au mur, au-dessus d'une pompe à vide hoquetante. Trois maximes calligraphiées à la plume d'oie et empruntées au laboratoire Cavendish de Cambridge :

1. Tu ne choisiras point un sujet de recherche scientifique pour la seule raison qu'il est à la mode.

2. Tu ne craindras point le mépris des théoriciens.

3. Voir ce qui n'a encore jamais été vu, regarder où personne n'a encore regardé.

— Ces règles ont près d'un siècle, mais elles sont toujours valables, dit-elle en regardant Brad. L'inverse est vrai aussi : il ne faut pas mépriser les théoriciens parce qu'ils ne peuvent tout expliquer.

— Merci, fit Max en jetant un coup d'œil à la sphère. Elle a l'air stable...

— Mais ?

— La matière exotique nécessaire pour élaborer un trou de ver franchissable de cette taille serait assez importante ; près de la masse de Jupiter.

— Rien que ça !

— Mais la masse totale du trou de ver peut être proche de zéro, reprit-il à l'intention de Brad, en s'efforçant de rester cordial. Vous comprenez, les parois de densité d'énergie négative contrebalancent la masse du reste du trou de ver. La somme ne laisse qu'un peu de masse résiduelle.

— De cent kilos ? Un équilibre aussi subtil paraîtrait instable.

— Pas spécialement. Moins qu'un stylo en équilibre sur la pointe, en tout cas. Il n'y a aucune raison pour qu'un équilibre ne puisse être fruste et solide. Vous l'avez amenée de New York à cet endroit sans qu'elle se désintègre.

Alicia répondit d'un grommellement. S'il y avait ne serait-ce qu'un fond de vérité dans cette idée, elle serait folle de prendre des risques.

— Tout ça parce que vous tenez absolument à ce que ce soit un trou de ver, dit-elle avec un sourire sceptique. Et si ce n'était pas le cas ?

— Alors nous n'avons pas d'explication pour l'effet de marée important, répondit Max. C'est le nœud du problème.

Les objets massifs exerçaient une attraction sur les objets proches. C'est ainsi que la Lune attirait l'eau des océans de la Terre. Le fait qu'une boule de bowling apparemment sphérique produise le même effet signifiait qu'il y avait des masses asymétriques à l'intérieur.

— Vous pensez que c'est le nœud du problème, répliqua sardoniquement Alicia.

Elle avait mal à la tête. A force de réfléchir, uniquement ?

11

Son mal de tête commença à s'estomper quand Max l'invita à dîner. Ils allèrent tout près de l'UCI, dans une sorte de long entrepôt glacial avec assez de béton brut de décoffrage, de conduites à nu et d'éclairage blafard pour être un bar à thème kafkaïen.

Ils s'installèrent dans un box et Max commença à glousser. Elle était distraite. Pendant le trajet en voiture, elle avait repensé à son échange téléphonique avec Dave Rucker. Elle regarda Max, intriguée, et il dit :

— J'adore ! Ecoutez ça : « Un nid douillet et tentateur de cheveux d'ange faits maison, servi avec une sauce au fromage affiné dans nos caves, parfumée au safran, le tout agréablement présenté sur une porcelaine de Chine bleu et blanc, et qui sera dégusté avec un service complet d'argenterie d'époque... » Impayable. C'est encore pire qu'à Los Angeles.

— La loi de l'univers, dit-elle. Plus le menu en fait une tartine, plus c'est mauvais.

— D'habitude, j'évite ce genre de trou d'eau, fit-il en regardant autour de lui d'un air spéculatif.

Elle remarqua que le bar occupait la majeure partie du restaurant et grouillait de spécimens d'une maigreur impressionnante, en tenue de chasse : vestes moulantes, jupes à ras le bonbon, chevelures volumineuses, et même quelques chapeaux extravagants, qui leur mangeaient la figure.

— Moi aussi, dit-elle en se sentant un peu coupable (*Pardon, Jill !*).

— Cela dit, j'aime bien le grand Los Angeles. Ça rappelle le centre-ville, la caféine en moins.

— A vrai dire, j'ai été étonnée que vous sautiez tout de suite dans votre voiture pour venir ici voir la sphère, risqua-t-elle.

— Ça m'intrigue. Et puis... ajouta-t-il en lui jetant un coup d'œil en dessous, les paupières mi-closes, j'avais une petite amie, dans le coin, et je me suis dit que j'allais lui faire la surprise...

— Et alors... ? demanda-t-elle, un peu déconcertée.

— Elle avait prévu un dîner en tête à tête.

— Vous « aviez » une petite amie ?

— Exact. A l'imparfait.

C'était un peu rassurant, dans le fond, de voir quelqu'un d'autre se débattre dans la jungle sociale. Ils commandèrent à boire et, d'un petit ton dégagé, elle lança un hameçon :

— La quête éternelle...

— Il faut croire que ce n'est pas toujours rose pour nous, les physiciens. Les scientifiques, d'une façon générale, sont une race avec laquelle il n'est pas facile de composer...

— Pour moi, dit-elle, estimant le moment venu d'enfourcher un de ses dadas, dans la vie émotionnelle, l'empathie est importante. C'est ce que j'appelle la « réaction Ah ! ». Quand on fait de l'humour, on attend des ah-ah ! Dans les métiers scientifiques, on quête le moment du Aha !

C'était une sorte de test au papier de tournesol destiné à voir si l'étranger adoptait son point de vue particulier. Le demi-sourire de Max s'élargit, un coin s'incurvant vers le bas, lui donnant un air perplexe.

— L'expérience « eurêka » ? La vision soudaine, pénétrante, de territoires encore inexplorés ? La pulsion qui a poussé Archimède à bondir de sa baignoire et à courir tout nu dans les rues, en extase, poussant à l'extrême la mode vestimentaire de l'époque ?

— Vous aimez bien parler, hein ?

— J'essaie de ne pas perdre la main.

— La plupart des femmes ne s'entendent pas avec... les gens comme nous.

— Elle était jeune ; elle avait besoin qu'on s'occupe d'elle, dit-il sobrement en regardant le bar, au loin. Mais elle se souciait peu que je sois fatigué ou occupé. Elle aimait bien, et sincèrement, quand elle était d'humeur à ça, mais dès qu'elle avait autre chose en tête, elle m'oubliait.

Alicia se demanda si ce joli petit discours était préparé, impression démentie par la tête qu'il faisait. Ou alors, c'était un acteur exceptionnel. Il dut sentir peser son regard sur lui parce qu'il cilla et dit très vite :

— Enfin, elle avait un sacré châssis...

— Un fantasme en état de marche ?

— A fond ! Je ne suis peut-être pas un si grand romantique...

Alicia secoua la tête. D'habitude, les gens disaient : « Je suis plutôt romantique », d'un ton un peu confus et en même temps un tantinet supérieur.

— En réalité, je n'ai jamais compris l'amour romantique. Pour moi, c'est une liste de symptômes déprimants, comme si on ne pouvait se sentir vivant que quand on meurt d'amour pour quelqu'un. Comme si c'était merveilleux de se cramponner, hautement moral d'être dépendant.

Il la regarda en coulisse, mais hocha la tête et relança :

— Les souffrances qu'on s'inflige à soi-même poussent à se dépasser.

— Exact. Souffrir donne généralement l'impression que la vie vaut la peine d'être vécue. C'est dingue !

— Voyons. Y a-t-il une autre idée sacrée que nous pourrions battre en brèche dans un bar pour célibataires ?

— Des tas. Nous étions ados dans les années 1990, et maintenant nous devons affronter les années 00...

— Les Oh-oh, comme on dit pour faire branché.

— Et nous avons beaucoup trop de liberté.

Il fronça les sourcils.

— Celle-là, je ne l'avais jamais entendue.

— Vous n'avez pas vécu ça. Les femmes d'aujourd'hui ont tellement de liberté que la plupart d'entre elles ne savent pas quoi en faire.

Elle sentait monter une harangue, peut-être un de ses « quarts d'heure syndicaux », comme disait son père. Mais elle ne voulait pas s'arrêter. *Autant lui administrer la dose complète*, disait un petit démon dans un coin de son esprit. *Voyons s'il résiste à l'envie de fuir en courant.*

— Prenez le travail, par exemple. Quelle importance

devons-nous donner à notre carrière ? Rares sont les hommes qui ont jamais eu une liberté de choix dans ce domaine.

— Hon-hon, dit-il judicieusement en la regardant.

Avec la plupart des hommes, ce regard sceptique à pleine puissance était un signal de danger, mais elle plongea, tête baissée :

— Coucher avec un type ? Avec plusieurs ? Avec personne ? Les hommes n'ont jamais ce problème ; ce ne sont pas eux qui choisissent. Et le mariage ? Qui, quand, pourquoi... Au bon vieux temps, c'était l'occasion qui faisait le larron, ou plutôt la luronne.

— Toujours obnubilée par la perspective de devenir une vieille fille aigrie, ajouta-t-il.

Elle lui accorda cette remarque avec un petit hochement de tête assez sec et repartit de plus belle, les mots se bousculant sur ses lèvres :

— Le divorce ? C'est vraiment une liberté toute neuve, en libre service. Plus besoin de défendre son dossier. La cafétéria de l'amour. On aura beau dire, aujourd'hui, les femmes doivent prendre des décisions dans tous les domaines. Tous ! La société reste muette...

— Même si elle fait parfois grise mine.

— D'accord. Parfois. Mais pensez au fardeau que ça représente. Heureuse ? Satisfaite ? Ni l'un ni l'autre ? C'est ta faute, cocotte. Freud demandait ce que voulaient les femmes ; aujourd'hui, ce sont les femmes qui doivent se poser la question, et il arrive souvent qu'elles ne le sachent pas. Nous ne savons même pas reconnaître quand nous le savons. Nous sommes complètement livrées à nous-mêmes.

Il posa son menton dans ses mains et lui dédia un lent sourire compréhensif.

— C'est lourd à porter, hein ?

Il avait l'air tellement désarmé qu'elle trouva ça désarmant.

— Ça se voit tant que ça ?

— Comme si c'était écrit noir sur blanc.

— Sans jeu de mots ?

Il fit la grimace, surpris, et elle ne put s'empêcher de rire, avant d'ajouter, très vite :

— Pardon, ça m'a échappé.

— Je ne vous vois pas comme une Noire, dit-il maladroitement.

— Moi non plus. Pas en terme d'identité. J'ai assez de mal à être moi-même.

— C'est un travail à temps complet, en effet.

Elle se détendit un peu et s'entendit bientôt, non sans surprise, lui parler de l'appel de Brookhaven, et se demander tout haut ce que ça pouvait vouloir dire.

— Brookhaven va immédiatement contacter l'administration de l'UCI, conclut-elle.

Max sirota une gorgée de merlot et réfléchit un instant. Le restaurant s'était rempli et le niveau sonore avait monté, mais ils ne le remarquaient ni l'un ni l'autre. Alicia se sentait beaucoup mieux.

— Et comme ce sont des bureaucrates, dit-il enfin, ils vont réunir une commission pour les conseiller.

— Pourquoi ne pas prendre une décision au sommet ?

— La meilleure stratégie quand on ne sait pas où on met les pieds, c'est d'ouvrir le parapluie. Vous pourriez avoir besoin d'un panel d'experts sur lesquels vous appuyer si ça tournait mal.

— Je n'aime pas les comités et ce genre de chose. Ils s'ingénient généralement à rendre des jugements de Salomon.

— Je vous fais confiance pour vous en sortir malgré tout.

— Comment ça ?

— Vous avez du punch. Vous ne vous laissez pas marcher sur les pieds, exact ?

Elle fit la moue, peu décidée à en convenir.

— Il faut savoir diriger sa vie. Je m'en tiens à l'essentiel.

— Notre vie est la respiration des dieux, dit-il d'un petit ton léger en reprenant une gorgée de vin. Le reste n'est que folie.

12

Elle préparait une nouvelle manip avec Brad quand on frappa à la porte du labo. Les étudiants ne frappaient jamais ; ils entraient comme en terrain conquis. Elle alla donc ouvrir. Les muscles de son dos communiquèrent avec elle, lui reprochant le temps qu'elle avait passé dans une mauvaise position. *Tu devrais aller nager un peu*, se dit-elle. *A quoi bon vivre au bord de l'océan si c'est pour ne jamais y mettre les orteils ?* Elle ne se souvenait pas d'avoir fait des journées de quatorze heures d'affilée pendant aussi longtemps.

L'une des secrétaires du département l'attendait devant la porte en se dandinant nerveusement d'un pied sur l'autre.

— Pardon de vous déranger, professeur Butterworth, mais Mme Lattimer essaie de vous joindre par téléphone. Elle voudrait vous voir.

— D'accord. Je finis ici et...

— Euh... elle a dit tout de suite.

Un petit signal d'alarme retentit dans un recoin de son esprit.

— Lattimer... La vice-présidente responsable de la recherche ?

— C'est ça.

Elle était manifestement pressée de repartir. En langage hiérarchique, envoyer un messager humain était une partie du message.

Alicia referma la porte. Certaines femmes, dans l'administration, avaient encore du mal à discuter avec le personnel enseignant féminin, sombrant soit dans la camaraderie style « On compte toutes pour du beurre », soit se cantonnant dans un protocole rigide.

— Je reviens tout de suite, Brad. Enfin, j'espère, ajouta-t-elle avec un haussement d'épaules.

Brad, qui était penché sur une forêt d'appareils, leva les yeux. Il comprenait à une vitesse stupéfiante. Elle devait sans cesse se rappeler qu'il n'avait pas encore soutenu sa thèse. S'attendait-elle à ce qu'il soit un peu moins ambitieux parce qu'il avait l'air d'un abord facile et s'habillait sans recherche particulière, dans le style Californie du Sud ?

— Ah bon. Ce compteur à UV dénombre plus de photons que jamais.

— Vous avez modifié quelque chose ? Vous avez repositionné ces câbles optiques ?

— Non, c'est ce que je m'apprêtais à faire ensuite.

— Mais les résultats sont meilleurs ? Encore un changement, peut-être ? insista-t-elle, peu désireuse d'abandonner cette nouvelle énigme.

— Comme l'effet de marée ? acquiesça Brad, en réglant les cadrans d'un oscilloscope. C'est vraiment bizarre, en effet. Nous l'aurions sûrement remarqué avant, s'il y avait eu quelque chose.

— Peut-être, répondit-elle avec l'impression d'être aveuglée par les événements et de ne plus être sûre de rien. Et voilà que vous obtenez davantage de coups dans les photodétecteurs…

— Ouais, et ça grimpe tout le temps. S'il y avait eu une émission pareille avant, j'aurais obtenu ce spectre en une journée. Il ne m'aurait pas fallu une semaine pour ça.

— Hmm. Et si Max avait raison au sujet de…

— Des trous de ver ? fit Brad, avec un bruit obscène.

Elle cilla. Tourner en dérision les idées d'un professeur de Caltech n'était pas un comportement d'étudiant typique. Brad avait plus de culot que de bon sens.

— Supposons, d'accord ? S'il en émane davantage de lumière, ça pourrait vouloir dire que l'autre bout se dilate.

— Ce qui n'est pas le cas de cette extrémité-ci.

— Vous êtes sûr ? Depuis combien de temps ne l'avons-nous pas mesurée ?

— Allons-y, répondit Brad.

Il se leva et prit un grand compas d'épaisseur.

Ils ressortirent de la salle d'observation dans le vaste hall. Ils écartèrent délicatement les couvertures qui protégeaient l'aimant en U de la lumière. Alicia n'était pas venue là depuis des jours. Le cours de physique des 3B, ses heures de réception et les corrections de devoirs lui avaient pris tout son temps. La sphère disparaissait presque derrière les objectifs et les supports des photodétecteurs. Brad se pencha et mesura le diamètre, non sans grommeler.

— On dirait qu'elle fait 38,3 centimètres, lut-il tout haut.

— Recommencez.

Il fit la grimace mais s'exécuta.

— Pareil : 38,3.

— Eh bien, elle a grossi, dit-elle en écartant un pan de la couverture opaque. Vous voyez ?

La mesure inscrite sur le tableau était de 37,8 cm. Elle songea à nouveau à l'effacer pour parer aux questions indiscrètes.

— Mais comment... ? fit Brad en se renfrognant.

— A part ça, elle n'a pas l'air d'avoir changé.

Elle éprouva un pincement glacial, désagréable. Si ça continuait...

— Ouais, mais enfin, une petite expansion ne peut pas expliquer que nous obtenions une quantité de lumière à ce point supérieure.

— D'accord. Bon, vous allez refaire toutes les mesures de base. Nous ne pouvons plus faire comme si quoi que ce soit était immuable.

— J'imagine que non, en effet.

Elle jeta un coup d'œil à sa montre.

— On m'attend de l'autre côté du campus. Je me débarrasse du problème et, à mon retour, nous vérifierons les mesures précédentes.

Il restait planté devant la sphère, pétrifié.

— Elle change. Elle grossit.

Elle le vit alors comme elle ne l'avait jamais vu. Tout au fond de lui, il y avait une pulsion qui ressemblait beaucoup à la sienne, le moteur de sa vie. Pour la première fois, elle eut l'impression de le connaître.

— Oui. Adieu l'expérimentation contrôlée.

Encore un résultat étrange, sorti de nulle part ; et toujours cette impression d'aveuglement. Il faudrait qu'ils mettent sur pied un système de contrôle continu du diamètre, peut-être à l'aide d'un rayon laser réfléchi par la surface...

— Il se passe quelque chose d'énorme, ici, fit Brad, l'air un peu mal à l'aise.

Elle se demanda s'il était tout à fait franc avec elle.

Il était doué, capable de mener l'expérience comme un postdoc, en se bornant à l'enregistrement des données, bien sûr. Il s'en sortirait très bien quand il en saurait davantage ; il avait une compréhension innée, miraculeuse, de l'électronique. Mais sa rivalité croissante avec Zak risquait d'avoir des effets pervers. Les individus compétitifs avaient vite fait de se prendre en grippe.

Brad lui disait-il tout ? Enfin, elle verrait ça quand elle reviendrait.

Elle écarta délibérément l'affaire de son esprit et traversa rapidement Aldrich Park, en appréciant ses pelouses et ses arbres apaisants. *Allez, concentre-toi. La politique d'abord, la recherche ensuite.*

La réceptionniste postée devant le bureau de Lattimer était d'un sérieux qui frisait l'austérité, une vision annonciatrice de Lattimer elle-même. Rebecca Lattimer, une grande femme vêtue de tweed, avait gravi les échelons en douceur après quelques brèves années de piètre recherche en biologie moléculaire, effectuant le passage crucial deux ans avant la traversée du cercle : le passage de la pelouse verte du parc central de l'UCI aux remparts des bâtiments administratifs.

Alicia avait repéré deux principaux types de femmes profs à l'UCI : Couperose et Battante. Couperose était d'un contact facile, elle avait les cheveux coiffés avec un pétard, de grosses galoches et le genre de robe-sac en faveur dans les facs de sciences humaines et de biologie, agrémentée, en sciences sociales, de bijoux ethniques en ficelle. Les autres, les Battantes, avaient acquis à Radcliffe une rigueur taillée sur mesure pour le succès, souvent édulcorée par des boucles d'oreilles en perle ou une touche de dentelle. Elles répondaient toujours aux messages téléphoniques et aux e-mails, et savaient être impitoyables sans que quiconque s'en rende compte.

Lattimer était la Battante dans toute sa splendeur avec son tailleur gris bien coupé, son chemisier bleu ciel, son épingle turquoise assortie à ses yeux et son chignon conçu pour mettre en valeur ses pommettes hautes. Après les tubes fluorescents et les surfaces lisses, réfléchissantes, du reste d'Irvine, son bureau offrait un look «lumière scrutatrice» assez surprenant. Là, un tapis ivoire léchait le pied d'un lambris de cèdre cérusé. Plus loin, un grand canapé moderne séparait le vaste espace en un coin conversation et un domaine plus officiel, où trônait un bureau d'acajou ciré, rigoureusement nu à l'exception d'une pile de papiers bien nette, mise en valeur par les rayons obliques du soleil entrant par plusieurs fenêtres. Alicia regarda ces papiers en passant devant, alors qu'on la conduisait, avec la cordialité de rigueur, vers le coin canapé.

Dans cet espace structuré, accueillant, le soleil de l'après-midi coulait comme du beurre sur le visage de Lattimer qui était assise dans une posture étudiée, le dos négligemment calé contre le dossier d'un fauteuil de cuir noir. Elle posa ses papiers sur ses genoux et dit d'un air rien moins que ravi :

— Je suis contente que vous ayez pu venir aussi vite.

Le pli réservé de la bouche trahissait une intelligence vive. Elle avait juste une trace de rouge à lèvres, et Alicia se demanda si c'était voulu ou si elle ne prenait pas la peine de remettre de rouge après déjeuner ; cela dit, après réflexion, il lui parut probable qu'elle ne déjeunait pas du tout. Alicia croisa les jambes, bien consciente de porter un jogging gris et de grosses chaussures de sécurité.

— J'ai reçu du Brookhaven National Laboratory des courriers préoccupants, et j'ai désigné une commission pour examiner l'affaire.

— Eh bien, ils ont fait vite…

Alicia savait que l'un de ses traits de caractère les plus agaçants était une incapacité absolue à apporter du moelleux dans la conversation alors que les autres tentaient manifestement de le faire, aussi ajouta-t-elle :

— Je ne savais pas que Brookhaven était intervenu.

— Si, si, répondit Lattimer en lui jetant un de ces longs regards qui ne cillaient pas, probablement destinés à intimider l'adversaire.

— J'ai promis de partager mes informations avec eux dès que j'aurais des résultats intéressants.

— J'ai décidé de réunir une commission du département de physique — juste à titre de conseil, et sous le sceau de la confidentialité — pour donner son avis sur, disons, les « droits de propriété » dans votre sous-culture.

— Je suis surprise que vous ne m'en ayez rien dit.

— Je ne voyais pas l'intérêt de donner à l'affaire plus d'importance qu'elle n'en méritait… (Lattimer fit une tente avec ses doigts et les regarda intensément, un geste étonnamment judicieux.) J'aurais pu vous dire que tout, dans une expérience d'accélération de particules, appartient généralement à la puissance invitante. Une organisation bidon, l'Associated Universities Incorporated, fait force de loi. Et comme elle est contrôlée par Brookhaven, ils ont tout pouvoir de décision.

— Je vois.

Lattimer se leva, alla se planter derrière son fauteuil, posa les mains sur le dossier et regarda Alicia en se penchant lentement.

— Vous auriez pu les informer de votre découverte.

— Ce n'était pas une découverte, à ce moment-là. Juste un accident déprimant. J'ai récupéré les débris de mon détecteur et je suis partie.

— Vous êtes *sûre*?

Regard perçant, mains crispées sur le dossier du fauteuil. Alicia s'obligea à respirer lentement. Elle avait appris à se méfier de ceux qui se penchaient dramatiquement vers elle en parlant, poussaient des choses dans sa direction sur leur bureau, reculaient et prenaient des poses, s'habillaient avec un peu trop de recherche ou réglaient les lumières pour se mettre en valeur, quand ils ne se débrouillaient pas pour s'asseoir sur des sièges plus hauts que le sien. D'habitude, ça révélait des fumistes plus préoccupés par les apparences que par les résultats. Mais les meilleurs bureaucrates combinaient tout ça avec une rhétorique, un style et des arguments qui portaient.

— J'ai été assez abattue par l'échec. Nous nous sommes contentés de tout remporter chez nous, mes étudiants et moi. Nous n'avions pas vraiment idée de l'étrangeté de cette sphère, jusqu'à ce que nous ayons l'occasion de l'étudier.

Ce qui n'était pas faux, au demeurant.

— Hum, fit Lattimer en la scrutant à nouveau, entre ses paupières plissées, un peu moins tendue quand même. Je n'ai pas pu faire autrement que de m'apercevoir que vos collègues ignoraient l'existence de cet objet.

Genre : *« Je n'avais pas le choix, vous comprenez. On m'a obligée à réunir cette commission spéciale »*...

— Il n'y avait pas de raison qu'ils soient au courant. *(Non, trop sec. Essayer un peu d'autocritique, peut-être...)* Je... on ne m'a pas beaucoup vue au département, ces temps-ci. Il m'a fallu du temps pour remonter le moral des étudiants chargés de la réparation du détecteur.

— J'ai encore eu un appel du directeur adjoint de Brookhaven ce matin...

— Brookhaven n'a rien à voir là-dedans. C'était dans les débris de mon détecteur. Alors pourquoi serait-ce à eux ?

Lattimer accusa le coup. Les doyens consacraient leur énergie à gérer les appétits des sous-fifres et à obtenir des dotations, sans goûter au vin enivrant des rapports de recherche. Peut-être Lattimer avait-elle oublié que les chercheurs pouvaient s'enthousiasmer. Elle cilla et sembla déconcertée par le soudain bon sens d'Alicia.

— Nous devons nous élever au-dessus des sentiments de propriété dans ces affaires, dit prudemment Lattimer, d'un ton qui devait venir tout naturellement aux quêteurs de subvention, se dit Alicia, surtout à la conclusion des discours intitulés « Pour quelle Science ? ».

— Qu'allez-vous faire ? dit platement Alicia, ne voyant pas l'intérêt de rentrer dans des questions de principe.

La vice-présidente reforma un chapiteau avec ses doigts et les regarda, la bouche réduite à une ligne fine, implacable. Ses pommettes parfaites accrochaient les rayons du soleil de plus en plus obliques, de sorte qu'ils atteignaient à présent les recoins les plus intimes de la pièce.

— Je vais dire à la commission de suivre l'avancement de vos travaux. Votre argument selon lequel la sphère se trouvait dans votre détecteur semble recevable.

— J'apprécie.

— Vous avez pensé à la sécurité ?

— Euh... oui. Il n'y a pas de raison apparente de s'inquiéter.

— Bien. La commission devrait décider que vous pouvez conserver cet objet pour l'étudier, mais que vous devrez partager les résultats le moment venu.

Ce fut dit sur un ton définitif, en hochant la tête.

Alicia savait qu'elle ne pouvait espérer mieux. La commission de Lattimer ressemblait à un animal apprivoisé qui rendrait le verdict attendu. Peu après, Alicia retraversait le parc circulaire en ruminant. D'accord, elle en avait pris un peu à son aise avec les règles, mais sans les enfreindre vraiment — du moins le pensait-elle — et c'était tout ce qui comptait.

Une fois, à l'école primaire, ses amies et elle se disputaient pour une babiole — elle avait depuis longtemps oublié quoi, mais pas la façon dont elles avaient décidé de régler le différend. Un garçon avait suggéré qu'elles annoncent chacune un nombre entre zéro et cent, et celle qui se rapprocherait le plus du nombre qu'il aurait choisi aurait gagné. Sa meilleure amie avait dit 66, une autre 78. Alicia avait naturellement dit 65, et tout le monde avait paru s'indigner. « Tu n'aurais pas dû prendre un chiffre aussi près du mien ! » avait protesté son amie. « Ce n'est pas juste ! » avait dit l'autre. Mais pour Alicia, l'essentiel était de se donner le maximum de chances, et elle avait opté pour la plus grande fraction des nombres.

Puis le garçon avait révélé son nombre : 99, et tout le monde avait donné l'impression de penser qu'Alicia avait essuyé un échec mérité, réaction qu'elle n'arrivait pas à comprendre.

Elle haussa les épaules, en proie à un âpre désir de rapidité, d'assurance, de minceur. Au cœur de tout ça, il y avait l'Enigme ; le reste n'était que remplissage.

Après les échappatoires mollassonnes du bureau de Lattimer, travailler selon des lignes précises, sur les faits bruts, serait un vrai plaisir. Mais d'abord, elle avait des problèmes politiques à régler. Elle repartit d'un pas raffermi vers le département de physique dans la lumière de la fin de l'après-midi.

13

Martin Onell était dans son bureau d'angle, et il était seul, lui assura le responsable de la gestion administrative en la faisant entrer.

Onell portait son éternel costume trois-pièces — marron, ce jour-là — avec une chemise jaune bouton d'or et une cravate rouge éteint.

— Alicia ! J'espérais que vous me donneriez des nouvelles du programme de tutorat des minorités !

— Euh... Je suis en retard dans...

— La vice-présidente m'envoie des e-mails tous les jours à propos de votre participation à leurs réunions.

Il se leva et fit prudemment le tour de son grand bureau pour ne pas renverser une pile de journaux de physique.

— Ces réunions n'en finissent pas. C'est insupportable. La responsable de l'enseignement identitaire est tellement rasoir...

— Nous devons tous accepter certaines contraintes, je pense que vous serez d'accord...

Il lui lança un sourire chaleureux et plissa les yeux, adoptant la mimique « Nous sommes entre gens raisonnables ». Mieux valait couper court tout de suite à ce pathos.

— Evidemment, certains sont plus sollicités que d'autres.

Le moment était venu du mini-sermon sur ses obligations envers les autres « minorités », d'autant qu'elle en incarnait deux pour le prix d'une. (Elle se disait parfois que l'administration aurait déliré de joie si elle s'était révélée lesbienne, ce qui aurait fait d'elle une triple recrue de choix.) Elle devait faire dévier la conversation de ce sentier rebattu.

Inspiration profonde, regard d'acier.

— Je voudrais savoir pourquoi vous avez ordonné une commission d'enquête sur mes recherches sans m'en parler.

La sincérité disparut et son visage devint atone.

— Je ne pouvais évidemment pas faire autrement.

— Pourquoi «évidemment»?

— La vice-présidente responsable de la recherche pensait qu'il pouvait y avoir, disons, un risque notoire pour l'UCI. Si vous avez vraiment volé un important...

— Volé? J'ai pris...

— C'est comme ça que Brookhaven nous a présenté les choses, reconnaissez-le. Bref, quand j'ai appris ça, je me suis dit qu'il ne serait pas mauvais de demander à quelques collègues du département de physique de rendre un avis informel sur la façon dont ces querelles étaient arbitrées.

— Je n'aime pas qu'on agisse derrière mon dos.

Il tripota sa cravate.

— Je dois protéger le département.

Au milieu des années 1990, l'UCI avait vécu un scandale interminable concernant un échange d'ovules dans la clinique de stérilité de l'école de médecine. Ce qui avait démarré comme un petit problème de paperasses avait pris, entre les mains des avocats, des proportions monstrueuses et coûté plusieurs millions de dollars, souvent au profit de gens qui n'avaient subi aucun dommage en dehors d'un «préjudice moral». Depuis, tous les administrateurs marchaient comme sur des œufs chaque fois qu'ils flairaient le moindre litige. C'est à ça que songeait Alicia en regardant le visage d'Onell passer de la méfiance à la sollicitude. Elle était déterminée à lui donner du fil à retordre, mais, tout compte fait, elle n'était pas d'humeur à provoquer une confrontation plus longue.

— Je... vois, dit-elle lamentablement.

— Je suis sûr que tout s'arrangera, dit-il.

Elle savait qu'à partir du moment où il commencerait à débiter des platitudes elle n'en tirerait plus rien. Il pratiquait un style de management défensif, opérant généralement à l'abri du parapluie administratif. Rien n'était véritablement arrivé, à moins que ce ne soit écrit, ou du moins c'est ce que trouveraient d'éventuels investigateurs. Un mode prévisible, quoique plutôt fastidieux.

— Bon. Je vous recontacterai, dit-elle, optant pour une sortie profil bas.

Elle quitta le bureau du président en proie à un agacement modéré, ce qui la surprit. *Dieu tout-puissant ! Peut-être que je commence à m'y faire.*

Lorsqu'elle arriva au labo, il était plongé dans le noir. Le soir tombait, et un rai de lumière filtrait sur le sol de béton, sous la porte latérale. Elle se dit qu'il valait mieux éviter d'allumer. Brad était probablement en train de procéder à des mesures optiques.

Elle longea à tâtons une rangée de placards.

— Brad ?

Pas de réponse. Il était peut-être allé chercher quelque chose en laissant tourner la manip. Elle voyait les petites lumières rouges qui couraient sur les moniteurs des ordinateurs, comme des étoiles lointaines.

Il y avait une heure que ses étudiants avaient dû cesser de travailler sur l'élément nodal. Son pied gauche heurta un bout de fer qui se trouvait par terre. Cela fit un bruit effrayant dans le silence. Elle était habituée à ce que ce vaste endroit grouille de mouvement et de frénésie, et le calme lui paraissait étrange. Plus loin, le long des placards, elle reconnut des rayonnages fixés au mur. Elle avait la manie de remettre les appareils en place, et elle fut récompensée de sa méticulosité quand sa main se referma sur une lampe torche. Elle s'approcha des voyants rouges des ordinateurs, mais Brad n'était pas dans la salle de contrôle. Elle tendit l'oreille. Peut-être était-il sous la couverture opaque. Il procédait probablement à des ajustements précis, ou il mesurait à nouveau le diamètre.

— Brad ?

Toujours rien. Bon, il devait être totalement concentré et d'ailleurs il ne répondait pas toujours quand il était absorbé par sa tâche. Elle appréciait cette concentration. C'était assez typique des meilleurs expérimentateurs. Elle s'avança prudemment dans l'obscurité.

En regagnant le labo, elle s'était autorisée à se reposer des questions sur l'accroissement du diamètre. Cette maudite chose changeait comme si elle était vivante. Le mystère s'épaississait merveilleusement. Il se passait vraiment quelque chose d'énorme, elle le sentait viscéralement. Mais quoi ? Elle s'efforçait encore de décider si l'idée du trou de ver de Max avait un sens. La mesure de l'effet de marée lui donnait de la crédibilité.

La lumière liquide de la torche projetait des ombres mouvantes sur les rayonnages couverts de matériel. Il faudrait qu'ils y mettent de l'ordre, ou ils allaient leur tomber dessus.

Elle releva un coin de la couverture opaque et s'avança dans l'étroite ouverture. Le rayon de sa lampe torche éclaira les paquets de câbles et de fibres optiques attachés au montant du bâti métallique de fortune. Tout l'endroit était bourré d'appareils de mesure, de fils qui couraient dans tous les sens.

Une curieuse odeur de cochon brûlé lui fit plisser le nez. L'ozone ? Non, c'était autre chose.

Certains des câbles avaient l'air déplacés. La sphère lui renvoya le pinceau de lumière de sa torche. L'odeur était forte, pénétrante. On aurait dit que des composants électroniques avaient cramé. Elle éprouva une soudaine inquiétude. Que s'était-il passé ? Où était Brad ?

Elle avança et son pied droit heurta quelque chose de mou. Elle manqua perdre l'équilibre, tendit la main vers un montant d'acier afin de se rattraper et baissa les yeux. Quel appareil était censé se trouver là... ?

Un masque noir la regardait. Elle étouffa un hoquet de surprise. Les paupières étaient brûlées, de sorte que les yeux trop blancs étaient braqués vers le plafond.

Elle tituba, haletante. La moitié supérieure du corps était une masse calcinée, les vêtements plaqués en une couche plus sombre. Elle reconnut le jean bleu délavé, le gros ceinturon de western. Brad. Ou plutôt, ce qui avait été Brad.

Sa main droite se referma sur une sonde électrique. Le visage était une bulle boursouflée, pelée à vif, comme si on l'avait passée au lance-flammes. Les joues enflées étaient pareilles à des ballons charnus. Les lèvres ressemblaient à des saucisses éclatées.

Elle se força à respirer, mais l'air qui puait l'huile, les fumées épaisses lui parurent tout à coup denses, putrides. Les ténèbres se refermaient autour d'elle. Elle avait la tête qui tournait. Elle manqua s'effondrer. Le rayon de sa lampe se braqua follement vers le haut, retomba sur la sphère luisante et un regard acéré, dur, la contempla à nouveau fixement, tel un œil furibard.

TROISIÈME PARTIE

Choses impossibles

Théorème de Treiman : les choses impossibles sont des choses qui n'arrivent en principe pas.

Sam Treiman, physicien
de l'Université de Princeton.

1

L'hôpital était imposant, frais et lumineux dans son halo métallique. Elle avait quitté la nuit humide du dehors pour entrer dans la clarté givrée de ce labyrinthe vitreux. L'effet était surréaliste, troublant, en harmonie avec ses propres dislocations intérieures.

Elle remarqua distraitement que la salle d'attente était conçue pour atténuer les tensions. Des tableaux modernes mis en valeur par des spots encastrés faisaient de grandes taches assourdies, apaisantes, sur les murs d'un rose fané. Un grand fauteuil de cuir trônait au milieu d'un arrangement confortable de deux canapés et d'une composition florale aux couleurs vives qui se révéla artificielle. L'éclairage indirect, le bois satiné, les tissus pastel, rien de tout ça ne marchait sur elle. Elle ne tenait pas en place.

Un docteur entra, lui demanda si elle était de la famille. *De la branche noire de l'arbre généalogique, peut-être?* songea-t-elle, puis elle se dit que c'était une question de pure forme.

— Non. Je suis son professeur de thèse. Comment va-t-il?

— Pas fort, répondit prudemment le docteur. Il est

dans le coma, et nous essayons de réduire un grave œdème cérébral.

Elle étudia son visage comme si elle cherchait des réponses.

— Ses organes... vitaux ?

Il lui montra un tirage d'imprimante clipé sur une planche à pince : une feuille de diagnostic couverte de points reliés par des lignes.

— Pas de fracture du crâne. Les protéines sont anormales à cause de l'hémorragie cérébrale. L'IRM met en évidence des œdèmes massifs. Et puis, évidemment, il y a les brûlures.

Elle se rappela la vision d'épouvante de l'équipe médicale emportant Brad. Une ligne nette à la base du cou séparait le visage carbonisé de la peau blanche. La partie avant du crâne était à nu, calcinée, les cheveux encore bien peignés à l'arrière du crâne.

— Je ne comprends pas. Quand je l'ai vu...

— S'il s'en tire, il faudra complètement lui refaire le visage.

Elle hocha vigoureusement la tête.

— La chirurgie reconstructrice fait des miracles, dit-elle avec un optimisme vide, machinal. Pourquoi... pourquoi est-il dans le coma ?

— Pas à cause du choc. La tête a manifestement subi une élévation substantielle de température. Les brûlures sont profondes.

Elle lui était reconnaissante de ne pas lui servir les phrases creuses, insignifiantes, de rigueur. Mieux, il n'employait pas le langage policé destiné à minimiser les séquelles possibles. *Et le premier de tous les commandements sera : Ouvre le parapluie.*

— Il va... il va s'en sortir ?

— Honnêtement, je ne peux pas l'affirmer.

C'était tout ce qu'il y avait à dire. Elle passa l'heure suivante à tourner en rond. Des pontes de l'université arrivèrent, mais c'est à peine si elle les remarqua, à travers le brouillard dans lequel elle planait. Quand Martin Onell apparut, elle répondit à ses questions comme à celles des différents policiers.

— Comment est-ce arrivé ? demanda-t-il.

A cela, elle n'avait pas de réponse.

La sphère, évidemment. Mais pourquoi ? Par quel mécanisme ?

Elle se retrouva en train de fournir aux questions d'Onell les réponses lénifiantes que les femmes étaient censées trouver plus facilement que les hommes. Mais elle avait l'impression de ne pas pouvoir articuler une phrase cohérente, de ne rien dire de vrai.

Onell fit envoyer une équipe pour sécuriser la scène du labo. Les gens allaient et venaient, des visages glissant derrière des vitres. Un certain Sturges, un inspecteur du bureau des homicides, se montrait particulièrement insistant.

— C'est un accident, répétait-elle.

Il hochait la tête, sans répondre.

Les parents de Brad étaient injoignables. Elle appela Max et réussit, elle n'aurait su dire comment, à le mettre au courant de l'essentiel. Elle avait la gorge nouée et pas la moindre idée de ce qu'il fallait faire. Max dit qu'il viendrait de Pasadena. D'autres gens, des questions, l'air glacé, qui sentait le renfermé, se raréfiait, l'étouffait. *Brad, Brad...*

Puis le docteur revint et leur annonça que Brad était mort. Comme ça, sans ménagement. Elle était assise dans le grand fauteuil de cuir au milieu des gens qui bavardaient, et elle n'enregistrait rien. Onell disait des choses, des gens allaient et venaient, mais elle n'avait aucune prise sur le déroulement des événements.

Elle était debout dans la même salle d'attente, pendue au cou de Max, qui lui donnait une accolade compatissante. Il venait d'arriver.

— Professeur Butterworth ?

C'était l'inspecteur Sturges, le regard légèrement

détourné, l'air un peu gêné de les approcher. Max et elle laissèrent retomber leurs bras et elle surprit, sur le visage de Sturges, une curieuse expression, comme s'il se fermait. Il avait vu pas mal de choses dans son métier, mais peut-être pas beaucoup d'affection. Ou était-ce le mélange des races ?

— Oui ? dit-elle d'un ton aussi professionnel que possible.

— J'ai le rapport préliminaire du coroner. Je me demandais si vous pouviez y ajouter quelque chose. Ces triplicatas sont une vraie plaie, dit-il en tendant une planche à pince.

— Des triplicatas ? releva-t-elle.

— Le troisième exemplaire des rapports des inspecteurs et de l'équipe technique. De vraies pattes de mouche. Bref, d'après les radios et l'IRM, la mort serait due à un œdème cérébral. On dirait qu'il a eu la tête cuite.

Alicia encaissa les paroles du policier, ouvrit la bouche, ne put dire un mot.

— Rien d'autre ? lança Max en s'interposant légèrement entre Sturges et elle.

Sturges marqua une pause, juste le temps qu'Alicia voie qu'il décidait de ne pas s'énerver. Réaction de professionnel. Elle lui présenta Max, et Sturges répondit :

— Les examens toxicologiques sont négatifs, si c'est ce que vous voulez savoir.

— Que s'est-il passé au labo ? demanda Max.

Sturges la regarda et dit avec circonspection :

— Je n'ai pas besoin de déposer mes conclusions tout de suite, professeur Butterworth, mais vous avez parlé d'un objet que vous étiez en train d'étudier ?

Elle n'arrivait pas à se sortir de l'incrédulité absolue qui la paralysait.

— Une expérience de physique à haute énergie.

— Eh bien, nous n'avons pas encore fait le tour de tous les accidents. Je reviendrai voir le labo dès que j'aurai le rapport définitif du coroner.

Et puis il s'en alla. Alicia éprouva une vague de soulagement, comme si l'inspecteur terre à terre, matérialiste, était son juge. Mais il n'avait pas banni la culpabilité qui lui nouait l'estomac, lui occasionnant une souffrance presque physique.

Dans la voiture qui la ramenait à l'UCI, elle dit abruptement :

— C'est dans des moments pareils qu'on regrette de ne pas avoir de religion.

— Ah bon ? fit prudemment Max en lui jetant un coup d'œil.

Avait-elle l'air secouée à ce point ? Elle essaya de se détendre, se rendit compte que ses mains étaient tellement crispées que les jointures avaient blanchi. *Continue à parler, ça te fera peut-être du bien.*

— Je... je voudrais croire que Brad est ailleurs, que ce n'est pas qu'un tas de neurones grillés.

— C'est sûr... acquiesça-t-il.

Elle s'obligea à continuer :

— Je suis devenue athée à l'adolescence. Ça changeait de la bonne gamine baptiste que j'étais à douze ans...

— Pour moi, dit-il d'un ton encourageant, la religion — l'église luthérienne — n'était qu'une succession de mouvements machinaux...

— J'étais assez fière de moi. Libérée du dogme, tout ça.

Il gloussa.

— Moi aussi. Si ça peut vous consoler, votre opinion ne change rien. Quoi que vous puissiez penser, Dieu et le Ciel existent, ou n'existent pas.

— Ouais. Sauf que même cette idée ne me fait aucun bien. Quand je suis chez mes grands-parents et qu'ils me traînent à la messe, c'est beau et nostalgique, comme les photos dans les annuaires du lycée. Vous connaissez ce sentiment de vide ? Comme s'il y avait là, au fond, une jeune femme doucement naïve, et que ce soit le seul moyen que j'aie de la revoir.

— Elle est encore là, dit-il avec un sourire vague. Je la vois parfois pointer son nez.

Ça la déséquilibra. Il la regarda presque timidement, comme pour sonder sa réaction.

— Elle était plus riche que moi aujourd'hui, dit-elle d'une voix hésitante. Je regrette sa foi d'antan.

— Il ne faut pas vous en vouloir.

— Vous non plus, Max.

Il lui jeta un coup d'œil, ne dit rien, alors elle continua :

— Vous aviez vu juste avec votre théorie des trous de ver, mais ça ne nous a pas permis d'anticiper ce qui est arrivé.

— Mouais, soupira-t-il.

— Ne vous mettez pas martel en tête pour ça.

— Hmm.

C'était un ronchonnement, émis à contrecœur.

— Vous n'y êtes pour rien. C'est moi la responsable du labo, pas vous.

— Hon-hon.

Il tendit le bras, lui tapota la main.

Le magma d'enseignes au néon d'Irvine défilait derrière la vitre sale de la voiture. C'était un bouillonnement sans fin de couleurs chaudes sous un ciel étoilé. Le monde était d'encre, noir, impénétrable, envahi de ténèbres autres que nocturnes.

2

— C'est là que les Athéniens s'atteignirent, dit-elle avec une froide détermination en claquant trop fort la portière de la voiture.

— Vous êtes sûre que c'était la sphère ? demanda Max d'une voix contenue dans le brouillard épais.

— Ça ne peut être que ça.

Ils marchèrent à travers les ombres vers le bâtiment du laboratoire. Les grandes portes étaient ouvertes et une lumière blafarde, d'un blanc presque bleuté, trouait la brume.

— Comment serait-ce arrivé ? La sphère n'émettait que des UV, et très faibles.

— Mais elle était en expansion.

— Ah bon ? Quand vous en êtes-vous aperçus ?

Elle jeta un coup d'œil à sa montre.

— Il y a quatre heures.

Si peu ? Comment était-ce possible ?

— Elle s'était dilatée de beaucoup ?

— Un demi-centimètre de diamètre.

— Hum. Ça ne pouvait pas faire beaucoup de différence…

— Qu'en savons-nous ? Hein ? lança-t-elle, se retournant soudain contre lui alors qu'ils arrivaient au hangar de béton.

— D'accord, nous n'en savons rien, mais l'émission était minime…

Elle cilla, très vite.

— Je… je regrette.

— Pas de problème. Quand on étudie quelque chose de complètement nouveau…

— On prend des précautions.

— Contre quoi ? On ne sait pas, c'est tout le problème.

— Au moins, on prévient les gens.

— Quand on ne sait pas contre quoi les mettre en garde…

Elle poussa un soupir et s'appuya contre le cadre d'acier de la porte.

— Vous allez continuer à jouer les voix de la raison, hein ?

— C'est mon boulot. Ils vont vous passer sur le gril, là-dedans. Prête ?

— J'espère.

— Vous feriez peut-être mieux de rentrer chez vous et de remettre ça à demain.

— Je n'arriverai pas à dormir, de toute façon. Autant m'en débarrasser tout de suite.

— Nous. *Nous* en débarrasser.

— Vous n'êtes pas en cause.

— Et comment ! Je ne peux pas vous laisser entrer là-dedans toute seule et vous faire hacher menu.

Elle étudia son visage. Ses grands yeux lumineux semblaient voir clair dans sa confusion.

— Vous pourriez rester en dehors de tout ça.

— Pas question, dit-il en pinçant les lèvres.

— Vraiment ?

— Vraiment.

— Vous n'allez pas vous tirer de ce coup-là en jouant les Gary Cooper, vous savez.

— Vous avez la langue bien pendue, hein ?

— Pour ce que ça m'a servi...

Il la regarda dans les yeux.

— C'est une façade, bien sûr.

— Pour cacher quoi ?

Quand elle était décontenancée, elle renvoyait automatiquement une question.

— Je me le demande.

Elle ouvrit la bouche, la referma, l'esprit en révolution.

Il recula comme pour lui laisser plus d'espace vital et braqua à nouveau sur elle son regard pénétrant, scrutateur.

— Pardon. Je ne devrais pas dire ce genre de choses.

— Eh bien, je... je...

— Une chose à la fois. Pour le moment, contentez-vous de leur livrer les faits. Inutile de réfléchir à haute voix.

— J'en serais bien incapable.

— Moi aussi. J'ai juste l'avantage de savoir ne pas essayer.

Ils étaient tous là : le personnel de sécurité arraché à son dîner, la police, l'inspecteur Sturges, Lattimer, la vice-présidente exécutive pour la recherche, le président Onell. Ils tournaient en rond pendant que des gars de l'UCI et les hommes de Sturges prenaient des photos. Personne ne semblait penser que la sphère constituait une menace. Elle avait l'air comme d'habitude : une boule brillante. Pas de danger apparent de ce côté-là.

Un gros bonhomme à l'air endeuillé qui relevait des empreintes se plaignit que les boutons de l'oscilloscope lui donnaient du fil à retordre. Un autre, grimpé dans les hauteurs du hangar, prenait des photos en plongée. Ça grouillait de gens dans tous les sens. Beaucoup se contentaient de regarder. Beaucoup trop pour que leur présence rime à quoi que ce soit.

A sa grande surprise, la manip de Brad tournait toujours. Les petites lumières rouges sur les scopes et les détecteurs montraient qu'ils étaient branchés. Elle n'avait touché à rien quand ils avaient embarqué Brad dans l'ambulance. Maintenant, la foule vibrionnait, mal à l'aise, autour des grappes de câbles électriques, de fibres optiques et de connecteurs. Quelque chose avait tué un homme, à cet endroit, et personne ne savait quoi. Mais le labo avait l'air tellement inoffensif que personne ne se sentait menacé.

Au moins, ils n'avaient pas fricoté avec l'aimant en U, bien que la couverture opaque ait été retirée et étalée sur le béton. Certains des hommes de Sturges en prélevaient de petits échantillons en fronçant les sourcils. Elle était roussie un peu partout, à l'exception d'une tache étrange. Soudain, elle reconnut la silhouette déformée de Brad, en ombre chinoise. Elle eut une sorte de vertige et inspira profondément pour s'éclaircir les idées. L'odeur de brûlé lui entra dans les narines et une toux déchirante la plia en deux.

Le brouhaha des conversations autour d'elle se perdait dans le grand hall glacial, écrasé sous la lumière blafarde. Elle s'obligea à respirer calmement. Les projecteurs de la police éclairaient l'aimant en U avec une netteté chirurgicale. La sphère était tellement brillante qu'ils évitaient de la regarder directement.

Et puis les questions commencèrent.

Quand elle était arrivée, la plupart des gens s'étaient contentés de reculer un peu. Maintenant, ils la regardaient expliquer devant un croissant de visages fermés en quoi consistait l'expérience et où se tenait Brad. Par un accord tacite, ils laissaient Sturges mener la danse.

— Professeur Jalon, à quel titre étiez-vous là ?

— Je suis théoricien à Caltech. J'aidais le docteur Butterworth et ses étudiants à comprendre à quoi ils avaient affaire.

— Mais vous ne meniez pas activement les expériences ?

— Non, je me contente de réfléchir.

— De réfléchir à quoi ?

— A ce qui constitue mon gagne-pain.

Sturges jeta à Max un regard noir, sembla décider de laisser passer et commença à soumettre Alicia à un feu roulant de questions sur l'endroit où Brad se tenait d'habitude, celui où elle l'avait trouvé, à quoi servaient les différents éléments de l'expérience.

— Se pourrait-il qu'il ait manipulé une substance inflammable ?

— Il n'y a rien de tel ici, répondit-elle en soutenant son regard.

— Le système de sprinklers ne s'est pas déclenché. Aucun signe d'incendie, sauf les traces de brûlure sous la couverture opaque que voici.

Sturges se pencha et tripota la chose qu'un membre de

l'équipe technique avait étalée pour l'inspecter attentivement.

— Les sprinklers réagissent à des fumées composées de particules d'une taille spécifique, répondit-elle d'une voix tendue, juste pour dire quelque chose. Une rapide émission de radiations n'aurait pu les déclencher.

Sturges ignora sa digression et indiqua l'aimant en U, où la sphère disparaissait presque derrière des faisceaux de fibres optiques.

— Cette chose que vous étudiez, qu'est-ce que c'est?

— Nous ne savons pas. Il semblerait que ce soit un produit atypique d'un incident survenu au Brookhaven National Laboratory. Nous étions en train de l'étudier afin d'essayer de comprendre pourquoi notre expérience avait raté.

— On dirait une boule de métal, fit Sturges en regardant entre les pôles de l'aimant.

— C'en est peut-être une, répondit Alicia, le regrettant aussitôt. Sauf qu'elle n'a pas beaucoup de propriétés intelligibles. (*Aucune en réalité*, se dit-elle.) Nous savons qu'elle émet des ultraviolets, à l'extrémité du spectre. Mais très peu, si bien que nous avions placé ce dispositif (un geste en direction des photodétecteurs) pour capturer son spectre.

— Vous supposiez donc qu'elle était radioactive? avança Sturges.

— Non, non, pas du tout. On ne constate aucune émission de particules. Jusque-là, nous n'avons observé qu'une émission ultraviolette très faible, invisible.

— Sauf que quelque chose a grillé votre étudiant, et que ça paraît être la source la plus vraisemblable, reprit Sturges en la regardant attentivement, comme tout le monde dans le hall.

— Je... j'imagine. Sans ça, je ne vois pas comment il aurait pu... être en danger.

— Que pouvez-vous nous dire de tout ça, de ce qui a

pu lui arriver ? fit-il en balayant de la main les appareils montés sur des supports d'acier.

— Laissez-moi le temps de regarder les données. Je suis partie plus d'une heure, et les appareils ont continué à enregistrer ce que faisait Brad.

— Vous avez une idée de ce qui s'est passé ici ?

— Euh... peut-être.

Elle sauta sur cette occasion de fuir ces gloutons optiques et alla s'enfermer, avec Max, dans la salle de contrôle. C'était une boîte de contreplaqué garnie de plaques d'acier nid-d'abeilles afin de protéger les détecteurs optiques et à micro-ondes des émissions parasites. Une petite bulle d'intimité. Max ferma la porte et ils se regardèrent. Ils avaient tous les deux l'air vidés.

Elle poussa un soupir et s'assit devant un ordinateur à grand écran plat. Le système continuait à tourner, recueillant les données des photodétecteurs qui entouraient la sphère. Ni le dispositif ni les câbles ne semblaient avoir subi le moindre dommage.

Elle consulta les fichiers encore ouverts et constata que Brad avait effectué la réduction en temps réel, lissant les anomalies statistiques. Le comptage des photons entrants était dépouillé et envoyé vers un autre ordinateur où tournait un programme indépendant, qui faisait le tri et affichait le spectre. Elle s'attendait à revoir le spectre de corps noir qu'ils avaient déjà vu et, de fait, au début du test de Brad, les courbes étaient assez reconnaissables. Elle constata que le refroidissement s'était poursuivi, déplaçant les pics des courbes vers la gauche, par rapport à ce qu'ils avaient obtenu quelques jours auparavant.

Elle frappa quelques touches et passa rapidement en revue une douzaine de spectres.

— Mon Dieu ! Cette fois, les spectres se rapprochent.

— Et alors ? releva Max.

— Le système tourne presque automatiquement. Il collecte la lumière assez longtemps pour donner un spectre fiable, lissé, puis il le compile. Il y a une semaine, nous devions enregistrer pendant des jours avant d'obtenir un spectre. Alors que les derniers se sont formés en moins d'une heure d'acquisition de données.

— L'intensité allait donc croissant.

Elle pianotait furieusement, en ouvrant de grands yeux.

— Oui. Surtout aujourd'hui. Pendant que j'étais occupée et que Brad enregistrait tout ça, sans rien dire.

— Elle augmentait même de plusieurs ordres de grandeur, apparemment.

Max était penché sur elle et lisait les chiffres portés sur l'axe vertical du spectre. Elle n'aimait pas qu'on lise pardessus son épaule, mais elle réprima son agacement. Il avait raison, d'ailleurs, pour l'accroissement.

— Pourquoi Brad ne me l'a-t-il pas dit ? Et merde !

— Il pensait peut-être que c'était sa découverte.

— C'était bien son genre. Ils se tiraient la bourre, Zak Nguyen et lui.

— Les thésards ambitieux sont légion dans le milieu.

— Il devait le savoir depuis plusieurs jours. Je travaillais sur autre chose...

— Ne commencez pas à vous faire des reproches, dit-il avec force.

— Exact. Les données...

Elle se redressa, écarta ses cheveux qui lui retombaient sur le front.

— Montrez-moi quand même ces mesures d'intensité. Je voudrais les regarder.

Si ça pouvait lui faire plaisir... Elle effectua rapidement un tirage du spectre. Elle se sentait dériver très loin, ses pensées filant dans tous les sens comme pour fuir ce qui s'était passé. Un long soupir humide lui échappa et Max lui jeta un coup d'œil inquiet. *Reprends-toi*, se dit-elle farouchement.

— Si nous... si nous suivions ce spectre plus loin, marmonna-t-elle.

Au fur et à mesure que le temps passait, le volume des fichiers posait un problème. Ceux de l'après-midi étaient énormes, et le programme avait du mal à les gérer. Le spectre lissé présentait aussi un mince pic déchiqueté.

— Ça ne ressemble à rien, dit-elle.

— Ce n'est peut-être plus un corps noir, avança Max.

Elle étudia pensivement le pic de ce qui avait été les courbes caractéristiques du corps noir auxquelles elle s'attendait. Quand un émetteur devenait transparent, il perdait la simple forme d'émission de corps noir. A la place, la lumière n'étant plus captée et réémise, la radiation commençait à filtrer au travers. Des lignes plus acérées, distinctes, pouvaient commencer à apparaître au-dessus de la courbe lisse.

— L'intensité croît rapidement aussi, souligna Max.

— Hmm.

Elle parcourut rapidement les listings de la fin de l'après-midi. Le pic montait vraiment de façon significative.

— Je me demande si on peut s'y fier...

— Il y en a d'autres ?

Elle vérifia les données recueillies.

— On dirait qu'il y a des manques dans la session suivante.

Elle programma quand même l'affichage du spectre, restreint au pic atypique. Le programme tournait, les disques durs ronflaient, traitant les informations, puis sur l'écran apparut un pic crénelé, une courbe caractéristique de radiation atomique.

— Une émission très intense, commenta Max.

— Regardez-moi ça !

— Elle a augmenté de plusieurs ordres de grandeur.

— Clair et net. Voyons, dit-elle en vérifiant les coordonnées temporelles. Ça a dû se produire au moment où Brad...

— Ouais. Le flingue encore fumant.

— Quelle est cette courbe ?

— Laissez-moi voir quelque chose...

Quelque part dans le menu, elle se rappela qu'il y avait

un sous-programme de recherche qui comparait une courbe donnée à des fréquences candidates de divers atomes et molécules. Elle le trouva et chargea les menus appropriés, pointant et cliquant, ce qui lui rappelait toujours ses jeux d'enfant. En moins d'une minute, elle dit :

— C'est de l'hydrogène.

— Impossible.

— Ça coïncide avec la raie de recombinaison de référence.

— Vous êtes sûre ? fit Max, penché sur son épaule.

— Non, bien sûr. Ce n'est que la courbe la plus approchante.

— C'est la raie qu'émet un électron en tombant dans l'orbite la plus basse de l'hydrogène ?

— La raie inférieure de Lyman, oui.

— Alors ce qui se trouve de l'autre côté, quoi que ce soit, a évolué. Ce n'est plus un plasma brûlant mais de l'hydrogène gazeux.

— Je pensais qu'il y avait une étoile à l'autre bout de ce trou de ver...

— Ce n'était qu'une supposition, répondit-il en haussant les épaules. Quoi que ça puisse être, le plasma brûlant de l'autre côté se refroidit.

— Et vite. Mais pourquoi l'énorme éclair de cette radiation de Lyman ?

— Imaginez que l'autre bout du trou de ver ait été en train de croître. Qu'il se soit ouvert subitement, laissant pénétrer davantage de lumière...

— Et pourquoi aurait-il fait ça ?

— Vous avez dit vous-même que la sphère s'était dilatée...

Elle écarta l'argument d'un revers de main.

— D'un demi-centimètre.

— Elle s'est dilatée. C'est tout ce qui compte. De l'autre côté, l'embouchure a pu s'ouvrir tout d'un coup...

— Pourquoi ? insista-t-elle.

— Je ne sais pas. Nous devons nous en remettre aux faits, là.

Elle se tassa sur sa chaise.

— Le fait est que cette chose a tué Brad.

L'a fait rôtir, rectifia-t-elle *in petto*, mais elle ne dit rien.

— Exact.

Il se laissa à son tour tomber sur un fauteuil à roulettes et ils restèrent un moment assis, à regarder les couleurs vives, chatoyantes, des graphiques.

— Regardons tous les ensembles de données, dit-elle avec lassitude.

La compilation fut rapide. Elle pianota des commandes et les images spectrales furent remplacées par l'intensité totale de l'émission qu'elle mit en équation en fonction du temps.

— Hé, regardez ce qui se passe après une heure de l'après-midi, dit-elle.

A partir d'une heure de l'après-midi, la courbe montait régulièrement, puis elle décollait vraiment. D'après l'enregistrement, une pointe d'émission avait eu lieu à dix-huit heures sept.

— Hors des limites de l'épure, murmura Max.

— C'est l'explosion, c'est clair, dit-elle. Infiniment plus brillante que tout ce que nous obtenions jusque-là. Regardez : le système a disjoncté, par mesure d'autodéfense.

Le système électronique avait coupé les détecteurs, sans quoi ils auraient grillé.

— Ça a dû commencer à briller, dit Max.

Elle comprit ce qu'il voulait dire.

— Brad l'aurait remarqué, même s'il était ici à regarder les images digitalisées. Alors il a foncé jeter un coup d'œil sous la couverture opaque. Au lieu de m'appeler.

Elle comprenait parfaitement. Quand on faisait de la recherche, il y avait des moments privilégiés, magiques, où on avait l'impression de plonger au cœur même de la réalité. Ces moments étaient souvent réservés au regard solitaire, dans les périodes fluides, calmes, de concentration. Elle avait connu des instants de ce genre, et elle s'en souvenait avec acuité. Brad avait admiré quelque chose d'étrange et d'éclatant pendant ses derniers instants. Il était mort en savant, non d'un accident, mais à cause du danger irréductible qui accompagnait l'inconnu. Elle eut un étrange frisson.

Ils restèrent assis un long moment. Max finit par se lever et murmura :

— Qu'est-ce que vous allez... euh, leur dire, dehors ? Ils attendent.

Elle poussa un soupir. Fin de l'instant de calme. L'énigme scientifique avait miséricordieusement occupé son attention, lui procurant une sorte de répit. Maintenant, elle devait ressortir et répondre aux questions d'Onell, de Lattimer, de l'inspecteur Sturges...

— Attendez un peu. Pourquoi tout le monde laisse-t-il cet inspecteur poser les questions ?

— Parce que l'enquête policière passe avant tout, répondit-il d'un ton funèbre.

— Ils croient... ?

— Ils soupçonnent. Alors ils fouinent.

— Je suis suspecte ?

— C'est votre labo, répondit-il en haussant les épaules.

— C'est dingue !

— Bien sûr, mais ces types procèdent conformément à leurs méthodes.

— Je me demande ce qu'ils vont penser de cette histoire de raie d'hydrogène.

— Faites passer ça pour un accident technique, dit-il d'un ton confiant. Avec un peu de chance...

Elle se déshabilla et jeta ses vêtements dans le panier à linge. En défaisant, un peu estourbie, son chignon, elle sentit soudain l'odeur âcre qui collait à ses cheveux.

Elle prit une douche afin de se débarrasser de cette puanteur et se sécha les cheveux au séchoir, mais, même après, ils étaient toujours saturés de cette maudite odeur. Elle dut laisser le shampooing parfumé agir pendant dix minutes et prendre encore deux douches avant que l'odeur ne disparaisse vraiment. Enfin, c'était difficile à dire parce qu'elle s'efforçait désespérément de l'oublier.

Il était bien plus de minuit, et elle s'obligea à ne pas repenser aux dernières heures. Le seul bon conseil qu'on lui ait donné quand elle avait émergé de la salle de contrôle avec Max était celui que lui avait soufflé un avocat de l'UCI, qui avait été convoqué par Lattimer :

« Ne dites rien, et faites en sorte que ça ait l'air convaincant. »

Elle prit deux comprimés obtenus grâce à une ordonnance que lui avait procurée un type dont elle ne se souvenait plus que vaguement, bien qu'elle soit sortie avec lui plusieurs fois, il y avait quatre ans de ça. Elle n'avait pas réalisé jusque-là qu'on pouvait rencontrer un homme, le trouver bien, et qu'en un rien de temps, disons en une vilaine soirée au restaurant, tout pouvait tourner en eau de boudin. Enfin, au moins, elle en avait tiré ces pilules, ce qui était plus que ce que les autres — les très, très rares autres — lui avaient donné.

Les comprimés ne marchèrent pas du tout, et elle avait peur d'en prendre davantage. Le type d'il y avait quatre ans l'avait mise en garde contre ce risque.

3

Le lendemain fut un enfer comme elle n'en aurait jamais imaginé.

D'abord, pendant tout son cours d'introduction à la physique, elle eut l'impression de pratiquer le rétropédalage semoulaire. Ensuite, la commission de sécurité du campus revint inspecter le labo. Et puis des délégations de divers organes de la bureaucratie universitaire vinrent l'asticoter avec des questions auxquelles elle ne pouvait apporter que de rares réponses, toutes pitoyables. Chacun voulait des copies des carnets de labo, des fichiers informatiques, des listings. Une frénésie d'accumulation de documents et de dossiers, comme pour prouver que leur boulot, c'était du sérieux.

Ensuite, il y eut une réunion avec Onell et Lattimer, qui se comportèrent l'un et l'autre comme s'ils n'étaient plus que leurs titres — président et vice-présidente exécutive.

Pendant toute la réunion, elle essaya de comprendre ce qui était arrivé. Elle regarda les graphiques sur l'écran d'ordinateur plat, multicolore. L'intensité de la lumière émise par la sphère avait rapidement augmenté au cours de l'heure qu'elle avait passée dans le bureau de Lattimer.

Brad avait dû voir la lumière. La fréquence d'émission était au-delà du visible, mais il y avait de faibles radiations dans le bleu. Brad devait être en train d'observer la sphère, s'était demandé pourquoi elle brillait, était venu voir ça de plus près...

Et il y avait eu l'éclair. D'après le spectre, l'émission se poursuivait jusque dans les rayons X. Cela seul aurait suffi à le tuer, mais il y avait suffisamment d'ultraviolets pour y arriver.

Puis l'émission diminuait subitement. Elle sortit les paramètres temporels.

Exponentiels. La fréquence d'apparition de la raie de recombinaison de l'hydrogène commençait à décroître et la température du spectre global chutait.

Elle écarta la couverture opaque et s'aventura dans le petit espace confiné, plongé dans les ténèbres. Les gens de la sécurité avaient ajouté des bâches protectrices. Comme ça, ils étaient sûrs que si la sphère recommençait à émettre des radiations, elles seraient étouffées par des couches de matériau ininflammable. Ils parlaient déjà d'ériger un mur de béton armé tout autour...

La sphère était invisible dans le noir. L'intensité chutait régulièrement et était déjà redescendue dans l'invisible quand elle avait regagné le labo et trouvé Brad, une trentaine de minutes après l'éclair. Elle se pencha dans l'aimant en U et joua des narines. Pas d'odeur d'ozone non plus.

Elle pensa aux idées de Max. Beaucoup d'hypothèses et peu de vraies réponses.

Max revint le lendemain et l'aida à passer l'épreuve de l'enterrement de Brad. Jill se porta volontaire aussi, mais Alicia pensait que la cérémonie serait déjà assez pénible et ne voulait pas compliquer les choses.

Brad Douglas était originaire d'une petite ville qui n'était plus maintenant qu'une extension de Riverside. Ses parents étaient des gens sans histoire, à l'air usé, et elle ne put réussir à briser le silence qui les entourait. Ils étaient raides, polis, et ne lui demandèrent rien. D'une certaine façon, c'était pire que tout ce qu'elle avait envisagé.

La cérémonie avait lieu au funérarium Gremlich, à cinq rues de l'autoroute 55. Ce choix lui parut curieux, jusqu'au moment où elle alla aider Mme Douglas à préparer à manger, dans la cuisine, pour la réception. Elle vit le calendrier sur le mur.

— Oui, dit la mère de Brad. Ils nous en envoient un tous les ans.

Il venait du funérarium. Tous ces calendriers gratuits avaient fini par payer.

Il faut dire que ce Gremlich connaissait son métier. L'assistance devait passer devant le cercueil, et on ne pouvait pas faire autrement que d'admirer son travail. Elle passa un moment épouvantable en imaginant Brad, même après ce que le docteur de l'hôpital avait appelé « d'énormes travaux de chirurgie reconstructrice ». En le voyant ainsi, en plongée, elle ne put s'empêcher de penser qu'elle voyait un modèle géant de ces poupées que les gens faisaient avec des pommes sèches...

Elle se détourna en se rendant soudain compte qu'elle était plantée là depuis... depuis combien de temps ? Absurdement, le cercueil bleu métallisé lui rappela une Mercury de 1950.

Un pasteur parla pendant un moment interminable, ou qui lui parut tel. Il commença par faire l'éloge du cadavre et aborda des sphères plus élevées, le sens de l'existence, et ainsi de suite. Beaucoup d'implications morales, de règles de vie, de leçons à tirer. Il avait une façon exaspérante de sourire toutes les deux ou trois phrases. Elle croisa les bras et se dit que la mort était l'une des rares fonctions biologiques que ce genre de religion semblait approuver.

Quand elle essayait de repenser à Brad, à sa façon de vivre, elle n'arrivait à se rappeler que son travail, ses ambitions. Elle constata tristement qu'elle ignorait à peu près tout de lui. Peut-être que si elle l'avait mieux connu, elle aurait compris quelle rivalité les opposait, Zak et lui. Elle aurait deviné qu'il pouvait conserver des données pardevers lui. Elle aurait peut-être été là quand l'éclair de lumière bleue s'était produit, elle l'aurait obligé à s'écarter...

A en croire le pasteur, le mort avait des qualités fort ennuyeuses, mais pour Alicia, à la lumière éclatante de ses propres vices, ces vertus se réduisaient à rien.

Ils n'avaient nulle part où aller après la cérémonie. Ils reprirent l'autoroute 55 et s'arrêtèrent, sans se concerter, au labo de l'UCI, comme si une force les y attirait. Ils savaient bien ce que c'était. Max tira son attaché-case du coffre de la voiture, un vrai baise-en-ville bourré de papiers et de son ordinateur portable.

Elle entreprit de réunir tout ce qu'elle avait appris. Il attendit en se grattant distraitement le menton, apparemment absorbé dans un monde à lui. C'était un bel homme dans le genre compact, aux traits ciselés dans un visage qui semblait n'avoir pas rencontré beaucoup d'embûches au cours de sa traversée de l'existence. Les dévots de la théorie étaient souvent comme ça, enfantins dans leur fascination pour le jeu complexe des idées, indifférents aux frictions de la réalité.

Quand elle en eut assez et pensa à partir, peut-être à appeler Jill et à aller quelque part, Max dit prudemment :

— J'ai réfléchi, de mon côté...

— Ça m'aurait étonnée... Encore des théories ?

— Vous détestiez tellement l'idée du trou de ver, dit-il avec un grand sourire.

— Brad aussi, pour autant que je me souvienne.

— En effet. Son scepticisme me manquera. Nous en aurions bien besoin.

— J'ai l'impression qu'il va m'en falloir un paquet d'ici peu.

Il fallait lui reconnaître ça : il se contenta de sourire à nouveau. Ils restèrent un long moment assis dans la lumière blanche, froide, du hall, à se regarder d'un air désolé. Puis il commença prudemment à aborder ses idées par la tangente. Le vaisseau de la théorie pouvait voguer sur des océans d'espoir et de grandeur mathématique, mais seules les données avaient le pouvoir de gonfler les voiles. Maintenant Max avait plus d'informations sur la sphère qu'il ne l'aurait jamais espéré. Comme ces météorologues qui prévoient les évolutions climatiques avec plus de fiabilité que le temps du lendemain, il repartit de ce qui avait déjà été fait.

— Je cherchais les idées des précurseurs, dit-il. J'ai rapidement scanné la base de données à la recherche des mots clés — « macroparticules », « quarks », « gluons »,

« plasma » — et je n'ai rien trouvé d'utile, conclut-il d'un ton d'excuse, un coin de la bouche incurvé selon une expression d'autodérision.

Il avait les traits tirés, l'air las. Elle se rendit compte qu'elle avait probablement encore plus mauvaise mine.

— Alors je me suis rabattu sur ma propre réflexion. J'ai eu une autre idée dingue...

— J'ai besoin de vraies réponses, dit-elle en s'efforçant de trouver de la force quelque part. Euh, assez dingue pour être vraie ?

— C'est probablement impossible. Ça vous va ?

— Ça fera l'affaire. Allez-y, fit-elle en s'obligeant à sourire, avec un piètre résultat.

— Je crois que c'est un trou de ver, mais il ne mène pas dans un autre endroit de notre espace-temps.

— Je n'adhère pas encore à cette idée de trou de ver, et maintenant vous voulez l'étendre à...

— Un espace-temps complètement distinct.

— Comment ça ?

Max tira une liasse de photocopies de son attaché-case.

— J'ai regardé ce qu'Alan Guth avait écrit avec une bande de types vers 1990. Des trucs étranges, mais qui pourraient coller.

— Un espace-temps distinct, hein ?

— Oui. Supposez que nous remontions à la seconde qui a suivi le big bang. Pour y arriver, vous auriez besoin d'environ 10^{89} particules élémentaires : des protons, des électrons, des neutrons, des photons, des neutrinos. Ça fait beaucoup. Maintenant, imaginez la période antérieure, avant que l'univers se dilate, avant qu'il amorce vraiment son expansion. Il suffit d'imaginer une région de faux vide...

Elle connaissait, depuis la prépa au moins, le scénario standard de l'univers primitif, dont les physiciens des particules avaient fourni les éléments à la cosmologie il y avait des dizaines d'années de ça. C'était devenu aussi conventionnel que le récit de l'évolution du rock'n'roll depuis la musique pop américaine jusqu'à la musique psychédélique en passant par l'invasion britannique, pour sombrer dans un lent déclin. Ça commençait par une minuscule région, excitée — inutile de se demander pourquoi — à un niveau d'énergie supérieur. D'après la théorie de la grande unification de la génération précédente, il avait suffi d'une tête d'épingle de 10^{-28} centimètres de diamètre de faux vide, renfermant un unique gramme de masse condensée. Autrement dit, à peu près rien. Mais cette matière était comprimée à une densité 10^{80} fois supérieure à celle de l'eau. Au-delà de la portée de tous les techno-trucs imaginables.

— ... ainsi, un faux vide pourrait se former, disait Max. Il pourrait surgir du nôtre en un instant, comme une hernie...

— Euh, une hernie ? releva-t-elle avec une grimace sceptique.

Elle avait du mal à suivre sa terminologie, c'était un problème qu'elle avait souvent avec les théoriciens. Il avait généré des courbes informatiques et il en avait réalisé un tirage qu'il avait légendé à la main. Elle essaya de comprendre comment le faux vide formait un « mur à bulles » dans l'espace ordinaire, qui était le « vrai vide », celui où ils vivaient.

— Oui, un col est une indentation dans notre espace-temps, qui est le « vrai » vide. Cette fistule représente un faux vide, une poche qui se creuse très vite. Ce croquis exprime aussi une vérité géométrique. Une fois que la bulle de faux vide... ici, dit-il en hachurant le bulbe qui se trouvait à la base de l'entonnoir de l'espace-temps, a la place de se mouvoir, elle peut grandir sans occuper de volume dans notre espace-temps.

L'expérience lui avait appris que le meilleur moyen de suivre une théorie était de la décortiquer et de ruminer chacun des morceaux au point d'en avoir une impression physique.

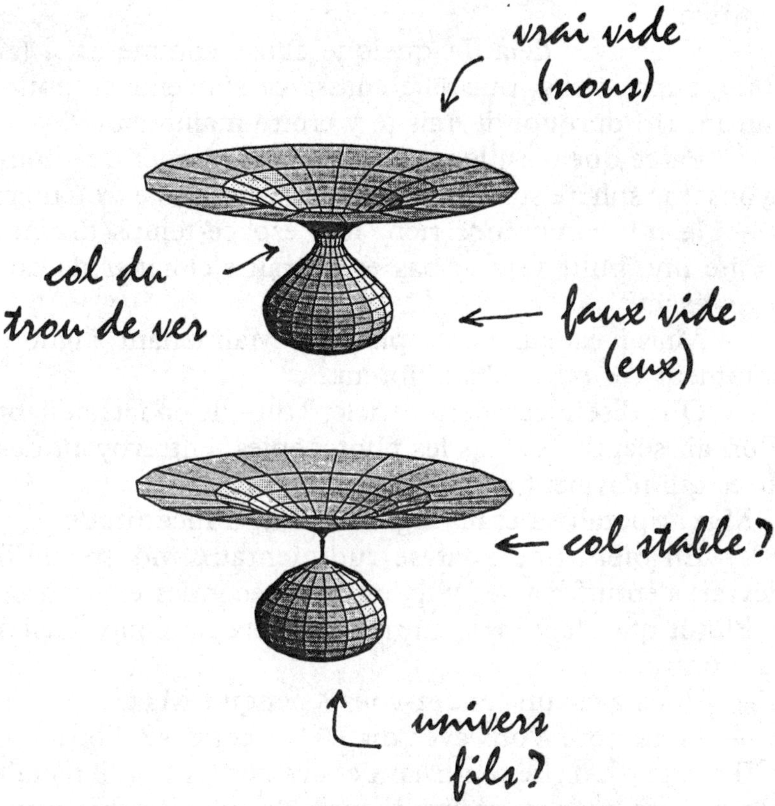

— Alors le faux vide forme un nouvel espace en se dilatant, dit-elle.

— Exactement. Un nouvel espace. Très important, ça. Il ne se dilate pas forcément à nos dépens.

— Ce lien qui nous relie à la bulle, vous voulez dire que c'est...

— L'un des bouts est une sphère, dans notre espace-temps. Une classe de trous de ver que personne n'a encore vraiment analysée.

— Pourquoi est-elle solide?

Retour à la case départ.

— Parce que l'espace-temps particulier, comprimé, qui constitue ce lien est une sorte de substance d'une dureté inconcevable. Elle ne laisse passer que la lumière.

— Vous avez déjà dit quelque chose comme ça... (*A Brad*, pensa-t-elle, puis elle chassa ce souvenir en poursuivant :) Pourquoi devrais-je y croire maintenant ?

— Parce que c'est le seul moyen d'expliquer que nous ayons une sphère stable ici, et pas un minuscule trou noir.

— Je n'y comprends rien. Cet espace-temps distinct forme une bulle vers le bas et devrait s'éloigner davantage, exact ?

— Mais il est aussi en expansion. Maintenant, j'ignore comment ces effets s'équilibrent.

— Que disent ces vieux articles ? dit-elle en farfouillant d'un air sceptique dans les photocopies, entrevoyant des titres qui n'avaient pas de sens pour elle.

Max tripotait sa craie, signe évident d'incertitude.

— Eh bien, une analyse rudimentaire montre qu'il devrait s'étouffer assez vite, en 10^{-37} secondes environ.

Plutôt que de lui rire au nez, elle jeta un coup d'œil à sa montre.

— Vous avez un rendez-vous ? s'enquit Max.

— Non, non. Vous avez dit 10^{-37} secondes ? Top !

Il éclata d'un rire tonitruant et elle comprit qu'il n'était pas à l'aise avec sa propre théorie et quêtait son approbation. C'était étrangement touchant en soi, mais elle s'en tint à la physique :

— De quoi aurait-il l'air avant de disparaître au bout de ces 10^{-37} secondes ?

Il continuait à se dandiner en jouant avec sa craie.

— D'après les calculs standard, il devrait ressembler à un trou noir infinitésimal. Il irradierait son énergie selon une émission de Hawking en 10^{-23} secondes environ. Ça ferait l'équivalent d'une explosion d'une mégatonne.

— *Waouh !* Eh bien, mon vieux, ce ne sont pas les invraisemblances qui arrêtent les théoriciens de votre espèce !

Elle réprima un sourire. Alors comme ça, même si Dieu

faisait un univers pareil, la théorie montrait qu'il disparaîtrait à jamais dans les égouts cosmiques en 10^{-37} secondes. Ça lui rappelait une réplique d'un vieux film où Woody Allen disait que si Dieu existait, au moins Il n'était pas méchant. Le pire qu'on pouvait dire, c'était qu'Il n'allait pas au bout de ses créations.

Max poursuivit sans se laisser démonter :

— Ah, quand même ! Ce résultat laisse la possibilité d'entretoises miracles, le genre de régions à densité d'énergie négative dont j'ai déjà parlé. Si elles sont en place, alors le trou noir ne se forme pas. A la place, nous obtenons une nouvelle classe de trous de ver, maintenus ouverts par la tension de ces étais de densité d'énergie négative.

— Pourquoi ne pas dire tout simplement que ce sont les anges qui les maintiennent ouverts ?

Il poussa un soupir et secoua mélancoliquement la tête.

— Je sais que ça peut paraître fumeux. Mais nous avons ici un objet concret, observable, une chose faite de plasma de quarks et de gluons. Personne n'a jamais *prouvé* qu'une zone à densité d'énergie négative de la taille idoine — aussi grosse que cette sphère — était une impossibilité.

— Comment les collisions d'uranium du RHIC auraient-elles pu produire ça ? demanda-t-elle.

— L'effet tunnel, répondit Max.

Elle cilla. Un système quantique pouvait effectuer un saut d'un état donné à une configuration complètement différente, même quand les règles classiques de la conservation de l'énergie ne le permettaient pas. C'était un exercice qu'elle avait fait en fac : calculez au bout de combien de fois un prisonnier fonçant sur un mur pouvait, selon la mécanique quantique, fuir par un « tunnel » à travers le mur. C'était de là que la presse populaire avait tiré le terme « saut quantique », qu'elle utilisait à tort et à travers, comme d'habitude.

Elle se rappelait avoir résolu le problème et s'être étonnée de la simplicité de la réponse. En fait, les chances du prisonnier dépendaient de façon exponentielle de l'épaisseur du mur, et étaient donc infiniment restreintes, à moins que le mur ne soit si fin qu'il aurait pu passer le doigt à travers, de toute façon. Et pourtant, théoriquement, en se jetant dessus sans discontinuer, il finirait par le traverser, quelle que soit son épaisseur. Ça prendrait peut-être un milliard d'années, mais théoriquement...

— Voilà comment je vous propose de voir les choses, reprit Max. L'effet tunnel signifie qu'un système peut « explorer » des domaines énergétiquement non autorisés de la configuration spatiale classique. Si un minuscule faux vide s'amorce, il peut emprunter un tunnel vers un autre espace-temps, très différent, tant que cet état final est lui-même autorisé par la relativité générale...

— Pour que j'accorde foi à une théorie aussi tirée par les cheveux, il faudrait que vous me fournissiez des calculs solidement étayés !

Elle s'assit sur une paillasse de labo, savourant ce moment de spéculation, mais à peu près sûre qu'il ne les mènerait nulle part. Elle sentait revenir ses propres doutes au sujet de Max, bien qu'au cours des derniers jours il se soit révélé un ami fiable.

Il secoua vigoureusement la tête, ses cheveux tournant autour d'un épi.

— Impossible. Ça exigerait une théorie complète de la gravité quantique qui n'existe pas. Ce qui s'en rapproche le plus est un patchwork de théories par trois types du MIT...

Il lui lança un gros article intitulé « Peut-on créer un univers en laboratoire grâce à l'effet tunnel ? » signé Edward Fahri, Alan Guth et Jemal Guven, paru en 1990 dans *Nuclear Physics*, une publication sérieuse. Une preuve de poids, mais elle n'était pas du genre à se laisser impressionner par les longs articles théoriques. Pour elle, si une idée était vraiment bonne, on pouvait l'exprimer simplement et brièvement — et ça valait mieux, si le théoricien espérait toucher un public au-delà de ses confrères rédacteurs.

— Vous y croyez ? demanda-t-elle avec un froncement de sourcils dubitatif.

— Je crois que les calculs ouvrent la porte à un tas de possibilités. Regardez ça (un autre article, signé par Alan Guth tout seul, cette fois). Je cite : « S'il existe un faux vide avec une densité d'énergie proche du quantum d'action de Planck, ce que rien n'exclut dans l'état actuel des connaissances, alors la probabilité de l'effet tunnel serait de l'ordre de un... » C'est le résultat du calcul.

Dans une rognure d'ongle de temps, juste après le big bang, elle savait que la matière était fortement comprimée, à une densité voisine de la constante de Planck. A cet instant, la gravité ne formait avec les autres forces qu'une seule immense métaforce, et la Création avait les mains libres. L'énergie de Planck était comparable à l'énergie chimique d'un réservoir de voiture plein d'essence concentré dans une unique particule. Elle supposait qu'un tel état quantique était possible, mais...

— Et alors ? Ça ne dit pas qu'un accident au RHIC aurait...

— Non, c'est autre chose qui le prouve. Vos données, lâcha-t-il en quittant l'appui du tableau pour s'approcher d'elle.

— Comment ça ?

— Cette raie de recombinaison de l'hydrogène. Vos détecteurs ont saisi l'instant où les électrons et les protons se sont mis en ménage, produisant de l'hydrogène.

— Ce qui voudrait dire... ?

— La sphère est une fenêtre donnant sur un univers entier, qui vient juste d'être créé.

— Un univers entier... ? répéta Alicia en fronçant les sourcils.

— Votre « mini bang » a créé un minuscule espace-temps distinct. Pas vide, mais avec une masse, tout comme le nôtre. Et puis il a amorcé son expansion. C'est pourquoi vous continuez à obtenir ce spectre de corps noir chaud. Ce mini-univers était en expansion et se refroidissait, mais la radiation continuait à être réabsorbée par la matière. C'est ce qui a donné le spectre simple. Quand le mini-univers est devenu assez grand, la matière s'est raréfiée, la radiation s'est refroidie. Dès que les choses se sont calmées, les électrons ont rencontré les protons, ils se sont agglutinés, et l'annonce du mariage a été une explosion de photons...

Elle y voyait plus clair, à présent :

— C'est ce que nous détectons dans notre ciel nocturne ? Les radiations résiduelles, qui ricochent dans l'univers depuis la formation des atomes ?...

— Exactement. Quand elles ont été émises, il faisait assez chaud : 3 000 degrés. Ça s'est refroidi depuis, et maintenant, ce ne sont plus que de faibles micro-ondes dans notre ciel. Nous ne voyons plus du tout la raie de recombinaison de l'hydrogène. Elle est masquée par les infrarouges des nuages de poussière. Mais vous l'avez vue, ici même, émaner de cette sphère.

— Ecoutez, je ne me souviens plus très bien de mes cours de cosmologie, mais je me rappelle que la matière s'est combinée en hydrogène longtemps après le big bang...

— Pour nous, acquiesça-t-il. Vous avez raison en ce qui concerne la période au cours de laquelle l'hydrogène s'est formé. J'ai vérifié. Beaucoup de choses suspectes se sont passées à ce moment-là. Par exemple, à l'époque, la densité d'énergie de la lumière était à peu près égale à la densité d'énergie de la masse. Quand la lumière a perdu le combat contre la matière et que les atomes ont été libres de se former, l'autre côté de la fenêtre que nous avons ici a pu être affecté.

— Quand est-ce arrivé ? demanda-t-elle, pas décidée à le laisser éluder la question.

— Dans notre univers, répondit-il comme à regret, la

radiation résiduelle s'est formée près de quatre cent mille ans après le big bang.

Elle sentait toujours quand un théoricien esquivait un point crucial.

— Ça fiche votre théorie par terre, non ? La sphère n'a que quelques semaines d'existence.

— C'est vrai, fit-il en lançant sa craie dans la réglette sous le tableau noir. Nous avons encore bien des choses à apprendre. Si cette sphère est un judas qui nous permet d'observer un univers, alors le temps passe plus vite de l'autre côté.

Elle écarta la question du temps d'un geste désinvolte et regarda, tandis que toutes ces idées bouillonnaient en elle, la sphère qui luisait d'une lueur douce, inoffensive.

— Un univers entier ? Et nous aurions une fenêtre qui donnerait dessus ?

— Ouais, une fenêtre maintenue ouverte par la tension de la densité d'énergie négative. Qui recommencerait notre histoire, mais plus vite.

— Combien de fois plus vite ? insista-t-elle, encore mal à l'aise avec cette idée.

— Euh... il faudrait que j'y travaille.

Sa fragile assurance céda. Il haussa les épaules. La théorie dans ces royaumes élitistes était aussi fragile qu'une aile de papillon, et son vol était soutenu par l'audace.

— Il vaudrait mieux que nous sachions de quoi nous parlons, dit-elle d'un air indécis.

Il lui jeta un sourire chancelant.

— Nous ne pouvons pas consulter des experts, il n'y en a pas.

Elle repéra sur son visage un sentiment qu'elle ne connaissait que trop, le sentiment de travailler sur des problèmes complexes et de leur laisser occuper tout l'espace disponible en soi, ne laissant aucune place au monde anodin des gens et des blagues. Ça impliquait de vivre en proie à une terrible incertitude, non seulement le problème central évident, mais aussi la crainte de se tromper du tout au tout, de se poser la mauvaise question sur la réalité, et de n'obtenir de Mère Nature que la non-réponse qu'on méritait.

Quelque chose dans le balancement de ses épaules, une confiance inconsciente, l'émut. Et s'il avait raison ? Elle était épuisée, vidée, prête à se raccrocher à un fétu de paille, peut-être, mais... elle *voulait* que ce soit la vérité. Pour que la mort tragique de Brad — *dans la brûlure du soleil de la Création*, se dit-elle, désorientée — soit en quelque sorte équilibrée par la naissance d'un nouveau...

— Un cosmos... ? On peut dire ça ? dit-elle en regardant la sphère masquée avec un mélange d'émerveillement et de crainte, une sorte de vénération.

— Non, il faut l'appeler autrement. Le cosmos est grand. Ça, c'est petit. Un jouet... reprit-il en regardant la chose silencieuse, mortelle. Sa dureté... Nous observons peut-être une sorte d'horizon événementiel durable, qui ne laisserait pratiquement rien passer, que des photons épars. Peut-être les UV se sont-ils assez dispersés pour passer à travers un minuscule espace-trajectoire...

— Ce ne sont que des idées en l'air, soupira-t-elle.

— Quand on a un doctorat de physique, ça s'appelle des hypothèses, pas des idées en l'air.

Elle sourit sans répondre, regarda l'aimant en U et ce qui se trouvait entre les pôles, caché, latent, et soudain étrangement inquiétant.

Max continuait bravement.

— En tout cas, ça ne laisse rien passer de solide. On pourrait donner des coups de poing dessus.

— Sauf que ça ne sonne pas le creux. Ça absorbe les ondes acoustiques. On devrait peut-être essayer de le mesurer ?

— Absolument. Mesurons tout. Tout peut avoir de l'importance. On pourrait peut-être dire, en faisant un emprunt à la théorie de la gravitation, que c'est une nouvelle sorte d'horizon événementiel.

— Du jargon de théoricien, non ?

— Hmm, exact. Un espace-temps de poche qui s'ouvre néanmoins dans sa propre géométrie, sur les mêmes structures que le nôtre, ajouta-t-il en suivant son regard braqué sur la couverture qui enveloppait la sphère.

— Ouais, mais « cosmos » paraît un peu grandiloquent.

— Peut-être qu'un nom un peu moins revendicateur... ? dit-il d'un ton hésitant.

— Et si on disait « Cosm », en abrégé ?

— Hmm, fit-il en étrécissant ses yeux gonflés, puis en hochant la tête. C'est mieux que tous les termes mathématiques avec lesquels j'ai jonglé...

— Un Cosm, donc.

Ça lui paraissait en quelque sorte approprié.

4

— Papa ? J'ai des ennuis.

Ce n'était pas un coup de fil très agréable, mais Jill l'avait tannée jusqu'à ce qu'elle cède.

— Je sais, chérie, dit-il d'une voix lente, circonspecte, plus grave que dans son souvenir. Un ami est tombé sur un article du *Register* et me l'a faxé.

— Je regrette que l'université ait prévenu la presse.

— Un article de moyenne importance, en première page de la rubrique « Société ». Que du concret, aucune spéculation sur la cause de la mort. Je trouve que tu t'en sors bien.

La rapide énumération de remarques professionnelles la rassura.

— Nous ne connaissons pas vraiment la cause de la mort, papa, dit-elle prudemment.

— Tu as bien quelques idées quand même, avança-t-il, un ton plus haut, sa voix pour la faire sortir de sa réserve.

— Ecoute, tu pourrais venir dîner, ou je ne sais pas ?

Et voilà, c'était dit. Il lui était déjà arrivé de faire appel à lui, sans préavis, pour des problèmes beaucoup moins sérieux.

— Ce soir ?

— Tu pourrais ? demanda-t-elle d'une voix vibrante, le cœur battant la chamade.

— Je t'enverrai un e-mail de l'aéroport San Jose pour te prévenir de mon heure d'arrivée.

Elle avait partagé son temps, ce jour-là, entre les heures de réception de ses étudiants de 3B, les conversations avec Max au labo et les palabres avec les services de sécurité. Elle alla chercher son père à l'aéroport John Wayne juste avant l'heure de pointe. Il sortit du terminal dans un costume gris, bien coupé, qui mettait en valeur sa peau sombre, balançant élégamment son sac de voyage. Il avait l'air d'avoir minci. Il portait une cravate qu'elle lui avait offerte des années auparavant pour son anniversaire, et elle se demanda s'il l'avait fait exprès, ce qui aurait été un geste délicat, mais elle se dit qu'il serait malavisé de lui poser la question.

— Tu as l'air en forme, dis donc ! fit-il avec un grand sourire en s'asseyant à côté d'elle pour lui planter un baiser sur la joue.

Il parlait une langue châtiée, parfois précieuse. Elle se rappelait l'avoir entendu imiter les Noirs cultivés qui essayaient de parler la langue de la rue, de dire « mama » au lieu de « maman », « hey, man », « là dis donc, brother ». Le parler du ghetto. Il était tout le contraire, policé et précis, à l'aise partout. Elle était tellement mal dans sa peau pendant ses années d'école qu'elle espérait qu'un peu du lustre paternel déteindrait sur elle, une sorte de dorure par contagion. Maintenant, elle aurait eu bien besoin qu'il lui communique une partie de son calme.

Ils entrèrent dans le jeu habituel, se demandant des nouvelles de la famille, et qui faisait quoi. Elle avait appris depuis longtemps que, du point de vue paternel, une des branches de la famille ne valait rien. C'étaient des gens qui n'apprenaient qu'à coups de pied dans le derrière. Il les ignorait alors que la branche comme il faut avait droit à tous les égards. Il la régalait de ses histoires. Dans cette branche, on ne manquait une journée d'école que si l'on pleurait des larmes de sang, on s'habillait bien, on se coiffait correctement, et non seulement on ne perdait pas son but de vue mais on *était* le but.

Sur la route qui menait à Laguna Canyon, elle risqua une question sur Maria, sa femme depuis deux ans, et il répondit :

— Je pense toujours qu'il vaut mieux que vous ne vous revoyiez pas avant quelque temps.

— Ça fait déjà deux ans, répliqua-t-elle.

Il manifesta sa surprise et elle comprit que rien n'avait changé. C'était mal parti depuis le début entre Maria et elle, et elle n'avait jamais réussi à redresser la barre. Maria avait une compulsion à organiser verbalement le monde en fonction de ses critères étroits ; en pratique, ça voulait dire qu'elle avait toutes sortes de théories sur le comportement des femmes noires, et c'était autant de trop pour Alicia.

— Tu sais, Aleix, ça peut prendre du temps, dit-il d'un ton étudié.

Elle avait troqué l'Aleix trop africain à son goût pour Alicia en entrant à l'université, nouveau départ et tout ça. A sa naissance, ses parents étaient dans le trip Recherche des Racines Noires, puis ils avaient rapidement fait marche arrière. L'évolution politique de son père avait suivi une trajectoire qui l'avait éloigné de ce qu'il appelait, dans un de ses éditos : « Le narcissisme des différences mineures ». Il avait approuvé qu'elle abandonne l'Aleix-clin-d'œil-à-l'Afrique, remarquant seulement qu'à l'époque sa pensée se bornait à la rumination de nourriture ethnique et de contes folkloriques.

Il l'avait étonnée en écrivant une série de chroniques sur son émergence, sur la façon dont il avait surmonté son deuil, après la disparition de sa femme — la mère d'Alicia —, morte dans un accident de la route, et même sur elle. C'était pendant sa longue marche de renonciation à « la négritude obligée », selon ses propres termes. Il en avait fait une sorte de thèse sur l'inanité de conserver des costumes et des mets traditionnels d'un pays où on n'avait seulement jamais mis les pieds. Il s'était élevé contre un groupe noir qui revendiquait de brandir des « armes culturelles » lors des réunions politiques, arguant qu'elles représentaient un héritage culturel précieux qui devait être au-delà des critiques. Tom Butterworth (« Oncle Tom » pour ses ennemis, bien sûr) avait rétorqué que bannir les lances ne constituait en rien une attaque contre leur culture, dans la mesure où ce qu'ils en savaient, tous autant qu'ils étaient, c'était par quel bout elles piquaient. Cette série de chroniques, réunies en volume, avait remporté le prix Pulitzer. Cet homme de la nouvelle gauche libertaire (un oxymoron, mais passons), critique social, spécialiste occasionnel des puissants, gagnait sa vie en portant des jugements. Elle en aurait bien besoin.

Tout ça lui assombrit l'humeur jusqu'à ce qu'ils se retrouvent sur la plage, près de son appartement. On avait du mal à se concentrer dans cette splendeur ensoleillée. Le croissant paresseux de la côte, malgré ses languides adorateurs du soleil, était un champ de bataille. Des yeux en mouvement incessant comparaient des cuisses minces, des pectoraux en plaque de chocolat, des ventres plissés. Des corps avides de public. Tout autour d'eux s'agitaient les adeptes frénétiques du nouveau narcissisme, les consommateurs avides de la santé en tant que commodité luxueusement emballée : la chirurgie esthétique et les régimes pour les rides superflues et autres imperfections de la peau ; le laser pour restaurer la vision ; des tonnes de pilules pour supprimer la douleur, accroître l'énergie ; le génie génétique pour remédier intelligemment aux maladies chroniques et créer des enfants sans défaut. Restez mince, vivez bien, vivez toujours. Et elle n'arrêtait pas de penser au visage massacré qu'elle avait trouvé par terre, dans le labo...

Elle inspira profondément, plusieurs fois, et prit la main de son père. En phrases hachées, elle lui raconta toute la sordide histoire, et il hocha la tête et marmonna des paroles de sympathie, rien de plus. Elle s'attendait à ce qu'il soit pétrifié par l'idée maîtresse, l'univers dans un carton à chapeau, mais il l'accepta sans ciller. Son calme était exaspérant.

Ils avaient depuis longtemps quitté la longue plage principale et gravi la pente qui menait à Heisler Park. Ils flânèrent le long des arches rocheuses, évidées, de la côte, le paternel, la tête levée pour regarder les palmiers, le panorama, elle, tête basse, comme si elle se méfiait des endroits où elle mettait les pieds. Il admirait les surfeurs que les vagues plaquaient contre les rochers, dans l'écume mousseuse, cillait en imaginant les chocs qu'ils encaissaient.

— C'est Bernie Ross qu'il te faut, dit-il enfin, calmement.

— Qui c'est?

— Un avocat. Un bon. Il connaît ce genre de problème.

— Et quel genre de problème ai-je?

— Management des médias. Si dix pour cent de ce que tu dis de cette chose (la main tendue, paume en l'air, puis un rapide éclair de dents blanches, égales, dans un sourire éclatant) est vrai — et je ne doute pas de tes compétences professionnelles, cocotte —, eh bien, tu ne pourras pas garder ça pour toi.

— Bien sûr que si. Jusqu'à ce que nous obtenions de meilleurs résultats, les moyens de pouvoir vraiment...

— Tu n'as pas une chance d'y arriver.

— Je n'ai pas l'intention de publier ou de donner une conférence de presse avant de...

— Deux semaines, point final.

Elle éprouva un soupçon d'agacement, se reprit avant d'ouvrir la bouche.

— Ce sont mes recherches. Personne, ni Brookhaven, ni l'UCI, ni...

— L'UCI suffira. Il faudra bien que tu leur dises quelque chose.

— Peut-être une commission confidentielle. C'est tout.

— Tu te rappelles le scandale des ovules, à l'UCI, il y a une dizaine d'années ? Combien de temps c'est resté secret ?

— D'accord, mais il y avait un scandale, si j'ai bonne mémoire.

— Il y a déjà un mort dans ton histoire.

— C'était un accident, précisa-t-elle d'une voix entrecoupée.

— L'information veut être libre — tu te souviens de cette vieille rengaine ? Il y a une certaine vérité là-dedans, sauf que c'est le contraire. Ce n'est pas une économie basée sur l'information — nous sommes noyés dedans —, mais sur l'attention. C'est pour ça que tout le monde se bagarre. Moi, j'ai un petit bout de l'attention du public, on lit mes éditos. Alors je connais le territoire. Que n'importe lequel de mes estimés collègues ait vent de ce que tu tiens, et tu les auras tous sur le dos.

— Je n'ai pas envie qu'ils fouinent dans mes affaires.

— Non, mais eux si. Alors ils t'utilisent.

— Tu exagères.

— Je veux qu'un bon avocat s'occupe de toi. Je n'ai aucun doute : l'UCI finira par se retourner contre toi. Ils ne sont pas au-dessus de ça. C'est ce qu'ils ont fait avec les docteurs du scandale des ovules, alors que personne n'a jamais prouvé qu'il y avait matière à le faire.

Elle comprenait, maintenant ; il lui proposait une solution toute faite, le schéma mâle classique, avant d'avoir compris ce qu'elle voulait.

— D'accord. Dis à ce Ross de m'appeler.

L'échappatoire classique, en douceur.

Il eut un hochement de tête satisfait.

— Maintenant, il faut qu'on parle de ce sacré truc. Et de la façon dont ma petite fille va s'en sortir.

— D'accord, dit-elle joyeusement.

Il l'embrassa affectueusement, sourit, et ils repartirent. Il admira la côte dorée qui se perdait dans un voile bleu, à l'horizon, la splendeur sans apprêt de la côte Sud, et elle vit les ennuis approcher sous la forme de Max. Il marchait rapidement sur le sentier de béton en agitant la main, indifférent à toute cette beauté.

— Salut ! Désolé de vous déranger, dit-il rapidement en arrivant près d'eux. Je vous ai ratée à l'UCI, je voulais jeter un coup d'œil aux premières données. Le gardien de la résidence a dit que vous étiez partie faire un tour.

— Vous avez regardé les notes, au labo ? répliqua-t-elle, un peu perturbée par sa soudaine apparition.

— Il n'y a pas grand-chose. Ça ne recouvre pas l'ensemble de vos travaux, pour autant que je puisse en juger.

— Le reste est chez moi, dit-elle. Oh, papa, je te présente Max Jalon...

— Tom, répondit son père.

Les deux hommes se serrèrent la main, avec une certaine raideur, chacun zyeutant l'autre, murmurant les banalités d'usage. Max félicita le paternel pour sa chemise, le premier signe de conscience vestimentaire qu'elle ait jamais observé chez lui, et ledit paternel encaissa avec une moue dubitative. Max essayait-il de se le mettre dans la poche ? Etait-il impressionné par sa modeste notoriété ? Cette idée la laissait rêveuse.

Max articula encore quelques phrases convenues alors qu'ils repartaient tous les trois vers le centre-ville, des mouettes criaillant au-dessus de leurs têtes comme en hommage à la gloire du soleil couchant. Ils s'arrêtèrent pour regarder le disque solaire se déformer en un ovale orange, effet de la réfraction, Max ne cessant de parler, expliquant avec un luxe de détails inutiles comment il avait fouillé le labo, alors que les gens de la sécurité de l'UCI procédaient à des mesures d'une espèce ou d'une autre.

— Quelles mesures ? Ils devaient juste placer les scellés sur la porte.

— Ils ont refusé de me laisser entrer jusqu'à l'arrivée de leur chef, qui m'a donné le feu vert. On aurait dit qu'ils vérifiaient les disques durs de vos ordinateurs de diagnostic.

— Ils pirataient mes données !

— Ça y ressemblait bien. Je le leur ai demandé, mais ils n'ont pas voulu me répondre. En réalité, ils m'ont envoyé promener, ils m'ont dit d'aller voir je ne sais qui à l'autre bout du campus. J'ai préféré venir ici.

Alicia hocha la tête, chagrinée d'avoir quitté l'UCI sans penser à Max, qui travaillait à la bibliothèque. Le paternel lui demanda, avec son formalisme courtois habituel :

— Monsieur Jalon, je peux vous demander en quoi tout ceci vous concerne ?

— Je suis un ami de votre fille.

— Quel genre d'ami ?

— Un collègue, répondit Max en cillant, surpris.

— Je vois, dit-il avec l'incrédulité subtile qu'elle lui avait vu déployer dans les débats publics. Alors vous comprenez la nécessité de conserver le secret sur cette affaire.

— Bien sûr. J'ai juste besoin de voir...

— Je pense qu'elle est assez grande pour décider quand le moment sera venu de montrer ses résultats, fit le paternel d'une voix lointaine, lisse.

— En effet, papa, et Max fait partie des rares personnes en qui j'ai confiance, intervint-elle.

Qu'est-ce qui dérapait si vite, là ? Elle essaya d'analyser le phénomène tout en les emmenant le long d'un raccourci qui longeait le musée d'art et traversait Coast Highway. La circulation grondante en était aux premiers stades de la foire d'empoigne quotidienne, et les odeurs lui firent froncer le nez. Elle regarda la tête que faisait son père et, comme ils arrivaient à la route de la corniche du bas, elle se dit qu'il croyait que Max était son amant. Elle se retint d'éclater de rire et se demanda ce qui avait pu l'amener à penser ça. Ou bien était-ce le fait que ce soit un amant *blanc* ? En y réfléchissant, le paternel ne l'avait jamais vue avec la demi-douzaine de Blancs ou d'Asiatiques avec qui elle était sortie quand elle avait vingt ans. Ils étaient un peu en froid, à ce moment-là. Et puis Maria était arrivée. Le dernier petit ami qu'il lui avait vu, il y avait une demi-douzaine d'années de ça, était noir — par hasard, ce n'était pas un calcul de sa part. Elle ne put réprimer un sourire. Vous imaginez ça !

Ils arrivèrent à son appartement, et le paternel regarda autour de lui, mal à l'aise, contemplant le désordre. C'était un maniaque, elle une bordélique. Encore un échec de la génétique. Alicia entra dans la cuisine, ouvrit le four à la mode dans les années 1960 et en tira six carnets de labo sur les pages desquels étaient scotchés des tirages d'imprimante.

— Dans le four ? releva son père.

— Le jour où je l'allumerai pour mettre un truc à cuire, il fera plus chaud que maintenant.

— C'est le premier endroit où ils regarderont, objecta le paternel.

— Qui ça ?

— L'UCI, quand ils auront reçu un mandat pour venir récupérer les données que tu as soustraites à leurs investigations, fusa la réponse, du tac au tac.

— Ils ne feraient pas ça, protesta-t-elle en se laissant tomber sur le canapé du salon.

— Il ne faut jamais sous-estimer les avocats, répondit-il.

— Hmm. Je peux emporter ça pour cette nuit ? demanda Max, d'une voix qui paraissait s'éloigner sur la pointe des pieds.

— Je préférerais ne pas les quitter de vue, objecta Alicia.

— Je voudrais regarder tous les spectres que vous avez mesurés, et le moment exact de l'observation, rétorqua Max.

Il s'assit et empila les carnets obèses sur la table basse de style danois. Trois d'entre eux tombèrent par terre. Le tapis réagit à l'agression en exhalant un nuage de poussière.

— Pourquoi ? demanda-t-elle.

— Ce n'est qu'une intuition. Je voudrais exploiter toutes les données, vous comprenez.

— Regardez-les ici, proposa-t-elle.

— Ça va être un sacré boulot, dit-il. Je n'en viendrai pas à bout en une heure ou deux...

— Eh bien, passez-y la nuit si vous voulez ! trancha-t-elle, anxieuse de ne pas le dissuader de faire quoi que ce soit qui puisse lui être utile. Vous pourrez même finir demain. Je ne vais pas les remporter à l'UCI.

Son regard tomba sur son père et elle constata, non sans surprise, qu'il faisait la tête.

— Tu ne devrais pas impliquer des étrangers dans quelque chose qui pourrait être illégal, dit-il.

— Illégal ?

— Ou constituer au moins une cause de renvoi.

— Hein ? Mais ils ne vont pas me virer parce que...

— Tu parles ! Tu crois peut-être que les profs d'université ne se font exclure que pour avoir fricoté avec des étudiantes ?

— Et encore, en lettres, il en faudrait un peu plus, répondit-elle dans l'espoir d'introduire une bulle de légèreté dans l'atmosphère soudain pesante.

— Tu n'es pas titularisée, cocotte.

— Non, mais...

— Ecoutez, je peux revenir demain... commença Max en se levant.

— Non, restez, je vous en prie, fit Alicia.

Elle se mit à tourner en rond, tandis que le silence s'éternisait. Elle s'approcha de la fenêtre, regarda le magma de voitures sur Coast Highway, se retourna, se dirigea vers la cuisine, fit volte-face, les mains sur les hanches, et dit à son père :

— Tu ne veux pas qu'il reste ici cette nuit, hein ? C'est ça ?

— Mais non. C'est juste que...

— Si, c'est ça ! Ecoute, j'ai trente et un ans !

— Non, non, pas du tout. Je pense que tu devrais réfléchir aux conséquences juridiques de l'affaire, continua-t-il d'une voix tendue, sa voix publique. Si l'UCI te soupçonne de détenir des informations concernant une enquête, éventuellement criminelle, même si ce n'est que par négligence, tu ne peux impliquer des étrangers...

— Tu me crois coupable de négligence ?

— Je ne fais qu'envisager cette éventualité. Essaie de voir les choses du point de vue des hommes de loi...

— Non, essaie, toi, de voir les choses de mon point de vue !

— Je peux revenir demain, je vous assure, répéta Max d'un ton conciliant.

Il fit un pas en avant.

— Restez là, lança-t-elle farouchement en l'arrêtant, une main à plat sur la poitrine. Papa, tu es incapable de penser à autre chose qu'à ces conneries juridiques !

— Déformation professionnelle, répondit-il avec un haussement d'épaules.

— Et le... *l'énormité* de tout ça ?

— Plein de choses ont l'air importantes vues de près, mon chou, et puis...

— C'est *vraiment* important !

Il releva le menton et prit l'air patient et magnanime. Une sonnette d'alarme retentit dans un recoin de son esprit, et elle s'obligea à inspirer profondément. Elle venait de se rappeler comment, lorsqu'elle était adolescente, elle avait foncé dans sa chambre et claqué la porte si fort que toute la maison avait tremblé. Son père n'avait pas dit un mot, il s'était contenté de prendre un tournevis et de démonter la porte. Elle avait tenu le coup plusieurs jours, jusqu'à ce que le manque d'intimité devienne insupportable et elle s'était excusée. Son père avait simplement hoché la tête, l'avait embrassée et avait remis la porte en place.

La colère ne marcherait pas davantage cette fois. Elle poussa un long soupir et dit :

— Nous avons créé quelque chose de nouveau et de... peut-être terrifiant.

Son père hocha la tête d'un air indécis.

— Là, j'ai du mal à suivre. L'important, c'est de voir comment l'UCI va réagir, pas que ce soit une nouvelle particule machin-bidule.

— *Bidule ?* C'est fondamentalement étrange.

— Je comprends que ce soit important pour toi...

— Et pour le monde, dit doucement Max. Si nous avons raison.

Le paternel jeta à Max un coup d'œil interrogateur sous ses sourcils arqués, faisant naître des rides de surprise sur son front.

— Ce serait donc si important que ça ?

Elle réalisa à l'occasion de ce bref échange qu'elle avait eu beau lui parler en long et en large de la sphère — du Cosm, comme ils l'appelaient maintenant —, son père avait complètement ignoré l'aspect scientifique de l'affaire, avec toutes ses implications, pour ne s'intéresser qu'aux conséquences administratives, politiques. Le comportement paternel classique : quel que soit le problème, si vous avez un marteau, cherchez les clous.

— Ça pourrait constituer une percée fondamentale, répondit Max. Une fenêtre donnant sur un autre univers.

— Je pensais qu'il n'y en avait qu'un.

Max se rassit et commença à essayer de lui expliquer. Il était bien meilleur qu'elle à cet exercice, et elle se détendit, s'assit au bout du canapé où le paternel était installé, et se demanda pourquoi il l'avait provoquée. Qu'est-ce que ça pouvait lui faire que Max passe la nuit chez elle ?

Il n'y avait rien entre eux. Etait-ce parce que Max était blanc, après tout? Incroyable!

Et si c'était ce qui lui faisait péter les plombs à elle? Elle n'arrivait pas à voir clair dans le brouillard de ses émotions, et elle repoussa cette option de son esprit. Les froides abstractions de la physique valaient mieux. Bien mieux.

— ... vous comprenez, ces trous de ver pourraient relier différentes parties de notre univers, disait Max avec gravité, en tirant un bloc jaune. Ou même mener à un univers radicalement différent...

Le paternel regardait le bloc d'un air sceptique, et Alicia éprouva une vague d'affection pour ce visage rugueux. Elle avait vu la même expression interrogative, soucieuse, pendant son adolescence difficile, quand il avait joué à la fois les rôles de père et de mère, celui qui la nourrissait et, l'instant d'après, fixait des frontières strictes. Puis il y avait eu le moment délicat de la séparation, quand elle était partie pour l'université, explorer des domaines auxquels il n'avait jamais rien compris. Y avait-il jamais eu un moment où les choses avaient été faciles entre eux? Elle ne se souvenait pas d'un seul instant de cette sorte. Maria n'était qu'un cahot de plus sur une route jalonnée d'ornières.

— Il semblerait que, dans cet autre univers, les événements se produisent à un rythme accéléré. Il se refroidit plus vite que le nôtre.

— A quelle vitesse? demanda-t-il.

Elle reconnut l'une de ses tactiques verbales. Même s'il suivait tout juste la conversation, il posait une question de détail. Il lui avait dit une fois que, comme ça, il donnait l'impression de comprendre plus de choses qu'il n'en saisissait en réalité, sans le prétendre explicitement.

— Des millions de fois plus vite, apparemment.

— Comment cela a-t-il bien pu arriver?

Ça, c'était son paternel tout craché. Des coups de sonde, maintenant.

— Je n'en sais rien.

— Mouais. (Un froncement de sourcils poli.) Comment, dans ce cas, pouvez-vous être sûr que ce n'est plus dangereux ?

— Parce que ça se refroidit.

— Hum. Mais vous dites que c'est en expansion.

— Dans son propre espace seulement. Pas dans le nôtre. La sphère qui se trouve au labo ne va pas grossir et tout engloutir, ou ce serait déjà fait à l'heure qu'il est. Mais cet autre univers, que nous pouvons voir à travers cette sphère, va évoluer, et plus vite que le nôtre.

— Comment ça se fait ? demanda Tom.

— Je l'ignore, répondit Max en se calant au dossier de son fauteuil, en écartant les mains devant lui dans un geste d'impuissance.

— Ça viendrait du... euh, du lien avec le trou de ver proprement dit ? avança Tom.

Cette fois, ce n'était pas une manœuvre.

Alicia cilla. Jamais elle ne l'avait entendu avancer une idée quand ils parlaient physique ensemble. Sauf qu'ils ne parlaient pas très souvent de physique ensemble.

— Ça se pourrait, acquiesça Max. Nous n'avons aucune théorie pour nous guider sur ce chemin, monsieur Butterworth.

— Tom. Ce serait donc... vraiment important, dit-il, l'air impressionné, en regardant avec gravité les croquis de Max représentant des espace-temps en chute libre. La mort de ce gamin n'était donc qu'un accident ? Ça ne pourrait pas se reproduire ?

— Bon, rien n'est jamais sûr... répondit Max avec embarras.

— N'allez jamais dire ça à un juge, ironisa le paternel.

— Ecoutez, contra Max, cet autre univers se refroidit très vite. Il n'y a pas de danger qu'il se réchauffe.

Son père la regarda.

— Là, Aleix, tu as vraiment décroché le pompon.

Max l'interrogea sur son nom et le paternel lui raconta

l'histoire rituelle, sur le mode humoristique. Elle l'avait entendue un bon millier de fois, évidemment. Elle mit ce moment à profit pour se demander pourquoi Max avait réussi à intéresser son père à la sphère alors qu'elle n'y était pas arrivée. Le syndrome de l'expert extérieur ? Le type de Caltech qui n'était pas sa propre fille ? Un homme ?

C'était pourtant son père grisonnant qui l'avait guidée, le long du chemin qui menait à ce moment, dans des domaines dont il n'avait pas idée. Elle s'était toujours demandé pourquoi une toupie vrombissante penchait lentement, tel un vieillard sagace plutôt que comme un enfant titubant. Pourquoi les bulles de savon formaient-elles des sphères molles, vacillantes, que le soleil brûlait invariablement (et où donc passait la fumée ?) ? Pourquoi la craie crissait-elle sur le tableau ? Y avait-il des étoiles jusqu'à l'infini invisible ? Pourquoi les nuages voguaient-ils si haut sans jamais tomber par terre ? Autant d'énigmes gigantesques, dévorantes. Et bien rares étaient les adultes — même pas son papa chéri — qui semblaient avoir plus qu'une vague intuition à proposer en guise de réponse. Mais ces réponses, il avait veillé à ce qu'elle les trouve.

Elle chassa ces pensées et demanda :

— Dites, les gars, vous n'avez jamais faim ?

C'était la meilleure chose à faire. Quand les hommes décident d'enterrer la hache de guerre, donnez-leur à manger et tout ira pour le mieux. Ils s'affaleront autour du feu de camp, ils rongeront de la viande charbonneuse en riant et en se racontant des histoires, et ils oublieront ce qui n'allait pas. Elle fit venir Jill — c'était elle qui l'avait poussée à appeler son père, après tout — et ils allèrent dans une boîte à steaks. L'endroit chic, typique du grand Los Angeles avec ses touches cossues : les boiseries sculptées, coûteuses, familières, les fauteuils en cuir, les verres gravés, les laques satinées qui renvoyaient le reflet de l'argent discrètement étalé. Juste ce qu'il fallait.

5

Le lendemain, elle comprit qu'il y avait un problème quand Onell lui demanda de monter dans son bureau, au quatrième étage. De la tanière présidentielle, on avait une vue imprenable sur le jardin intérieur florissant dans toute la splendeur de la fin du printemps. L'UCI, qui recyclait son eau, arrosait ses jardins à profusion ; déjà les collines environnantes se teintaient de jaune sombre, cuivré, mais le campus resterait vert tout l'été.

Onell portait un costume gris avec une chemise bleue et une cravate d'un marron boueux : un ensemble peu appétissant. Il tripota son stylo tout le temps qu'il passa à débiter — d'un ton chagrin — les préliminaires concernant les recommandations émises par la commission de sécurité de l'UCI. Il en avait évidemment parlé avec Lattimer, la vice-présidente exécutive, et tout le monde s'accordait à dire que des précautions sérieuses étaient nécessaires. Donc :

— Nous savons que vous le comprenez mieux que personne et que nous pouvons compter sur votre pleine et entière coopération.

Un petit démon en elle lui fit répondre au ton funèbre d'Onell par un allègre :

— Bien sûr. Et qu'est-ce que ça suppose ?

— La Sécurité — enfin, le Comité d'hygiène et de sécurité environnementale — est d'avis que, tant que la cause de la mort de Brad ne sera pas élucidée, votre laboratoire devrait être isolé.

Elle s'y attendait, évidemment.

— Je suis à peu près sûre que la sphère en est la cause. Si nous voyons juste, il n'y a plus rien à craindre.

— Il va falloir que je désigne une commission *ad hoc* pour étudier les aspects physiques du problème, dit-il gravement. Pour le moment, la Sécurité doit pouvoir considérer que le labo ne constitue pas une menace.

— A quel genre de précautions pensent-ils ?

— Un mur de béton autour de la sphère.

— Sans objet.

— Si vous ne pouvez déterminer la cause avec précision...

— Ce serait très malcommode et nous ferait perdre beaucoup de temps.

— Le temps n'a aucune importance. La seule chose qui compte, c'est d'éviter un autre accident mortel.

— Ecoutez, nous sommes tous désolés de la mort de Brad. Mais je dois suivre mon propre instinct professionnel afin de découvrir ce qu'est cet objet bizarre...

— Que vous n'avez pas réussi à contrôler jusque-là. Et dont l'origine est, disons, problématique.

Elle s'était toujours amusée de ce noyau particulier de jargon académique, mais ce « problématique » semblait masquer autre chose.

— Vous avez parlé à Brookhaven ?

Onell conserva son expression morne et contrainte, mais ses mains tournèrent et retournèrent son stylo avec une ardeur renouvelée.

— Ils sont au courant. Ils en ont parlé aux informations, à New York.

— Et ils ont additionné deux et deux...

— La vice-présidente exécutive me dit qu'ils prennent des mesures juridiques pour récupérer ce qu'ils estiment être leur propriété.

— L'UCI me défendra-t-elle ?

— Ça reste à voir. D'abord, nous devons répondre à la Sécurité.

— Je déteste cette idée de blockhaus de béton. Combien de temps ça prendrait-il ?

— Peut-être un mois. Le temps n'a...

— Aucune importance. Je sais. Sauf que je pense qu'il en a.

— Pourquoi ? demanda Onell en cillant.

— La sphère change. Nous ne savons pas très bien pourquoi, mais elle change. Ce qui a tué Brad ne se reproduira pas, si notre théorie est exacte, mais quelque chose d'autre pourrait… Rien de dangereux, je vous assure, dit-elle, la main levée en réponse au froncement de sourcils d'Onell.

Dont le regard devint rusé.

— Que voulez-vous ? N'oubliez pas que vous n'avez aucun pouvoir, ici, que c'est la sécurité qui prime. Cet incident a fait à l'université une publicité désastreuse et il y aura forcément des enquêtes en responsabilité pénale. Les parents de Brad vont sûrement nous faire un procès. Nous devons…

— Faites une contre-proposition à la Sécurité. Déplaçons complètement cette sphère du labo, dans un endroit isolé.

— Hmm. J'imagine que ça devrait être possible. Où ça ?

— L'observatoire.

Elle avait lancé cette idée dans le vide, mais pourquoi pas ? Tout plutôt que de laisser des hordes arpenter son labo et interrompre son travail pendant des semaines.

Onell cessa de caresser amoureusement son stylo.

— C'est un site de recherche actif. D'autres…

— Il est entièrement télécommandé.

Le groupe d'astronomie dirigeait l'observatoire par ordinateur. Il avait été conçu pour capter les données dans l'infrarouge, mais la lueur ambiante du grand Los Angeles brouillait les relevés optiques. Le dôme de l'observatoire se dressait sur la colline, au-dessus du campus, à des centaines de mètres de tout bâtiment.

— La surface du meilleur bouclier est πr^2 plus un.

C'était une blague classique en physique : l'intensité de toute chose, de la lumière aux explosions, décroissait en raison du carré de la distance. Onell avait l'air méfiant, et il ne se fendit même pas d'un sourire poli.

— Je doute que ça suffise.

— D'accord, nous pourrions faire mettre des sacs de sable tout autour. Ce serait rapide, pas cher, facile à mettre en œuvre.

— Comment comptez-vous déplacer la sphère ?

— A l'aide de l'aimant. En transportant le tout en haut de la colline.

— Hum. Je pourrais en parler à la Sécurité, mais…

— C'est la solution la plus rapide. S'ils s'inquiètent du danger, la première idée qui devrait leur venir à l'esprit serait de placer la sphère dans un endroit isolé.

— Vous réfléchissez vite, dit-il avec une moue ironique.

— J'ai intérêt. Je veux continuer à travailler sur cette chose, Martin.

— Je comprends. S'il pouvait en sortir quelque chose de bien…

— Oui, affirma-t-elle simplement.

Onell se leva, donnant le signal de la fin de l'entretien, et claqua des doigts.

— Ah oui, j'allais oublier : l'inspecteur Sturges a appelé. Il clôt le dossier en concluant à un accident.

— Vraiment ?

Elle fut parcourue par une vague de soulagement dont la violence la surprit.

— Pourquoi… pourquoi leur a-t-il fallu tout ce temps ?

— C'est une mort étrange, répondit Onell en haussant les épaules. Brûler comme ça, sans explication apparente… Ils ont posé toutes sortes de questions dans les bureaux, réuni les indices matériels et ils ont réfléchi…

— Quel genre de questions ?

— Au sujet de Brad, de ses amis, de vous, du labo.

— Ils recherchaient un mobile de meurtre ?

— Je ne dirais pas ça aussi brutalement. Ils m'ont interrogé avec beaucoup de courtoisie, et ils semblaient ne pas suivre de piste particulière.

Elle savait que la police poursuivait son travail, et elle réalisa soudain qu'elle ne s'était tout simplement pas accordé le temps d'y penser. Au lieu de cela, elle s'était concentrée sur la physique. Ça avait marché ; il y avait des jours qu'elle n'avait pas pensé à Sturges. Elle venait de découvrir que le subconscient avait un mode de fonctionnement bien à lui.

6

Personne n'était autorisé à entrer dans le labo, par décret de la Kommandantur de la sécurité locale. Des gens de la sécurité farfouillaient auprès de l'installation, prenaient des photos compliquées, en liaison avec les services juridiques, complétant leur documentation déjà pléthorique. Alicia s'était montrée polie, distante, et avait pris la tangente aussi vite que possible quand Max était arrivé. Elle avait dû parlementer pour le faire admettre dans les lieux.

— La bonne nouvelle, commença Max, c'est que vous avez dit vrai à Onell. Si j'ai raison, nous n'avons plus rien à craindre de la sphère.

— Et la mauvaise ? demanda-t-elle machinalement en se laissant tomber dans un fauteuil de labo.

Il avait l'air intrigué et un peu débraillé, avec son jean noir et sa chemise de travail de coton bleu.

— Il n'y en a pas, sauf que, si nous voulons vérifier tout ça, nous avons du pain sur la planche.

— C'est un scoop ? répliqua-t-elle, résolue à prendre les choses du bon côté, pour changer.

Elle ne voulait pas passer une nuit blanche comme la veille. Pas besoin de descendre en piqué dans une dépression auto-provoquée.

Max n'avait pas très envie de parler de ses spéculations de la veille au soir, mais elle voyait dans quelle direction partaient ses réflexions. Il paraissait un peu réticent. Il n'avait peut-être pas encore digéré la façon dont ils avaient accueilli, Brad et elle, son idée de trou de ver. Et il devait sûrement s'en vouloir de ne pas avoir prévu ce qui allait arriver. Une culpabilité sans fondement, mais réelle, elle le voyait bien. Elle était tout aussi incapable de gérer la sienne. Ils en avaient parlé par petites phrases hachées.

— Tenez, tout est là, fit-il en lui lançant une feuille de papier millimétré.

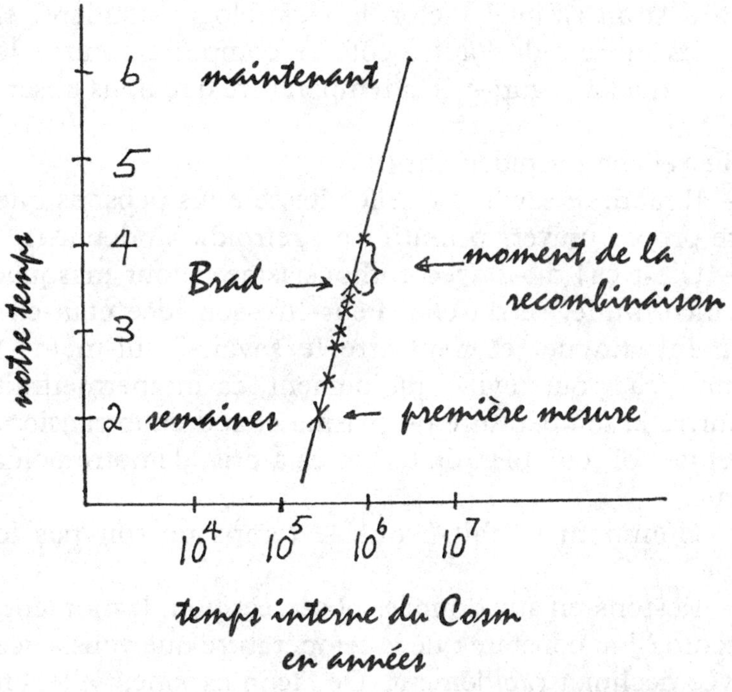

L'axe des ordonnées, appelé notre temps, était gradué en semaines. L'axe des abscisses, qui mesurait le temps interne du Cosm, était gradué en années. La ligne qui traversait la page en diagonale était définie par des points intitulés « première mesure », « moment de la recombinaison », « Brad » et « maintenant », et elle se poursuivait.

— Vous pouvez m'expliquer ? demanda-t-elle, bien qu'un soupçon se formât en elle.

— Tout le truc était de justifier notre hypothèse selon laquelle à l'autre bout de la sphère que voici se trouve un autre univers. Un univers qui s'est formé dans le collisionneur de Brookhaven.

— Il aurait donc un peu plus de cinq semaines, c'est ça ? Ce point, ici, légendé « maintenant »...

— Exactement. Nous avons le spectre de corps noir des quelques dernières semaines, alors je me suis posé une question simple : selon la cosmologie standard, si l'univers qui est de l'autre côté se comporte comme le nôtre, à quel âge aura-t-il la température que nous observons ici ?

Elle réfléchit rapidement.

— Il faudrait savoir à quelle vitesse nous pensons que notre propre univers primitif s'est refroidi, au début...

— C'est ça ! dit-il avec enthousiasme. (Pour masquer son incertitude, se dit-elle. Peut-être son idée était-elle vraiment dingue, et peut-être le savait-il lui-même.) Comme ça, poursuivit-il rapidement, ça me permettrait de suivre la température du plasma chaud en expansion, ici, et de voir combien de temps ça a pris, de notre point de vue.

— Comment se fait-il que le temps ne soit pas le même ?

— Restons-en aux données observées pour le moment, d'accord ? J'ai constaté que la température que vous aviez relevée déclinait rapidement. De façon exponentielle, en réalité.

— De notre point de vue.

— Vérifions. Mais pour le moment, supposons que l'autre univers n'évolue pas vraiment de façon exponentielle.

— C'est pourtant ce que vous venez de dire.

— Non, la température que vous mesurez est celle qui

nous apparaît. Ça ne veut pas dire qu'elle est pareille de l'autre côté.

Elle secoua la tête. Oui, ça commençait à avoir l'air dingue, comme prévu.

Son silence ne fit que l'amener à parler plus vite :

— Vous voyez, c'est la façon la plus simple de voir les choses. Supposons que l'autre univers est comme le nôtre, sauf que ce trou de ver — appelez ça comme vous voudrez, le tunnel, le tube, le tuyau, peu importe — déforme ce que nous voyons.

— Pourquoi voudriez-vous que je voie les choses sous cet angle ? Ça ne rime à rien !

— C'est la simplicité même, vous allez voir ! Et puis j'ai une théorie qui dit que c'est bien comme ça que les choses doivent se passer.

Elle préférait de loin parler de données réelles plutôt que d'abstractions mathématiques.

— Bon, d'accord. La simplicité même.

— Le rasoir d'Occam, vous comprenez.

Elle se figea. Elle se souvint soudain d'avoir expliqué à Brad pourquoi il n'y avait probablement pas d'autre sphère dans les débris, à Brookhaven. Le rasoir d'Occam — préférez toujours l'hypothèse la plus économique. Elle avait énoncé cette maxime d'un ton de supériorité professionnelle, sans imaginer une seconde ce qui allait se passer.

— Alicia ?

Elle devait avoir le regard perdu dans le vide. Elle s'obligea à regagner la réalité.

— Euh... oui ?

— Imaginez maintenant que la lumière nous parvienne accélérée. Ça nous permettrait de garder le même modèle de big bang que pour notre propre univers, et de l'appliquer à ce qui se passe de l'autre côté. C'est l'approche la plus simple.

— Qu'est-ce qui déforme la façon dont nous percevons le temps de l'autre côté ?

— J'arriverai à la théorie plus tard. Je me suis d'abord intéressé aux données constatées, alors suivons mes propres tâtonnements, d'accord?

Il donnait l'impression de la bousculer un peu, et elle réalisa qu'elle devait avoir l'air égarée, mélancolique. Elle se força à se concentrer.

— D'accord.

— J'ai donc pris les températures que vous aviez relevées, Brad, Zak et vous, et je suis parti du principe que ces températures étaient identiques au même moment dans cet autre univers et dans le nôtre. J'en ai déduit une cartographie des températures de corps noir que vous avez mesurées en fonction du temps, de l'autre côté. C'est ce que j'ai fait figurer en abscisse.

Elle suivit l'axe de la gauche vers la droite.

— C'est notre première mesure : 5,2?

— Les indications ne sont pas très précises. Cet axe est le logarithme du temps de l'autre côté, exprimé en années.

— Alors, la première fois que nous avons obtenu un spectre, l'autre univers était déjà...

— C'est une échelle logarithmique, alors l'univers de l'autre côté avait déjà $10^{5.2}$ années.

— Quoi, plus de cent mille ans?

— C'est comme ça que ça marche, convint-il en écartant les mains, la paume en l'air.

— C'est absurde.

La théorie de la relativité était pleine de distorsions temporelles et autres, se dit-elle, *mais à ce point-là...*

— C'est à ça que mènent les données, Alicia. Suivez-moi.

— Impossible.

— Comme disait le vieux Sam Treiman, à Princeton : «Les choses impossibles sont des choses qui n'arrivent en principe pas.» Je vous suggère de ne pas oublier ce «en principe». Attendez-vous à une surprise.

— C'est une contradiction, non?

— J'imagine, coupa-t-il, impatient de poursuivre.

Elle ne put s'empêcher de ricaner.

— D'accord, montrez-moi des choses encore plus impossibles.

— Allez, le plus dur est passé, croyez-moi.

Il continua à lui expliquer le graphique. Les points obtenus étaient tous groupés dans le bas, à gauche. La ligne droite exprimait la relation logarithmique entre le temps du labo et le temps à l'autre bout du tunnel.

— Vous voyez, la recombinaison en hydrogène commence ici, à près de quatre cent mille ans dans l'histoire du Cosm — c'est-à-dire un peu plus de quatre semaines pour nous.

Mieux valait éviter de se moquer. Il avait l'air si fragile.

— Ah... dit-elle. Très intéressant.

Elle avait appris à lâcher ce genre de compliment creux et vide quand elle lisait un des éditos de son père en sa présence. C'était toujours mieux que le jour où il lui avait fièrement montré son premier recueil d'essais. L'adolescente qu'elle était l'avait regardé et avait dit : « Le papier est très bien. »

— J'ai compilé toutes les données dont vous disposiez afin de déterminer la pente de la courbe. Je vais vous en écrire l'équation.

Il écrivit d'une belle écriture nette, sur le tableau noir : *Temps du Cosm = 64800 ans [exp (notre temps/2semaines)-1]*

Il lui tendit un graphique imprimé et légendé à la main, selon son habitude. On y voyait une petite courbe exponentielle croissante.

Les mesures relevées étaient figurées par des points dans les troisième et quatrième semaines du « temps labo », et il avait marqué « Brad ». En haut, il y avait deux questions : « Galaxies ? Etoiles ? » L'axe des ordonnées était celui du « temps Cosm » exprimé, pour l'essentiel, en millions d'années.

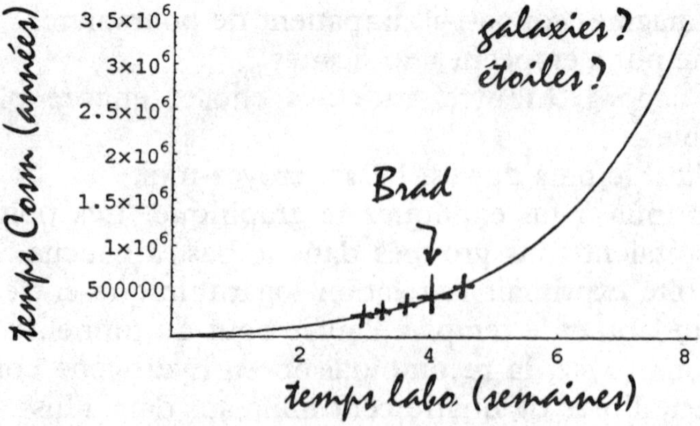

Il resta planté là, radieux, pendant que la compréhension se faisait lentement jour en elle.

— Alors... au cours des deux premières semaines, le Cosm aurait vieilli de... Seigneur ! Plus de cent mille ans !

— C'est ça. Et maintenant, il décolle vraiment, il mûrit. Les horloges du Cosm tournent de plus en plus vite. Elles croissent de façon exponentielle toutes les deux semaines, selon notre temps.

— S'il y en a. Comment savoir si cet univers ressemble au nôtre ?

— Nous ne le savons pas, répondit-il chaleureusement. Mais nous devrions pouvoir arriver à le découvrir.

— Comment ?

— En cherchant une lumière de plus en plus visible pendant que les UV que nous avons enregistrés disparaissent.

— Cette lumière visible viendrait des étoiles, s'il y en a, avança-t-elle.

— Exactement !

— Mouais, fit-elle, sur la défensive.

Il n'était jamais bon de tomber d'accord avec un théoricien. Mieux valait exprimer un mélange de réserve, de scepticisme et de dédain.

— Cette exponentielle... elle découle de la théorie ? Je voudrais voir les calculs.

Il les lui montra, et elle comprit très vite que c'était le genre d'argument qu'elle n'aimait pas. Il partait d'un principe de symétrie dans un espace dimensionnel à vingt-trois dimensions, qui provoquait l'effondrement de toutes les dimensions sauf cinq dans des régions de l'espace-temps si petites qu'on ne pourrait jamais les mesurer. Elle lui demanda comment ça se traduisait physiquement, et il lui montra d'autres relations plus ébouriffantes dans lesquelles elle ne reconnut aucun élément de physique, et les choses allèrent en empirant à partir de là.

— Comment pouvez-vous accorder foi à tout ça? demanda-t-elle sèchement.

— C'est un modèle plausible.

— Combien d'autres y en a-t-il?

— Tenons-nous-en au plausible. Les possibilités paraissent illimitées, pourvu que l'espace-temps le soit aussi.

— Je n'y comprends rien non plus.

Il continua, mais elle se mit à penser à Paul Dirac, un théoricien anglais qui avait, au début des années 1930, formulé une théorie de l'élégance, décrivant l'électron en beauté. Il avait imaginé une particule dotée de la même masse que l'électron, mais de charge électrique opposée. Tous leurs autres nombres quantiques étaient identiques. Il ne connaissait aucune particule de ce type, mais il avait conjecturé qu'il pouvait s'agir du proton, bien que la masse soit manifestement erronée. Elle différait d'un facteur 1,836 exactement. Ce manque de confiance l'avait amené à rater la prédiction du positron, qui avait été découvert peu après. Mais elle respectait ce genre de théorie, un esprit mathématique s'efforçant de formuler ses vérités diffuses en termes concrets. Et si… se dit-elle pendant que Max continuait à parler, et si c'était la même chose que dans le cas de Dirac? Se cramponner à la vision, dans l'espoir de trouver une confirmation. Peut-être devrait-il simplement s'y tenir.

— D'accord, d'accord, dit-elle. Que pouvez-vous prévoir avec votre courbe exponentielle ?

— Qu'à l'intérieur de cet autre univers, visible à travers la petite fenêtre de ce Cosm, des galaxies devraient commencer à se former d'ici peu.

— D'ici combien de temps ?

Il suivit du doigt la courbe de l'expansion, regarda l'axe temporel.

— D'ici neuf semaines à partir d'aujourd'hui, nous devrions voir se former des galaxies.

Eh bien, au moins, il n'avait pas peur de s'avancer.

— Ça fait un sacré bond.

— Ouais.

Il abandonna sa posture défensive, alla enfin s'asseoir et se détendit.

— Mais ça paraît juste, vous savez, dit-il.

Elle lisait une sorte d'avidité sur son visage creusé par la fatigue. Il avait été frustré et, maintenant qu'il pensait entrevoir une solution, il n'en démordait pas.

Normal. Les physiciens faisaient souvent des découvertes sous l'empire de la frustration. Etant enfant, Einstein s'était imaginé en train de se regarder dans un miroir alors qu'il allait de plus en plus vite, approchant la vitesse de la lumière. Il s'était dit que, lorsqu'il l'atteindrait, son reflet ne disparaîtrait pas, la lumière serait encore réfléchie par le miroir et atteindrait son œil, et c'est ainsi qu'il avait découvert la relativité restreinte.

La Seconde Loi de la thermodynamique avait été conçue par les physiciens du dix-neuvième siècle, qui rêvaient du mouvement perpétuel. Heisenberg avait imaginé le principe d'incertitude de la mécanique quantique en essayant de définir simultanément la position et la vitesse d'une particule.

Et voilà qu'aujourd'hui des physiciens avaient apparemment créé quelque chose à partir de rien — ils avaient en fait créé tout un nouvel univers. C'était un accident, bien sûr. Mais un accident qu'elle revendiquait avec véhémence depuis le début, faisant une entorse à l'éthique scientifique. L'histoire déciderait-elle qu'elle l'avait fait par suite d'une vexation profonde, incurable, dont elle n'avait pas conscience ?

Elle dormit raisonnablement bien pendant quelques heures, cette nuit-là, puis elle se réveilla, comme d'habitude, et rumina la mort de Brad et le reste. Elle se tourna et se retourna, en sueur, tout en écoutant le rugissement de la circulation qui montait du canyon et se brisait sur Coast Highway, le bruit d'énergies microscopiques, des énergies d'insectes, sous les étoiles pâles, immuables. Pour finir, elle repensa à la théorie de Max, à Max lui-même, et à ce qu'il lui avait dit devant la baie, avant qu'elle aille affronter la police qui enquêtait sur la mort de Brad. Il lui avait fait remarquer qu'elle avait la langue bien pendue, et il avait ajouté : « C'est une façade, bien sûr. » Elle avait rétorqué : « Pour cacher quoi ? », et il avait dit : « Je me le demande. »

Il avait vu qu'elle était près de craquer, et ses paroles tranchantes avaient pénétré son brouillard intérieur. Elles lui avaient paru chargées d'un sens qu'elle n'arrivait pas tout à fait à définir. Elle n'arrivait même pas encore maintenant à se l'expliquer.

Et si ça voulait dire qu'il avait vu *the* problème ? Etait-ce si évident ? Elle était difficile à vivre, même pour une névrosée obsessionnelle classique ; la nature erratique de tant de ses collisions avec les hommes le prouvait. Les hommes, enfin, la plupart, rebondissaient sur elle comme s'ils étaient repoussés par une force magnétique opposée. Et elle ne s'entendait pas fameusement avec les femmes non plus. Elles n'avaient pas beaucoup de conversation, et pas beaucoup d'autre chose, d'ailleurs. Elle était parfaitement consciente que la plupart des physiciens de sa connaissance pensaient un peu la même chose des femmes. Ce n'était pas une découverte grisante.

Elle avait entendu des tas de maximes sur les femmes savantes de son espèce : Le Doctorat Avant Les Enfants; Epouser un Accro du Travail Comme Soi; Sourire Mais S'Habiller d'une Façon Stricte. Les Dessous de Dentelle pour le Moi Intérieur et les Jeans Au-Dehors. Tout ça était très utile à l'université, mais constituait un sérieux handicap à l'extérieur.

Le catalogue des amants mis en fuite par cette force répulsive, puissante, était atterrant.

Jonathan, un homme au teint pain brûlé qui devenait café au lait quand il s'énervait, comme lorsqu'il avait dû se soumettre au protocole de drague de la bourgeoisie noire et effectuer son rituel de paon qui fait la roue : trois rendez-vous et on pouvait passer au « flirt poussé » (et qui avait inventé ce terme, la mère de quelqu'un ?), on pouvait faire l'amour après le quatrième ou le cinquième, généralement pendant une escapade d'un week-end dans un café-couette un peu chic (en Nouvelle-Angleterre, pour la côte Est, à Catalina pour l'Ouest; jamais, au grand jamais, à Las Vegas). D'une façon ou d'une autre, ce week-end n'avait jamais pu se faire.

Frank, qui, fidèle à lui-même jusque dans leur dernière bagarre, l'avait traitée de suceuse. Bien qu'elle ait du mal à nier cette accusation, ce n'était manifestement pas un compliment dans son univers conceptuel.

Jonathan avait purement et simplement disparu comme une naine rouge qui se serait consumée. Rien à voir avec une explosion de supernova, ou avec la bagarre de nourriture dans un restaurant qui avait marqué sa rupture avec Ruben le Rouge. Ruben... Elle n'y avait pas laissé sa vertu, mais le combat avait été rude. Elle avait bien failli l'emporter.

Dans toutes ces collisions, le problème tournait autour du sexe, cette route supposée vers l'amour. Jill avait dit une fois — et comme elle était un peu pompette, elle devait le penser — qu'Alicia avait peut-être plus de personnalité que nécessaire pour une seule personne. Trop intense. Ce n'était pas faux. N'était-ce pas de ça que parlaient ces séminaires d'auto-analyse de fin de soirée ? Elle doutait même trop d'elle. Elle avait vainement attendu la fin de l'adolescence dans l'espoir que ce schéma cesserait : un état d'âme, c'était un dîner de gala ; l'état d'âme suivant, c'était l'addition.

Ses amis lui disaient qu'elle devrait mieux se connaître, ce qui voulait dire parler davantage, mais elle préférait se définir par ses actions. Elle trouvait les discours étouffants. Elle pensait que l'analyse revenait à se couper la tête puis à compter les anneaux des années passées et le feu de forêt occasionnel. Non, elle préférait rentrer la tête dans les épaules et foncer dans le tas.

Au collège, les sympathisants blancs prévisibles avaient mis la plupart de ses problèmes sur le compte d'un racisme projeté, mais, si tentant que ce soit, Alicia n'avait jamais marché dans cette victimologie. Evidemment, quand vous êtes une grande blonde aux yeux bleus, ça vous tombe tout rôti dans le bec. Mais les femmes noires, laides, dotées de dons minimaux, arrivaient aussi à grimper au cocotier, ou bien comment expliquer Maya Angelou [1] ? Qu'on n'aille pas croire qu'elle regrettait ses cuisses, son fessier, ses seins généreux, et surtout sa grande bouche. Non, elle n'était pas une victime ; ses défauts, elle les avait faits elle-même.

Donc, Max avait peut-être discerné *the* problème, ou au moins une version vue du dehors, et n'était-ce pas ce qu'elle espérait, trouver un moyen de se voir avec objectivité ?

Max l'observateur. Elle lui avait lancé machinalement une vanne au sujet de Gary Cooper, une de ses vieilles ritournelles, en fait, et il avait répondu par cette réflexion sur sa langue bien pendue, qui cachait quelque chose, ou

1. Femme de lettres et actrice noire américaine née en 1928, active dans les mouvements afro-américains des années 1960. (N.d.T.)

un truc dans ce goût-là. C'était un peu confus, maintenant. Elle se demanda pourquoi, et elle s'interrogea à nouveau sur Max. Cet homme avait quelque chose de bizarre, et soudain, le poids de ce qui restait de cette nuit déserte lui retomba dessus.

QUATRIÈME PARTIE

Un roi d'espace infini

Je pourrais être enfermé dans une coquille de noix et me tenir pour roi d'espaces infinis, n'était que je fais de mauvais rêves.

Hamlet

1

Le déplacement du Cosm vers l'observatoire semblait aller de soi, mais il s'étala sur plus de quatre semaines. Alicia dit à Jill qu'elle avait l'impression de patauger dans la boue, sauf que la boue pouvait présenter l'avantage d'être bonne pour la peau, alors que la paperasserie lui donnait des boutons.

Les procédures administratives prirent une semaine entière à elles seules. La sécurité exigeait toutes sortes de mesures fastidieuses et qui n'en finissaient pas, bien sûr. Il y avait des quantités de dispositifs électroniques à emballer et à redéballer, avec tous leurs câbles et leurs caisses, dans l'espace plus exigu de l'observatoire.

Vint le moment où une grue souleva l'aimant en U. Pendant un instant, le Cosm sembla vaciller dans son piège magnétique, et Alicia retint son souffle. Puis la grue recula en gémissant, emporta son volumineux fardeau vers le quai de chargement et le déposa sur le plateau d'un camion de l'UCI. Le transfert dura toute une journée pendant laquelle elle ne mangea rien, ne décrocha pas le téléphone et ne fit que vérifier trois fois chaque détail. Lorsque l'aimant en U se retrouva enfin dans sa niche, entouré par un magma d'appareils électroniques, tel un gros roi au milieu de sa cour, elle s'effondra. Jill et Max l'emmenèrent dîner et ils burent un peu plus que de raison.

Les filles évoquèrent devant Max des souvenirs de modes depuis longtemps défuntes ; de sitcoms dont elles se rappelaient encore les noms de tous les personnages, qu'elles croyaient mieux connaître que leurs propres camarades de classe ; de coupes de cheveux ahurissantes qu'elles avaient essayées en faisant des vœux pour que leurs cheveux repoussent en l'espace d'un week-end ; de crétins qui mastiquaient du tabac à chiquer ou du chewing-gum ; de filles qui couchaient à droite et à gauche, se retrouvaient enceintes et se lançaient dans de grands sermons contre l'avortement ; de robes sans bretelles qui les boudinaient affreusement ; d'Helen, qui affectait de marcher le nez en l'air et s'était retrouvée dans la piscine lors d'une soirée mémorable ; de nuits blanches et de les avoir passées pour l'essentiel à chercher de la bouffe en gloussant d'épuisement. Avec le recul du temps, tout ça paraissait doux et chaud, et beaucoup plus drôle que ça n'avait pu humainement l'être sur le coup.

Max supporta bien le choc, apportant son lot d'anecdotes personnelles au débat. Pourtant, en filigrane, il y avait la conscience aiguë du fait que ces semaines étaient un hiatus ; Max et elle disaient au revoir à la stase dans leur travail imposée par l'UCI. S'ils avaient raison, si le Cosm était une espèce de fenêtre, alors ils auraient beaucoup à voir pendant les semaines à venir, et guère le temps de souffler.

Le lendemain matin, elle fit son cours de physique 3B comme elle put et affronta bravement la journée. Son bureau était dans un désordre qui constituait presque un style, le look Scientifique de Base au Travail : toutes les surfaces horizontales avaient perdu la bataille et étaient converties en classement informel, selon le schéma classique en strates géologiques. Malgré l'informatique, il y avait toujours trop de papiers. Elle n'avait pas ouvert son courrier depuis des semaines, et y avait encore bien moins répondu. Dans ce capharnaüm, le papier à en-tête du Brookhaven National Laboratory attira néanmoins son attention.

Professeur Butterworth,

Nous vous informons que nous entamons des poursuites contre vous concernant les parties manquantes de l'expérience que vous avez effectuée ici, du 24 au 30 avril, avec un isotope d'uranium 238.

Nous vous prions d'agréer…

Jessica Farbis,
Service Juridique, BNL.

Dans les hautes sphères où tout le monde se vautrait dans la réussite se déroulait une grande bataille juridique sur terrain moquetté, mais elle en entendait étonnamment peu parler. Elle prit note, mentalement, d'appeler l'avocat que son père lui avait recommandé, sachant qu'elle ne ferait que différer. Pour chasser ce genre d'idées, elle classa la lettre. Lattimer lui en parlerait, de toute façon. Elle consulta son courrier électronique.

Plus de quatre-vingts messages l'attendaient. Surtout le fatras habituel des mémos internes de l'UCI et autres billevesées. L'un des avantages d'être coupé de tout pendant un moment, c'est que ça vous obligeait à prendre conscience que beaucoup de travaux quotidiens étaient complètement dépourvus d'intérêt comme d'importance, et à constater le fait rassurant que le monde tournait parfaitement rond sans vous. Toutefois, en voyant Rucker sur la liste, elle consulta aussitôt le message :

Chère Alicia,

Le service juridique ne veut plus que je vous parle, mais pour le mail, on ne m'a rien dit. Nous avons ici plusieurs têtes brûlées qui voudraient refaire un essai à l'uranium afin de voir s'ils obtiennent la même chose que vous. Je n'ai pas besoin de vous dire qu'on vous en veut beaucoup, ici, au labo. Le fait que vous soyez impossible à joindre n'arrange pas les choses. L'administration soutient les types de l'uranium, et je ne peux rien faire pour empêcher ça.

C'est clair : si vous ne cédez pas, ils vont commencer à faire des essais avec l'uranium, et spécifiquement au BRAHMS.

Ça ne me plaît pas, et je fais appel à vous une dernière fois,

Dave Rucker

Elle aimait bien Dave, mais il était beaucoup trop tard pour envisager de remettre la sphère entre les mains de Brookhaven. Il leur faudrait un ou deux bons mois pour examiner la question sous tous les angles bureaucratiques, à grand renfort de commissions, de comités et tout le fourbi, pendant que le Cosm se développerait, sans personne pour l'observer.

Mais cette idée de reprendre les essais avec l'uranium... La destruction de son élément nodal ne leur avait pas servi d'avertissement ? Elle cliqua sur RÉPONSE :

Dave,

Nous menons ici des expériences de physique passionnantes. Nous pensons qu'il s'agit d'une découverte vraiment sensationnelle. J'essaierai d'écrire quelque chose bientôt et de vous l'envoyer, avec nos dernières données.

La chose que nous avons emportée est une sorte de géométrie close dans l'espace-temps, complètement dingue. On peut taper du poing dessus. Et nous mesurons de faibles émissions de radiations, ce qui semblerait indiquer qu'elle donne sur un *autre* espace-temps. Je pense que c'est vraiment le scoop.

Enfin, tout ça s'est produit par accident. Nous pensons que quelque chose stabilise la sphère, mais elle a augmenté d'un centimètre à peu près depuis que nous avons commencé les mesures.

C'est pour ça que vous ne *devez pas* tenter d'en créer un autre tout de suite. Nous ne savons que peanuts de cette chose. Elle pourrait être dangereuse.

Vous avez appris qu'un de mes étudiants a été tué. C'est un argument fort, non ? Vous *devez* les empêcher de procéder à de nouveaux tests avec l'U-238. Attendez que je vous envoie un résumé. D'accord ?

Alicia

Elle n'aimait pas le point d'interrogation suppliant, mais il pouvait faire son petit effet. C'était une négociation mâle/femelle, après tout. Pendant de longues minutes, elle regarda les mots en surbrillance. Elle pouvait probablement faire du ramdam et convaincre les grosses légumes de l'UCI de prendre contact avec leurs homologues de Brookhaven, mais quelque chose lui disait que ce serait plus lent et moins efficace. Aux physiciens de faire le ménage chez eux.

Elle sauvegarda l'e-mail de Dave et sa réponse sur disquette, cliqua sur ENVOI et croisa les doigts.

A force de se rapprocher, les examens finirent par lui tomber dessus. Et sur Max, qui s'était retiré sous sa tente, à Caltech, pour une semaine.

Elle dut prendre le temps de préparer un examen élaboré pour le cours de physique 3B, avec trois versions différentes photocopiées sur des papiers de couleurs distinctes. Il était devenu très compliqué de concevoir des épreuves tellement semblables que les étudiants tentés de copier sur un voisin ne puissent pas savoir ce qu'il faisait. Elle alla plus loin, rédigeant plusieurs problèmes qui avaient l'air identiques, mais appelaient des réponses complètement différentes, pour piéger les tricheurs. Ça dissuadait aussi les fraudeurs qui passaient les examens sous le nom d'un autre étudiant. La parade classique consistait à exiger une pièce d'identité avec photo au moment de la remise de la copie. Il y avait beaucoup d'étudiants asiatiques à l'UCI, ce qui compliquait le problème : les Blancs étaient censés ne pas pouvoir distinguer les Asiatiques, et certains fraudeurs offraient leurs services sur la base de cet argument. Pour les contrer, Alicia avait expressément demandé à des professeurs assistants asiatiques de surveiller les examens. Briefer les surveillants, estimer l'équilibre correct entre les problèmes qui exigeaient une rédaction et les questions à choix multiples, tout ça prenait du temps.

A la fin de l'examen de deux heures, les étudiants vinrent lui poser des questions sur un nouveau film de science-fiction qui cassait tout au box-office. Ils étaient curieux de savoir s'il y avait un fond de vérité derrière la fiction. Pour autant qu'elle puisse en juger d'après leurs descriptions, il n'y en avait pas beaucoup. Elle n'avait même pas entendu parler du film.

En fait, elle avait essayé de se tenir au courant des sorties de livres et de films scientifiques, mais ils étaient faits par des ignares obsédés par le style, qui plantaient le décor dans des endroits insensés où régnait une atmosphère à couper au couteau, et dans un futur underground noir, à fort contraste, où une décoration bizarre passait pour une expression de la nouveauté. Elle n'avait jamais vu personne imaginer une expérience ou faire un calcul sur une nappe en papier en descendant des drinks dans un bar enfumé avec, en fond sonore, des riffs endiablés à la guitare électrique, mais dans les films et les séries télévisées, c'était monnaie courante. Sans doute était-ce nécessaire pour captiver un public blasé, incapable de s'intéresser à un sujet plus long qu'un spot publicitaire. Les savants étaient soit agressivement dessalés, souvent vêtus de cuir moulant, soit des intellos pitoyables, indécrottables, des névrotiques obsessionnels que personne ne songerait une fraction de seconde à prendre au sérieux, sans parler des découvertes qu'ils avaient, contre toute vraisemblance, livrées au monde tout en essayant de tirer un coup.

Zak étant occupé par les mesures du Cosm qu'elle lui avait demandé de faire et Max étant parti pour une conférence, elle se jeta à corps perdu dans la correction des examens de fin d'année. A une simple question qualitative de thermodynamique, un étudiant avait répondu : *L'eau est de la vapeur fondue*. Un autre avait écrit : *On peut entendre le tonnerre après l'éclair et ça permet de savoir si on était près d'être frappé. Si on ne l'entend pas, c'est qu'on a été frappé, alors il n'y a pas à s'en faire.* Les chargés de cours lisaient ces répliques avec jubilation autour de la table de correction. Un autre raconta comment un étudiant était venu lui dire, exaspéré : « Ma calculette fait toujours la même erreur. » Au moins, ce travail s'accompagnait parfois de bonnes rigolades.

Elle quitta son bureau au coucher du soleil, après avoir envoyé ses notes par e-mail bien avant le délai imposé, avec le sentiment du devoir accompli. L'idée d'avoir pompé à l'instant *t* l'énergie des plus brillants sujets de leur génération à la recherche de quelques connaissances solides avait quelque chose de satisfaisant.

Des militants de la cause hispanique avaient graffité un mur du bâtiment de physique. Ils avaient esquissé une carte rudimentaire de l'ouest des États-Unis rattachée au Mexique pour former un territoire ouvert au flux de dollars, de pesos et de populations. Elle vit ça en se disant qu'elle se sentait à des années-lumière de ces préoccupations.

Regarde les photons tomber, songea-t-elle, et elle s'aperçut qu'elle était ivre de fatigue. Elle alla quand même à bicyclette à l'observatoire afin de prendre des nouvelles de Zak. Tout allait bien. Il n'était jamais plus heureux que quand il pouvait s'absorber dans une manip compliquée.

— Vous avez trouvé quelque chose ? demanda-t-elle.

— Pas grand-chose, répondit-il. Le flux décroît rapidement.

Elle étudia les courbes de l'intensité lumineuse, qui diminuait d'heure en heure. Le faible rayonnement qui s'échappait du Cosm était lentement descendu des UV dans les fréquences visibles. Ils avaient capté des images des rares photons qui filtraient à travers, mais n'avaient obtenu qu'un brouillard vague, uniforme, non structuré.

Les fréquences d'émission glissaient maintenant dans l'infrarouge, et ils avaient dû emprunter du matériel supplémentaire à Walter Bron pour suivre la piste de la lueur pâle et qui allait en s'affaiblissant.

Elle regrettait que Max ne leur ait pas donné plus d'indications sur ce qu'ils devaient chercher. Elle repensa à la fameuse phrase d'Enrico Fermi : « La confirmation expérimentale d'une prédiction n'est qu'une mesure. Une expérience démentant une prédiction est une découverte. » Enfin, même ce genre de question était mineur par rapport à l'enjeu. Ils voguaient sur des eaux complètement inconnues.

— Rien dans le visible ?

Zak avait minutieusement camouflé la sphère et installé autour une nouvelle batterie de capteurs optiques.

— Toujours rien. Le pic est définitivement dans l'infrarouge, maintenant.

Elle se sentit vibrer. En matière d'expérience, on se laissait facilement aveugler par sa perspicacité. Dans les années 1930, les expérimentateurs qui bombardaient des éléments avec des neutrons avaient minutieusement conçu leurs expériences de sorte que leurs compteurs Geiger soient coupés au même moment que le faisceau de neutrons, afin de minimiser les causes d'erreur. Ils avaient raté des retombées spectaculaires ; certains éléments rendus instables par le bombardement de neutrons émettaient des radiations en se désintégrant. Cette radioactivité artificielle devait valoir le Nobel à un expérimentateur moins pusillanime.

— Regardons ça sur l'écran, dit-elle.

Il n'avait pas été très difficile d'appliquer les notions de cosmologie élémentaire qu'elle avait acquises depuis peu aux mesures du flux d'UV décroissant qu'effectuait Zak.

— Là, dit-elle en traduisant ses données en un graphe au moyen d'un simple programme de traçage. J'ai transcrit la température de vos relevés d'UV en fonction du temps du Cosm.

— Le temps de l'intérieur, vous voulez dire ? fit Zak. (Il avait encore du mal à suivre, non qu'il ne fût brillant, mais parce que c'était vraiment bizarre.) Comment peut-on déduire un temps à partir de températures ?

— Grâce à la cosmologie standard du big bang selon laquelle la température décroît avec le temps — en raison inverse de la puissance deux tiers, pour être plus précis. Je vais simplement la convertir en fonction de notre temps, et nous devrions voir la température décroître de façon exponentielle.

Zak hocha la tête.

— Parce que la racine deux tiers d'une exponentielle est toujours une exponentielle, mais plus lente...

— Vérifions. Vous voyez ? (Les relevés de température décrivaient une courbe exponentielle décroissante.) L'idée que, à l'intérieur du Cosm, le temps file à une vitesse exponentielle par rapport à la nôtre marche encore.

— Vous savez que nous obtenons maintenant une température de 300 degrés K environ ?

— La température de la pièce ?

Cette idée lui donnait le frisson. Dans la sphère opaque, les étranges moteurs de la Création se ruaient toujours plus vite vers une obscure destination. Le différentiel entre les deux flux temporels augmentait de façon exponentielle, plongée vertigineuse dans des montagnes russes cosmiques. Déjà, la lumière qui avait fait griller Brad n'était guère plus chaude que cet observatoire.

— Ouais, je n'ai de données que dans l'infrarouge. Et encore, j'ai du mal à les obtenir.

— Vous devez attendre de plus en plus longtemps pour effectuer un relevé ?

— Exact. Je suis obligé de poursuivre l'acquisition pendant près de deux heures à chaque fois, maintenant.

— Et ça va aller en empirant. En s'affaiblissant.

Les photons à l'intérieur du Cosm se comportaient encore comme un gaz prisonnier dans une boîte en expansion — la prison qu'était l'univers du Cosm, dont les parois divergeaient régulièrement dans le temps, tout comme dans l'univers «réel» —, ainsi qu'elle persistait à voir le Cosm. C'était l'effet dit de Hubble, où les galaxies paraissaient s'éloigner les unes des autres à une vitesse vertigineuse, chacune étant pourtant fixe dans son propre espace-temps localisé. L'espace-temps proprement dit s'étirait comme une feuille de caoutchouc.

Elle avait toujours eu un peu de mal à suivre ça. L'univers était en expansion, et les photons réagissaient en perdant leur énergie, d'où le décalage vers le rouge. Le «gaz» lumineux se refroidissait, sa gloire naguère éclatante maintenant réduite à un morne rougeoiement.

Dans notre univers, le seul vestige de l'époque où la lumière régnait sur toute chose est ce crachouillis de photons micro-ondes dispersés dans le ciel, la radiation équivalente à la température de 2,7 degrés K prouvant qu'il y avait bel et bien eu une époque initiale plus chaude. Cette température basse donnait la mesure de l'expansion de l'univers depuis le moment où il n'était qu'un nouveau-né vagissant.

L'univers à l'autre bout du «tunnel» qu'était le Cosm s'étirait aussi. Elle essaya de le visualiser en train de s'étendre dans une direction distincte, inimaginable, qu'ils ne pouvaient voir, Zak et elle. C'était littéralement hors de leur portée.

Telle était sa compréhension encore balbutiante de la cosmologie. Elle payait son intérêt exclusif, obsessionnel, pour la physique des particules quand elle était étudiante. Au cours de cosmologie obligatoire, elle avait régulièrement somnolé.

Et pourtant, elle était plutôt contente que la mesure de température se révèle exponentielle, comme prévu par l'équation de glissement temporel de Max. Fermi n'avait pas tout à fait raison; c'était rassurant de tomber sur quelque chose qui collait.

— Qu'est-ce que je fais, maintenant?

— Vous avez mesuré le diamètre, récemment?

— Ouais. Elle paraît plus petite de deux millimètres.
Elle haussa les sourcils.

— Plus petite, vraiment ?

— On dirait bien.

— Alors elle grandit follement dans son propre espace-temps, mais elle peut rétrécir un peu dans le nôtre, dit-elle, intriguée.

— C'est drôle, hein ?

— Notre rôle n'est pas de raisonner mais de mesurer et de rapporter. Le credo de l'expérimentateur.

— Oui, m'dame, fit Zak avec un sourire. Vos ordres, m'dame ?

— Continuez, fut tout ce qu'elle réussit à dire.

— Vous savez, je crois que vous n'auriez pas volé de vous reposer un peu.

— Possible.

— Je peux m'occuper de tout, ici.

Elle éprouva une soudaine vague de gratitude devant son expression préoccupée. Elle s'était blindée pour replonger dans le travail, mais une partie d'elle était épuisée, vidée. Elle avait besoin de sommeil, bien sûr, mais surtout d'un peu de temps pour réfléchir. Elle hocha la tête et partit sans ajouter un mot.

Comme l'installation de l'observatoire fonctionnait presque automatiquement, à présent, elle décida de laisser Zak s'en occuper et de s'accorder un moment d'évasion. Le lendemain matin, elle prit sa Miata et fonça vers Idylwild, dans les montagnes, pour deux jours de marche. Elle avait beaucoup pratiqué les sports d'équipe au lycée et à l'université. Elle était assez bonne au basket et au volley. Mais au fur et à mesure qu'elle s'isolait socialement pour s'absorber dans la physique, elle s'était rabattue sur des sports solitaires comme la marche et la natation. Il lui arrivait même parfois de s'entraîner sur des machines qui lui donnaient l'impression d'être un rat de laboratoire dans une expérience qui n'en finissait pas.

La marche était exactement ce dont elle avait besoin à

ce moment-là. Elle escalada le mont San Jacinto, mangea de bon cœur dans un grill-room et dormit d'un sommeil comateux. Elle resta toute seule, à penser au Cosm, et ne lut pas même un journal.

2

Le lendemain de son retour — elle était rentrée tard dans la nuit —, elle s'arrêta à l'Espresso Yourself, dans Forest Avenue, pour prendre un café et feuilleta distraitement le *Los Angeles Times*. Elle parcourut les scandales habituels, les potins, la politique, notant que tout ça se ressemblait de plus en plus. Son regard tomba sur un article en bas de la première page. Pas assez important pour faire la une.

EXPLOSION DANS UN LABORATOIRE DE LONG ISLAND

(AP) Une grave explosion au Brookhaven National Laboratory a endommagé la plus récente installation de physique à haute énergie du pays. L'accident s'est produit au cours d'essais impliquant de l'uranium circulant à de très hautes énergies. D'après les responsables, bien qu'on ne signale aucune radioactivité sur le site, des groupes écologistes ont demandé l'autorisation d'envoyer leurs propres équipes sur place.

Un segment entier de l'accélérateur de particules aurait explosé. Les observations effectuées par hélicoptère ont révélé la présence d'une « substance brillante » visible à travers les poutrelles et les armatures de la structure annulaire détruite. La zone fait l'objet de fouilles approfondies, un membre du personnel étant porté disparu.

La cause de cet accident dévastateur, dont les dégâts sont estimés à dix millions de dollars, est encore inconnue…

Elle se leva et sortit en courant, abandonnant ses crêpes fumantes sur la table.

C'était le début de la soirée. Une tiède pluie d'été dévalait le dôme d'argent étincelant sous les lampes à arc. Des ruisselets serpentaient sur la courbe lisse, au gré des bourrasques capricieuses soufflant de la mer. Elle avait attrapé un sac de voyage et un coupe-vent en passant chez elle et elle avait filé à l'aéroport John Wayne, où elle avait pris le premier avion pour New York. Toutes les craintes qu'elle avait ruminées en chemin ne l'avaient pas préparée au spectacle qui l'attendait.

— Des victimes ? demanda-t-elle.

— Un technicien est mort, la tête écrasée, répondit Dave Rucker qui la suivait comme un toutou. C'est un miracle qu'il n'y ait pas eu d'autres victimes. Une énorme quantité d'acier a été soufflée aux alentours.

Elle eut soudain une impression nauséeuse. D'abord Brad, et maintenant celui-là...

— Je voudrais voir ça de plus près, dit-elle en s'approchant de l'anneau du RHIC.

— Euh... La sécurité n'autorise personne...

— Dites-leur que je leur signerai une décharge.

Les lieux étaient entourés de grillage et des vigiles du labo de Brookhaven patrouillaient tout autour, mais un hochement de tête de Dave leur valut le passage. La boue collante compliquait la marche. Le globe de chrome dépassait de l'enceinte de béton et de poutrelles tordues qui étaient tout ce qui restait de l'accélérateur.

— Quel diamètre ?

— Près de seize mètres. Elle a manifestement fait sauter tout ce qui se trouvait sur son chemin : le tube radial, les capteurs du BRAHMS, l'infrastructure.

— Elle n'a rien absorbé dans le labo ?

— Apparemment pas, soupira Dave. Elle a juste repoussé ce qui était là, *wham !* Une vraie bombe.

— Exactement comme la nôtre, mais en plus gros.

— Je suis content que vous soyez venue tout de suite. Comme vous n'appeliez pas...

— Je ne suis pas repassée à l'UCI, répondit-elle, distraite. C'est une sphère complète ?

La pluie redoublait, à présent, et elle regardait la chose entre ses paupières plissées.

— On dirait. Une équipe est entrée dans le tunnel et a dit que ça en avait tout l'air.

— Éteignez les projecteurs.

— Pourquoi ?

— Faites ce que je vous dis.

— Je voudrais bien savoir pourquoi.

— Je ne suis pas sûre. C'est juste une intuition. S'il vous plaît, ajouta-t-elle après coup.

Il mit un moment à obtenir l'autorisation des types en ciré jaune plantés à côté de tentes érigées en hâte. Sans rien demander à personne, Alicia s'approcha du dôme à le toucher. Pas de vapeur à l'endroit où la pluie tombait dessus. Elle effleura la paroi. Solide, et guère plus chaude que le sol. Les projecteurs s'éteignirent et elle attendit que ses yeux s'adaptent à la soudaine obscurité. Le globe était aussi noir que la nuit. Les bavardages, en bas, avaient cessé. On n'entendait plus que la douce pluie qui dégoulinait des branches et criblait son capuchon. Tout le monde semblait attendre quelque chose.

Dave gravit la pente glissante, derrière elle.

— Ils ont dit que c'était d'accord, pour une minute.

— Vous voyez quelque chose ?

— Euh... non, je devrais ?

— Elle n'émet rien de visible. Vous avez des détecteurs d'UV dans les parages ?

— On fait installer toute une batterie d'appareils. Ordre du directeur. Pas de radioactivité, on en est sûrs. C'est la première chose qu'on a vérifiée.

— Quand l'avez-vous mesurée ?

— Une heure après l'explosion.

— Il s'est produit toutes sortes de processus nucléaires dans l'univers primitif. Je me disais qu'il en émanerait peut-être certaines particules qui abandonneraient ici des éléments résiduels de la désintégration, induisant de la radioactivité...

— Nous n'en avons pas détecté, fit la voix de Dave, vibrante de tension contenue dans les ténèbres ruisselantes.

— Tant mieux, avec ces écolos.

Dave eut un gloussement sans joie.

— Ça, je dois dire...

— C'est arrivé à quel stade de l'essai ?

— Au deuxième jour.

— Le flux d'uranium était comment ?

— Ça tournait. C'était un bon test.

— Vous avez eu de la chance, dit-elle en passant les mains sur la surface lisse qu'elle ne pouvait voir. Je ne sais pas ce qui détermine la taille de la chose, comment elle apparaît dans notre espace-temps, mais il est évident que c'est assez pointu. Vous auriez pu en obtenir une encore plus grosse.

— Nom de Dieu ! Qu'est-ce que c'est ?

Elle sentit qu'il était sur la défensive et ne savait trop par quel bout la prendre. Il était évident que les gens du labo la détestaient, mais aujourd'hui, c'était elle l'experte, et ils étaient dans leurs petits souliers.

— Je crois que c'est un univers.

— Hein ?

— Il est évident que sa manifestation dans notre espace-temps dépend pour beaucoup des conditions dans l'état de quark-gluon, dit-elle pensivement. Des choses comme la taille apparente dans notre cadre de référence. Peut-être que le décalage temporel...

— Je ne vous suis pas.

— Le nôtre a dix semaines de plus que celui-ci, mais il n'y a pas forcément de raison de penser que l'évolution de celui-ci sera parallèle.

— Votre étudiant...
— Exactement. Vous feriez mieux de dégager la zone.
— Vous croyez...
— Je ne sais pas. De l'autre côté... enfin, je ferais mieux de dire à l'autre bout, il y a un plasma bouillant de particules élémentaires en expansion, aussi mortel que l'enfer. Il se refroidit et, au cours de son évolution, il pourrait en filtrer une partie à travers à tout moment.
— A tout moment...
— Il se passe quelque chose de spécial lors de la recombinaison, au moment où les atomes se forment, mais nous ne savons pas pourquoi.
— Vous pensez que ça va exploser?
— Je formule des hypothèses. Fichons le camp d'ici.
Elle descendit rapidement la pente couverte d'herbe, glissa sur la boue et tomba d'un bloc sur les fesses, consciente à chaque instant de la présence dans son dos de l'énorme sphère argentée, pareille à une arme braquée sur elle.

Elle resta encore à Brookhaven le temps de parler à un aréopage de physiciens et de responsables — ni presse ni médias. Elle leur devait bien ça, même si elle ne voulait pas jouer les pythonisses. Ni supporter les regards et les murmures de gens qui ne la connaissaient pas mais avaient manifestement entendu toutes sortes de rumeurs à son sujet.

Ainsi soit-il. Les physiciens des particules ne se considéraient pas tant comme une élite que comme une prêtrise. Le directeur la présenta avec un minimum de formalisme, ne citant que les liens de l'UCI avec le BRAHMS.

— Peut-être pourrez-vous, docteur Butterworth, projeter un éclairage plus précis sur l'accident, conclut-il, avant de s'asseoir.

Messieurs les membres du jury, vous pouvez vous asseoir...

Elle dit devant un grand amphi bourré tout ce qu'elle savait, clairement, distinctement, raconta les choses comme elles s'étaient passées, ne cachant rien de ce qu'elle avait fait à Brookhaven : comment elle avait subtilisé la sphère, ses travaux, sa lente compréhension.

Des murmures hostiles montaient de l'assistance, mais elle poursuivit sans se laisser impressionner, relatant ses premières expériences, dressant la même liste de caractéristiques énigmatiques qu'elle avait établie pour Zak. Leurs premiers travaux semblaient maintenant remonter à une éternité. Et le public reçut son témoignage comme si elle revenait de pèlerinage dans un pays éloigné, inconnu.

Soudain, elle s'était trouvée propulsée sous le feu des projecteurs par un événement inimaginable, une révolution qui s'était produite sans préavis, et beaucoup se demandaient s'ils devaient l'acclamer ou la conspuer. Force lui était d'admettre qu'elle ne l'aurait probablement pas su elle-même.

Quand elle en arriva au spectre UV de corps noir et à l'émission de recombinaison, on aurait entendu voler une mouche dans l'amphi. La mort de Brad n'était qu'une donnée parmi d'autres. Elle considérait maintenant l'effet de décalage temporel comme une idée assez solide, et elle résuma les idées de Max sur la possible nature des sphères, ce qui la fit entrer dans l'arène des théoriciens. Elle leur livra les éléments de connaissance auxquels elle était parvenue, tout en précisant que ce n'était pas son domaine de compétence. Elle conclut par le refroidissement continu, rapide, de l'émission infrarouge de la sphère qui la ramenait en terrain connu. Sa sphère avait maintenant dix millions d'années, à plus ou moins un million près.

Silence. Quelques applaudissements éclatèrent, puis d'autres, et bientôt toute la salle vibra sous un tonnerre d'acclamations. La cause était entendue. Elle songea à la réflexion classique selon laquelle les applaudissements étaient l'écho d'une platitude, mais non, c'était bien, elle trouvait ça bon, tout à coup.

Puis il y eut les questions.

Pourquoi ce phénomène s'était-il produit avec les collisions d'uranium et pas avec l'or?

— Eh bien, peut-être parce que l'énergie totale est supérieure? A moins que cela ne vienne du fait que les noyaux d'uranium sont oblongs, de sorte qu'ils se heurtent parfois selon leur axe longitudinal?

Comment se faisait-il que les rayons cosmiques, qui s'entrechoquaient en permanence dans l'espace, ne produisaient pas de telles sphères? Il y avait des noyaux d'uranium dans les rayons cosmiques.

— D'abord, comment pouvons-nous savoir qu'il ne s'en produit pas? Ensuite, peut-être la stabilité de la sphère est-elle due à l'environnement du RHIC, à l'alignement des noyaux d'uranium, par exemple. Les impacts aléatoires de l'espace interstellaire rendent les sphères instables, et elles ne survivent pas.

Une voix, au fond, argua que des sphères stables pouvaient fort bien naviguer entre les étoiles sans que personne le sache. Si l'une d'elles tombait dans notre atmosphère, rien ne prouvait qu'elle survivrait à un impact de 10 kilomètres/seconde. Elle hocha la tête et ajouta :

— Là, je suis hors jeu.

Sourires. Il faudrait qu'elle pense à utiliser plus souvent des métaphores sportives.

Est-ce qu'elle pensait sérieusement que cette chose était une porte vers un autre espace-temps?

— Eh bien... oui. Mais toutes les idées sont les bienvenues. Je suis sûre que les théoriciens en auront des quantités d'ici demain matin.

Rires.

D'accord. Mettons que cette sphère soit un passage, vers quel genre d'univers donnait-il? Einstein-de Sitter? Minkowski?

Elle n'en avait pas la moindre idée.

— Le docteur Jalon a modélisé la première sphère, partant du principe qu'elle était près de la densité critique, ce qui l'amènerait à cesser de se dilater puis à se contracter. Si j'ai bien compris, c'est l'un des modèles de la classe Einstein-de Sitter.

Ça parut les satisfaire. Elle devrait peaufiner ses connaissances en cosmologie. Un théoricien reconnu se leva et fit une longue déclaration assez délirante sur le fait qu'une véritable déformation de l'espace-temps ressemblerait à un trou noir et disparaîtrait, de sorte que ces sphères devaient être autre chose.

— J'ai lu des choses sur la théorie des trous de ver, et je crois que vous négligez la possibilité que des matériaux exotiques puissent maintenir ouverte une embouchure de l'espace-temps. (Elle avait trouvé irrésistiblement soporifiques les articles que Max lui avait passés. Elle se félicitait, maintenant, de les avoir lus.) Il y a même un livre de Matt Visser.

Toujours finir par une allusion à la littérature, impliquant que le contradicteur ne savait pas tout.

Alicia commençait à être fatiguée, tendue. La question suivante concernait les propriétés réelles de la sphère.

Elle poussa un soupir de soulagement. C'était bon de se sentir libérée du carcan de la théorie bancale et de s'éloigner des problèmes fumeux liés à l'interprétation pour aborder à nouveau des questions concrètes. Elle énuméra les mesures qu'ils avaient effectuées et leurs résultats. Elle regretta de ne pas avoir préparé de diagrammes à projeter. Mais tous les détails étaient clairs dans son esprit, et elle les inscrivit sur un grand tableau peint en vert. Elle retraça, rapidement et avec précision, les variations de température des UV en fonction du temps et la zone de recombinaison.

Son profil professionnel avait supporté l'épreuve. Comme bien d'autres, elle s'en était sortie en adoptant l'attitude escomptée : compétente, un peu provocante, un tantinet hautaine. Une blague éculée disait qu'un physicien des particules devait « se comporter en Anglais et penser comme un Yiddish, mais pas le contraire ». Etre une garce brillante, cassante — ou, dans son cas, une garce tout court. Ça marcha bien quand les questions commencèrent à fuser, certaines lancées du fond de l'amphi, d'une voix rauque, rendue stridente par une colère à peine contenue. Encaisser la critique, la dévier, et surtout l'évacuer vous valait une certaine admiration. Il fallait montrer que les auteurs de travaux médiocres seraient démasqués, quels qu'ils soient. Toute subtilité était vaine ; elle avait compris depuis longtemps comment mettre son travail en valeur, détourner l'attention de celui des autres et manœuvrer ses aînés pour se les mettre dans la poche.

Au bout de deux heures, quelqu'un donna le signal de la pause café. Elle refusa de sortir dans le foyer, pour ne pas risquer l'affrontement individuel. Il y aurait des gens furieux qu'elle leur ait pris la première sphère. Elle réalisa alors seulement que personne ne l'en avait accusée en public. Était-ce une question de courtoisie ? Ou bien, maintenant qu'ils avaient leur propre sphère, pouvaient-ils se permettre de la traiter avec mansuétude ?

D'accord, le directeur avait été d'une amabilité minimale. Les autres gardaient leurs distances, même à présent, se massant autour des cafetières, la laissant dans son coin. C'était assez normal, se dit-elle. Mais peut-être le *vulgum pecus* comprenait-il viscéralement pourquoi elle avait agi ainsi, une sorte de non-dit qui leur aurait été transmis par sa voix, son attitude, une sorte d'instinct tribal ?

Elle se réfugia dans un coin pour siroter son café. Il était minuit, remarqua-t-elle distraitement, mais c'était comme si son esprit ne voulait pas se concentrer sur l'instant présent. Elle pensa à Brad, puis à la seconde victime. Ensuite, la conférence reprit, et elle réussit enfin à s'esquiver. L'appartement qu'ils avaient mis à sa disposition pour la nuit était en bien meilleur état que les logements de fonction habituels.

Le lendemain matin, avant de reprendre l'avion, elle eut un bref entretien avec le directeur et ses collègues. Elle n'avait pas grand-chose à ajouter aux résultats des mesures qu'ils avaient effectuées à Brookhaven, et avec tout ça, il y avait quatre jours qu'elle n'avait pas vu son propre Cosm.

— Pouvez-vous nous assurer, docteur Butterworth, que ce globe ne se dilatera pas ? demanda le directeur.

— Non, bien sûr. Le nôtre a augmenté et rétréci sans raison apparente. Je pense qu'il s'ajuste à des effets mineurs dont nous ignorons tout.

— Quelle dimension maximale pourrait-il atteindre ? insista le directeur.

— Le diamètre du nôtre a varié de quelques pour cent. Mais rien ne prouve que le vôtre ne va pas devenir de la taille de Long Island d'ici deux minutes.

Tout le monde eut l'air consterné.

— Les possibilités sont inversement proportionnelles à la quantité de savoir, ajouta-t-elle d'un petit ton léger.

— Parce que nous n'avons pas de théorie des fortes gravités, dit le chef de la division des théoriciens.

Elle eut un mince sourire.

— Je dirais surtout que nous manquons d'expérience de ce genre d'objet. Au fond, rien ne prouve que ce soit principalement un effet gravitationnel.

— Que voulez-vous que ce soit d'autre ? La courbure de l'espace-temps...

— C'est un modèle. Je ferais plutôt confiance aux expériences directes.

— C'est justement ce que je préférerais éviter, fit le directeur d'un ton plus ou moins aseptisé. Votre propre étudiant est mort d'avoir été exposé à ce genre d'expérience...

— Et avec une sphère beaucoup plus petite, renchérit-elle. Nous ne pouvons pas être sûrs que les coordonnées temporelles de la vôtre correspondent aux nôtres comme celles de... (elle hésita, s'arrêta avant de dire « ma sphère » et poursuivit :) la sphère de l'UCI. Elle pourrait commencer à émettre des quantités d'UV ou Dieu sait quoi à n'importe quel moment.

Le directeur donnait l'impression de ne pas avoir beaucoup dormi la nuit précédente.

— Je suppose qu'il va falloir que j'évacue la zone...

— S'il n'y a personne assez près pour l'étudier, vous n'apprendrez rien, dit-elle.

— Il faudra que nous fassions appel à des volontaires.

Elle n'enviait pas cet homme. Elle n'avait pas dit à Dave ou à qui que ce soit qu'elle leur avait déconseillé de poursuivre les essais avec l'uranium. Elle n'était pas exempte de reproche, non plus.

— Nous comptons avoir accès à toutes vos données sans restriction, dit le directeur avec raideur.

— Comptez sur moi, dit-elle.

Les gardes du labo fendirent la meute des journalistes que la pluie contribuait à tenir à l'écart. Ils mirent une voiture de fonction à sa disposition et Dave l'accompagna. Il n'était pas désagréable, en fin de compte. Ils parlèrent des spéculations avancées par le chef de la division « Recherche théorique », qui ressemblaient aux premiers travaux de Max. Ils n'en étaient qu'aux préliminaires, dit-elle, et elle le pensait. La physique avait abandonné certaines idées comme la théorie corpusculaire de la lumière et la transmutabilité des éléments, avant de faire marche arrière et de reconnaître qu'elles méritaient d'être tirées des oubliettes. La théorie était à la merci de l'expérimentation, qui n'était, après tout, que des expériences ordonnées.

Une équipe de la télévision les suivit jusqu'à l'aéroport et essaya de la filmer à travers la vitre de la voiture. Elle se détourna.

Enfin, ça y était, le Grand Moment, la rouge nature, tout en griffes et en dents[1].

Tu l'as voulu et tu l'as eu, cocotte, se dit-elle in petto. *Alors ne viens pas pleurnicher.*

3

— Halut, édranger, dit-elle à Max à travers son nez bouché.

— Hmm. Ainsi donc, la déesse a attrapé un rhume...

— Hunh?

— Il y a un nom pour les entités de votre sexe qui passent leur temps à créer des univers, poursuivit-il avec un sourire gigantesque en s'asseyant sur une paillasse de labo.

— Les déesses de s'enrhubent bas.

— Eh bien, j'en connais une à qui ça arrive. Ah, et puis j'ai lu des choses sur vous...

— Hein?

— Le *New York Times*, en première page.

Elle entrevit le gros titre pendant qu'il lui tendait le journal.

L'ACCIDENT DU LABORATOIRE SERAIT LIÉ
À UNE DÉCOUVERTE ANTÉRIEURE
Un professeur de physique de Californie
« vole » une sphère étrange

— Oh dooon...

Elle s'assit lourdement sur un bureau de fortune qu'elle avait collé contre le mur extérieur de l'observatoire, le

1. « Nature red in tooth and claw. » Cette « catch phrase », passée dans le langage courant, est de Tennyson, *In Memoriam*, LVI. *(N.d.T.)*

seul endroit pas encore envahi de matériel et d'instruments de mesure. L'article du *Times* n'était pas trop tendancieux, mais il la mit en colère quand même.

— Y avait bas de jourdalisdes à la gonférence gue j'ai doddée à Brookhaven !

— Les gens parlent.

— Le diregdeur a dit qu'il voulait gue ça resde segret bour évider de brovoquer la banique.

— Hum. Je parie qu'il a approuvé la fuite et que c'est même lui qui a choisi le terme.

— Guel derbe ?

— « Volé », bien sûr.

— Bour faire valoir les droits de Brookhaven ?

— Eh oui. Brookhaven voudrait faire reconnaître ses droits de propriété légitimes sur les deux sphères et vous faire porter le chapeau pour ne pas les avoir prévenus.

— Bais je l'ai fait !

— Vous pouvez le prouver ?

— Addendez... Où ai-je bis ce...

Ni son e-mail ni celui de Dave n'étaient sur son disque dur.

— J'ai dû bal les sauvegarder, dit-elle avant de se rappeler qu'elle en avait une copie sur disquette, dans la mallette qu'elle avait emportée dans l'avion.

— Génial, fit Max en lisant attentivement les deux messages. Maintenant, vous pouvez passer à l'action.

— Euh... Gobbent ?

Elle avait la tête pleine de coton depuis qu'elle était descendue de l'avion qui l'avait ramenée de New York, et elle pensait au ralenti, au point qu'elle se sentait complètement débile.

— Prévenez-les que vous avez ça, fit-il en agitant la disquette. Et que vous n'aimez pas que leurs petits copains viennent nettoyer votre disque dur.

Elle étouffa un hoquet de surprise et le regarda d'un air dubitatif. Max secoua la tête.

— Mon Dieu, que vous êtes naïve, fit-il d'un ton compatissant. Il y a des tas de gens, ici, qui seraient prêts à faire une faveur à de vieux amis de Brookhaven. Surtout s'ils étaient d'avis que vous avez commis une sérieuse entorse à l'éthique professionnelle.

— J'ai un bot de basse...

— Que n'importe quel gamin féru d'informatique pourrait briser en une microseconde.

— J'ai beut-êdre effacé les fichiers boi-bêbe.

— Peut-être.

Un haussement de sourcils, un sourire.

— Je... ça b'édonne quand bêbe.

— Et moi, je parie que j'ai raison. Vous savez, vous aviez le nez tellement collé sur le Cosm que vous n'avez pas réalisé que ça prenait des proportions gigantesques. Parce que c'est vraiment gigantesque.

— Je suis... daïve?

— Et charmante. Maintenant, vous devez publier. Adressez-vous directement aux physiciens, affichez votre découverte on line sur le Web.

— Beuh... Je sais bas si...

— Tout le truc est d'être la première. Et si Brookhaven sait que vous pouvez apporter la preuve que vous les aviez mis en garde, ils n'oseront plus vous voler dans les plumes par médias interposés.

— Les médias ne sont pas censés être au courant!

C'était comme si sa colère croissante lui dégageait les sinus.

— C'est ça, c'est ça, Blanche Neige, fit-il avec un sourire sardonique.

Publier? Autant lui suggérer de prendre des photos alors qu'elle était au beau milieu d'une bagarre. Enfin...

Le délai nécessaire à la publication d'un article était proportionnel au nombre d'obstacles dressés par des arbitres anonymes. La publication était peut-être l'un des derniers bastions de la science, cette méritocratie; des géants pouvaient voir leurs précieux articles lacérés par des nains. Les duels avec des juges masqués fournissaient un sujet inépuisable lors des déjeuners de physiciens. Ils pouvaient l'empêcher de publier pendant des mois, des années.

Elle mit cela en perspective avec le temps qu'il lui faudrait pour rédiger une description complète de l'objet, de sa genèse, des méthodes et des échecs, des comparaisons entre la théorie et l'expérimentation, des autres explications possibles...

Trop dur. Elle n'écrivait pas vite, de toute façon. C'était la tare de tous ceux qui devaient lire lentement pour peser des arguments de poids dans des pavés rédigés dans un jargon truffé de sigles. Quand on lisait à cette allure d'escargot, on ne pouvait pas écrire vite. D'une certaine façon, c'était une bénédiction pour la physique, car sans cela les publications auraient été encore plus obèses.

— Vous pourriez suivre une autre stratégie, plus risquée, observa Max. La voie de la « publication orale ». Faire la tournée des endroits stratégiques en avion, donner des séminaires. Ce serait le moyen le plus rapide de faire connaître vos résultats.

— Et de m'empêcher de poursuivre mes expériences.

— Ouais, en effet.

Non, la réponse était de pondre une description laconique de la « découverte » de l'objet et de ses propriétés. Point final. Pas de spéculations, peut-être quelques chiffres et quelques graphes reprenant les données. Qu'ils tirent la langue en attendant la suite. Et envoyer ça à *Physical Review Letters*, la cheville ouvrière de la profession ? Il était plus que probable que sa parution serait bloquée. Elle connaissait un rédacteur en chef de *Physics Letters*. Pourquoi ne pas taper de ce côté-là ?

Et puis il y avait Max. Elle se reposait tellement sur lui, depuis si longtemps, qu'elle avait l'impression de l'avoir toujours vu dans le paysage. Et s'il développait sa théorie par écrit ?

Non. Et il ne tenait pas non plus à cosigner l'article. Elle s'en étonna. Il s'était contenté de la « mettre sur la voie », comme il disait. Les faits primaient ; la théorie venait loin derrière.

— Mais c'est vous qui m'avez soufflé ce qu'il fallait mesurer, contra-t-elle. L'effet de marée...

— Nous publierons plus tard. Pour l'instant, vous êtes à la batte.

— Pourquoi les hommes utilisent-ils toujours des métaphores sportives ?

— Et pourquoi les femmes font-elles tellement d'histoires quand ça nous arrive ?

— Écoutez, il est relativement aisé de fouiner un peu partout. C'est de chercher dans la bonne direction qui est difficile...

— Hé, c'est la première fois que je vois des gens se bagarrer pour ne pas retirer le crédit d'une découverte ! fit-il avec un sourire.

— D'accord, bonhomme...

Ça vint assez facilement, en fait. Elle s'assit devant son portable et commença à taper en revenant aux règles fondamentales : éviter le style passif, des phrases simples, descriptives, une logique linéaire. Elle ne fit que très rarement appel à ses carnets de labo. Les chiffres étaient gravés dans sa mémoire. A sa grande surprise, elle en vint à bout en quelques heures.

Elle demanda à Jim, au secrétariat du département, de faire annoncer le colloque sous son seul nom avec la mention « Sujet à préciser ». Les petits calibres n'utilisaient jamais ce stratagème, à moins de vouloir parler devant une salle vide. Elle comptait sur Radio-Moquette pour prévenir le département tout entier, mais assez lentement pour n'attirer que quelques étrangers des autres campus et, avec un peu de chance, aucun membre de la presse.

Zak avait bien formalisé les dernières données sur le

Cosm, ce qui lui permit de conclure sa conférence tirée au cordeau, accompagnée de nombreux graphiques, par la projection d'une jolie courbe montrant le refroidissement de l'émission naturelle de photons. « Le rayonnement fossile », comme disaient les cosmologistes, et pourtant elle ne pouvait oublier que Brad en était mort, sept semaines auparavant. Elle avait ouvert le colloque en le lui dédiant. Son article était signé de leurs trois noms, à Brad, Zak et elle. En conclusion, elle demanda une minute de silence à la mémoire de Brad et laissa sous l'objectif du rétroprojecteur la courbe de refroidissement d'un univers entier où sa mort était indiquée par une croix rouge.

Tout se passa bien, si ce n'est qu'un personnage du groupe de physique des particules demanda à plusieurs reprises, et d'un ton acerbe, s'il était convenable de subtiliser la sphère à Brookhaven. Elle se dit soudain que Max avait probablement raison à propos du message de mise en garde qui avait mystérieusement disparu de son ordinateur. Et si c'était ce monsieur respectable qui avait effacé son disque dur ? Elle regarda son estimé collègue avec perplexité. Elle ne le saurait probablement jamais.

Elle s'attendait à être abreuvée de courrier électronique au sujet des sphères, mais c'était oublier que l'examen de fin d'année avait eu lieu quelques jours plus tôt, et que les étudiants venaient de recevoir leurs notes. Elle n'était pas préparée à recevoir autant de messages de ses étudiants de physique 3B.

Donnez-moi une chance, disait l'un d'eux. *Pour l'école de médecine j'ai *vraiment besoin* d'un B à cette option.* Un autre implorait : *Si vous ne me mettez pas au moins C, je peux dire adieu à ma bourse !* Comme le cours était surtout suivi par des étudiants en biologie, lesquels étaient pour la plupart des candidats à l'école de médecine avec une fausse barbe, elle avait beaucoup de *Si vous ne me mettez pas une meilleure note, ma vie est fichue.* Plusieurs avaient laissé des messages téléphoniques lui demandant de les rappeler. Sans explications, bien sûr, mais elle reconnaissait les noms.

Enfin, c'était moins grave que les gamins aux yeux de cocker qui se pointaient à la porte de son bureau : « Professeur Butterworth ? J'étais dans votre cours de 3B, vous vous souvenez ? Euh... J'ai eu un B et je me demandais si je pouvais faire quelque chose pour améliorer le score... »

Elle était tentée de répondre : « Vous ne trouvez pas qu'il est un peu tard ? C'est du verdict que vous avez peur ? » En fait, tous ceux qui venaient mendier une révision de leur note se caractérisaient par une sainte horreur des décisions irrévocables, des notes définitives et des moments fatidiques qui passaient à jamais lorsqu'on ne savait pas saisir sa chance. Non, ils croyaient que les bons points distribués à l'école primaire menaient automatiquement à l'université. D'habiles supplications devaient valoir une meilleure note, non ? Les notes définitives, arrêtées et affichées, ne faisaient qu'annoncer le moment de gémir pour avoir mieux. Le seul fait de demander devait compter pour quelque chose, non ? Ça permettait de gagner des points comme des hamburgers gratuits ou des T-shirts. Après tout, dans le vaste monde, la célébrité et la fortune allaient souvent à des gens qui n'avaient aucun amour de la connaissance ; pourquoi serait-ce différent à l'université ? Ils voulaient améliorer leur temps après l'arrivée de la course, ou obtenir un crédit d'estime au lieu de passer l'examen. Comme si trouver la bonne réponse n'était, après tout, qu'une partie du processus d'apprentissage.

Sauf qu'une erreur de calcul dans les charges et les tensions d'un pont risquait de provoquer son écroulement, que si un interne en médecine se trompait dans un dosage, quelqu'un mourrait peut-être sur la table d'opération. Ce genre d'éventualité n'affectait pas leur étrange certitude qu'ils auraient mérité de mieux s'en tirer, et que c'était le système qui n'allait pas. Dix pour cent seulement de ses étudiants pensaient de la sorte, mais ils la mettaient en colère. Ils voulaient être jugés sur leur potentiel et se demandaient pourquoi le monde ne voyait pas les choses comme eux.

Elle resta au lit pendant plusieurs jours, pour se reposer et soigner son rhume. Ce qui était aussi bien, parce que les médias étaient à l'affût des nouvelles.

Le photographe de *Newsweek* mitraillait les environs de l'observatoire en sautillant, apparemment en quête d'une sorte de roman-photo-vérité. Il accompagnait un journaliste qui n'arrêtait pas de poser des questions insidieuses. Ils étaient cornaqués par une publicitaire de l'UCI angoissée, tiraillée entre la jubilation d'avoir sur place une équipe d'un news magazine d'envergure nationale et le regret que l'UCI n'ait pas trouvé le temps et les moyens de donner le bon spin aux actions d'Alicia.

Elle les laissa tous grenouiller et s'affairer autour d'elle. Le journaliste, un type aux cheveux noirs, clairsemés, ternis par une teinture, peignés en arrière et collés au crâne, portait un costume noir, strict, très new-yorkais. Entre ses questions visqueuses et les « Vous pourriez vous tourner un peu par là » du photographe, elle poursuivit ses manips en regrettant de ne pas avoir mis quelque chose de mieux qu'un jean noir et un vieux chemisier.

Puis elle prit un appel sur son portable personnel — elle ne répondait plus au téléphone de la fac et n'écoutait pas les messages qu'on lui laissait sur cette ligne —, appel qui se révéla être du *Scientific American*.

— Je suis déjà abonnée, dit-elle.

Elle faillit couper la communication avant que son interlocutrice n'ait eu le temps d'articuler qu'elle était journaliste.

— Je vérifie juste quelques faits. Je veux dire, vous n'avez pas beaucoup publié…

— Jamais, en réalité.

— Mais mon petit doigt me dit que vous êtes sur le point de le faire.

— Alors, pourquoi ne pas attendre que je le fasse?

— La conjonction du désastre de Brookhaven et de votre invention a tellement stimulé le débat...

— C'est une découverte, pas une invention.

— Certes. Mais il paraît que vous n'interprétez pas correctement cette découverte...

— Alors, je l'aurais «inventée»?

— Euh... Je me demandais si vous pourriez commenter quelques passages de l'article que nous sommes en train d'écrire.

— Lisez-les-moi.

— Nous consacrons près de deux pleines pages au dossier dans la section «Science et Société». Nous avons ici un professeur qui dit qu'il y croira quand il l'aura vu. Et...

— Pour moi, il veut entrer au labo, c'est tout.

— Oui, hein? dit-elle avec empressement.

— Et qui a dit ça?

— Euh, ce n'est pas un de nos rédacteurs attitrés. Désolée. La critique suivante...

— Et vous voulez que je réponde à des insultes anonymes?

— Je me rends bien compte que ce n'est pas...

— Imprimez juste ça, d'accord? «Les chiens aboient et la caravane passe.»

— Pardon?

Elle répéta la formule, sachant que ça paraîtrait arrogant et s'en fichant éperdument.

— Je ne suis pas sûre de pouvoir utiliser ça.

— C'est tout ce que vous obtiendrez de moi.

Elle raccrocha et se remit au travail en secouant la tête, comme pour chasser toutes ces idées.

Pendant le colloque, et dans son article, elle avait obéi à un schéma inconscient qui venait seulement de lui apparaître.

Plutôt que de dire le Cosm, elle disait «ça» ou «l'anomalie», en partie parce que prononcer ce nom lui faisait encore un drôle d'effet, mais aussi, elle le reconnaissait non sans mélancolie, par suite d'une arrière-pensée un peu mesquine : et si on lui donnait son nom à elle? «L'objet de Butterworth»? C'était vraiment mesquin, et elle écarta cette idée sitôt formulée, mais elle lui tournait dans la tête. On donnait aux astéroïdes les noms des astronomes qui les avaient repérés, mais les objets plus gros comme les planètes et les étoiles recevaient des noms tirés de la mythologie. Le nombre d'Avogadro, la constante de Planck, la loi de Boyle... Il y avait même l'expérience de la goutte d'huile tombante de Millikan, qui courait toutefois le danger de finir, comme tous les termes trop longs, par n'être bientôt plus connue que par son acronyme : laser voulait dire Light Amplified by Stimulated Emission of Radiation; seuls les professionnels connaissaient les noms de ses inventeurs.

Elle finit par comprendre qu'en disant tout le temps «ça» ou «la chose» elle trahissait un certain sentiment de culpabilité, et elle y renonça. Autant dire l'Objet de Butterworth-Jalon, puisqu'il avait été assez hardi pour imaginer ce que ça pouvait être... Enfin, à condition qu'il ait vu juste. Et puis il y avait toujours une possibilité annexe que, étant donné ses proportions personnelles, d'aucuns l'appellent la Boule de Butterworth...

4

Alicia :

Nous avons suivi vos procédures d'observation et nous avons repéré la radiation UV. Nous constatons une distribution de corps noir, et elle se refroidit vite. Nous estimons que la recombinaison devrait avoir lieu d'ici deux semaines. Nous sommes donc assez près du niveau de développement de votre sphère.

Notre groupe de réflexion pense que l'éclair très vif constaté au moment de la recombinaison pourrait être dû à un ajustement de la sphère provoquant l'émission d'un plus grand nombre de photons. Nous nous demandons si ce « col », comme vous dites, subit un changement dynamique. D'autres éléments de votre côté ?

Dave Rucker

Dave :

Nous observons un refroidissement continu. La sphère s'est encore contractée de trois millimètres. Il semblerait donc que des ajustements mineurs se poursuivent.

Mieux vaudrait faire attention vers le moment de la recombinaison.

Tâchons d'en dire le moins possible aux médias.

Alicia

Alicia :

Notre directeur est d'avis que, puisque cet objet a provoqué la fermeture du labo pour une durée indéterminée, c'est nous qui avons le plus souffert et nous devrions gérer toutes les relations avec la presse. Nous sommes actuellement en cours de négociations avec l'UCI.

Le globe pèse plus de mille tonnes ! Nous tenons cette mesure d'une étude combinée de géologues et d'ingénieurs. Il repose sur le lit de roche. Personne n'a la moindre idée de la façon dont nous pourrions l'enlever de la trajectoire du RHIC.

Dave

Dave :

Génial. Affrontez les médias tant que vous voudrez. J'ai eu une petite séance de négociation avec la vice-présidente Lattimer et quelques autres de nos huiles. Je suppose qu'ils vont jouer le coup avec les gens de chez vous. Ils veulent aussi gérer les développements. Je propose que nous les laissions se bagarrer, d'autant que pendant ce temps-là ils nous fichent une paix royale avec les aspects physiques.

Avez-vous pensé à reconstruire le RHIC autour de votre Cosm ? Pourquoi ne pas modifier la courbe de sorte que les particules en fassent le tour ?

Serait-ce possible ?

Alicia

Alicia :
Nous avons déjà réfléchi à tout ça. Ce ne serait pas donné, mais surtout, qui voudrait travailler à proximité du globe ? C'est le gros problème. La prime de risque nous mettrait sur la paille.
Nous attendons la recombinaison en serrant les fesses.
Nous recevons des visites — des manifestants. Et même des menaces.
Tout le monde est assez déprimé. Le RHIC est fichu et il se pourrait que nous n'arrivions jamais à le reconstruire. Et quand bien même, ça nous prendra au moins un an. Les expériences avec l'or ont bien marché, mais nous n'osons plus utiliser l'uranium.

Dave

Dave :
Dites-vous que Magellan n'a jamais fait le tour du monde, mais c'est son nom que l'Histoire a retenu.

Alicia

Le dernier message était un piètre hommage, mais elle ne voyait plus quoi dire.

Des dizaines d'années auparavant, un résultat important, qui avait finalement remporté le Nobel, avait failli être rejeté par le *Physical Review Letters* parce qu'il y avait eu des fuites dans le journal de l'université locale. Il avait fallu qu'un étudiant en journalisme avoue avoir écrit son article d'après des bruits de couloir pour que le rédacteur en chef de la revue passe l'éponge et ordonne la publication immédiate. Alicia s'inquiétait de ce genre de problème et attendait avec anxiété la décision de *Physics Letters*, publication qui passait pour un peu moins intransigeante.

Non que les revues soient si importantes, se disait-elle, surtout depuis que la physique s'étalait dans le Net. On n'y parlait que de recherche. Tout ce qui était écrit et publié sur papier était par définition ringard, académique, rasoir.

Elle avait affiché son papier aux trous d'eau où les espèces animales des particules et de la cosmologie avaient l'habitude de s'abreuver. Le Net était surtout un terrain de chasse. Si un papier intéressant paraissait, les physiciens se l'envoyaient par e-mail ou faisaient venir son auteur à une réunion pour lui tirer les vers du nez. Où ses travaux menaient-ils ? Qui d'autre était dessus ? Qu'en pensaient les pontes X ou Y ? La physique des particules était vraiment internationale (surtout depuis le déclin des Américains), mais elle obéissait au schéma d'un habitat dispersé. On aurait dit l'échange de photons entre des particules en interaction, alimentant des sandwiches d'informations établissant qu'on en savait assez pour entretenir des commérages d'un bon niveau.

Les physiciens des particules qui palabraient et revendiquaient en personne créditaient rarement les autres. Cela dit, dans les publications, la tradition exigeait une portion congrue de crédits. Quand on se fondait sur des travaux antérieurs, il y avait un tribut à payer, au titre de la reconnaissance — et même à titre d'hommage —, et on s'en acquittait en citant ses sources. C'était ce qui lui avait été le plus difficile quand elle avait écrit son papier. Elle s'était bornée à citer des travaux généraux de cosmologie, les articles d'Alan Guth et de ses collaborateurs, et d'autres travaux dont elle comprenait à peine les résumés : un vernis protecteur.

Les références ressemblaient au système immunitaire du corps. La science arrivait à combattre les petites agressions contre la sagesse conventionnelle, mais les événements primordiaux, comme l'invention de la mécanique quantique par Heisenberg, en 1925, par exemple, ou la découverte de la double hélice d'ADN par Watson et Crick, en 1952, avaient eu raison de la léthargie des puissances en place.

C'est ainsi que, lorsque les trois rapports des experts lui parvinrent enfin, aucun ne mettait en doute l'importance ou l'authenticité fondamentale du travail, mais tous demandaient des références complémentaires. Ça en disait plus sur les arbitres probables que l'article. Autant faire de l'auto-stop pour s'embarquer avec une fanfare tonitruante sur le point de partir.

Le papier serait immédiatement publié. Les responsables des médias de l'UCI et de Brookhaven se déchaînèrent, et Alicia rentra la tête dans les épaules.

Une fois installée dans son nouveau labo de l'observatoire, c'est à peine si elle remarqua les surfaces rectangulaires, austères, dépouillées, et le fouillis offensant pour le regard. Pour elle, ce n'était qu'un instrument, façonné par une logique souple pour interroger le monde physique.

Elle aimait bien ce grand outil intégré. Tout en effectuant une manip, elle l'investissait mentalement comme on enfile une veste. Elle connaissait cette pièce dans tous ses détails, jusqu'au moindre câble, et s'y mouvait, à l'affût des divergences entre le schéma tracé dans son esprit et l'inévitable imperfection de la réalité. Et pourtant elle sentait une tension, ici aussi, une irritation à l'égard d'un univers contrariant qui gardait ses secrets. Les théoriciens étaient confrontés à des fourrés mathématiques inextricables ; les expérimentateurs se débattaient avec des matériels récalcitrants et leurs mains sales étaient le badge de leur honneur chèrement conquis.

Ils revirent leurs données, Zak et elle, mais il n'y avait pas grand-chose de nouveau. Zak alla chercher d'autres appareils. Le vigile de l'UCI frappa à la porte de l'observatoire : un visiteur.

Elle s'illumina.

— Max ! Où étiez-vous passé ?

Il était en jean et sweat-shirt, mais il avait l'air reposé.

— Mon quart d'heure d'ermite. J'ai fait quelques calculs.

— J'ai bien besoin de soutien moral de ce côté-là.

Il observa son visage et elle se rappela son regard pénétrant quand ils étaient devant le labo, sur le point d'affronter la police, il y avait plusieurs milliers d'années de ça.

— On dirait plutôt que c'est de soutien immoral que vous avez besoin. Un week-end de *relapsation*.

— J'en reviens. Je suis allée dans les montagnes. Le temps que je rentre, Brookhaven s'était laissé tomber sur son épée.

— Ce n'est pas près de s'arranger. Tâchez de vous reposer.

Elle le serra impulsivement contre elle.

— Seigneur ! Je ne sais pas ce que je donnerais pour y arriver !

Ils restèrent un moment ainsi, sans bouger. Elle finit par baisser les bras et lui dédia ce qu'elle espérait être un sourire indéchiffrable. Sauf qu'elle n'aurait pas su quoi lui faire dire de toute façon, songea-t-elle.

Elle lui annonça que *Physics Letters* avait accepté son texte et il hocha la tête comme si c'était évident depuis le début.

— Vous avez de nouveaux ordres de marche pour les soldats de l'expérimentation que nous sommes ?

Il fit la grimace et contourna ses appareils, maintenant disposés sur des étagères métalliques pour économiser la place.

— Je pense que nous devrions commencer à chercher des étoiles.

— Euh... comment ?

— En essayant de repérer des choses très petites et très rapides.

— Traduction ?

Il s'installa dans le seul fauteuil confortable de l'endroit.

— Vous savez, la bonne physique n'impose pas vraiment de choix entre le beau et l'utile. Tout ce qui est vraiment utile a intérêt à être simple, et pourtant Dieu sait s'il peut être difficile d'en imaginer les conséquences, ne serait-ce qu'à cause de la complexité des maths, qui sont souvent inédites — mais pas parce que c'est compliqué. En fait, c'est fréquemment d'une élégance inouïe.

— Mouais. On dirait l'introduction à une conférence.

— J'ai fouiné dans la théorie des cordes et j'ai trouvé de meilleures solutions.

— Toujours décalées dans le temps ?

— Absolument. De belles mathématiques, mais je me suis heurté à un mur. Vous comprenez, la physique locale, près de l'embouchure d'un trou de ver, ne nous dit pas grand-chose, alors j'ai décidé d'adopter une approche plus technique.

— Vous ? Monsieur « Les Maths Sont La Vérité » ?

Il inclina la tête d'un air contrit.

— Bon, on peut mesurer la masse du Cosm et la force de marée, alors commençons par là. Si elles changent avec le temps, ça nous apprendra quelque chose de fondamental. A partir de là, je pourrai calculer la courbe de l'espace-temps requis et, à partir de là, l'énergie de contrainte, et voir si elle est physiquement possible.

— Elle le serait forcément, puisque ça existe !

— Évidemment, mais j'essaie de découvrir quelle théorie physique nous donnera un Cosm, vous comprenez ?

— Et la masse que nous avons déjà mesurée ?

— Je m'en suis servi. La réponse est que, près de l'embouchure, l'énergie de contrainte est particulière, mais pas forcément incompatible avec la physique connue. Elle implique une densité d'énergie négative bien sûr — le truc exotique qui maintient l'embouchure ouverte. Puis je me suis rendu compte que nous savions un fait important de plus : vous êtes encore en vie.

— Pardon ? fit-elle, accusant le coup.

— Vous avez été la première à toucher cette chose, d'accord ? Elle ne vous a pas tuée — ni moi, ni Zak, par la suite —, alors, quel que soit le truc bizarre qui maintient l'embouchure ouverte, elle ne risque pas de se dissocier en entrant en contact avec la matière normale. Mais elle repousse la matière, et presque toutes les radiations, sans ça nous aurions fini engloutis sous le plasma brûlant.

— Ça vaut pour le globe de Brookhaven.

— Exactement ! Une fois, ça peut être un miracle ; deux, ça devient une statistique. Ça veut dire qu'il y a toute une classe d'équilibres pour ces choses. Quant à savoir pourquoi... Peut-être que faire s'entrechoquer de l'uranium, polarisé juste comme il faut... je ne sais pas. Mais j'ai utilisé cette donnée pour sélectionner le genre de théorie susceptible de fournir des sphères solides comme le roc, et maintenant je me fie à ce travail.

— Alors ? Comment allons-nous faire pour voir les étoiles ? demanda-t-elle en souriant.

Le théoricien typique, se dit-elle. Il s'était si bien laissé emporter par les sublimes beautés de tout ça qu'il avait oublié la conclusion.

— Euh, cette sphère... D'après moi, il doit y avoir une sphère solide de l'autre côté aussi. Une boule de chrome planant dans l'espace, dans cet univers en expansion. Elle reçoit la lumière environnante à la façon d'un objectif *fish-eye*. Les images sont aussi nettes que si on y était. Quand on fait le tour du Cosm, c'est comme si on tournait la tête. Mais cet univers est déjà en train de se raréfier, les choses se dispersent. Alors il y a un risque qu'il ne se passe rien d'intéressant dans les parages. Il va donc nous falloir un télescope pour surveiller le ciel près de ce point.

— Je n'ai plus qu'à mettre ma casquette d'astronome.

— Oui. Mais dans un univers qui évolue à une vitesse plusieurs millions de fois supérieure à la nôtre, même les étoiles lointaines se déplaceront à vue d'œil.

— Elles ressembleront à des points de lumière visibles ?

Max haussa les épaules, à la façon exaspérante des théoriciens écartant un détail mineur.

— Je suppose.

«Je suppose...» Son idée n'était pas insensée, mais impliquait qu'elle y voie vite et clair si elle voulait distinguer quelque chose. Ça exigerait encore du matériel :

• Une caméra de cadrage à 5 ns/prise de vue, pause 50 ns, possibilité de tripler les plans;

• Un appareil à tambour, susceptible de prendre des plans de 10 ns;

• Une caméra de cadrage à rayons X (?)

Elle apporta la liste à Onell, le président du département. Elle avait déjà épuisé sa dotation du ministère de l'Énergie et, pour continuer à fonctionner, elle avait besoin d'une rapide transfusion de fonds. Onell lui dit d'accord, pourvu que le doyen marche aussi, mais elle devait «agir en bonne citoyenne du campus». Elle demanda ce que ce que ça voulait dire, et Onell remit ça avec le programme de tutorat. Elle sortit de son bureau et alla tout droit trouver le doyen. Ce n'était pas la chose à faire, politiquement, mais elle était pressée, et c'était l'été, une période pendant laquelle elle estimait pouvoir être dispensée des salamalecs universitaires. Que disait le vieil adage, déjà? «Travail aisé, travail bâclé.» Les comités et l'administration étaient simples et séduisants. Si vous n'aviez rien d'urgent à faire, ils pouvaient même se révéler amusants — quoiqu'elle en doutât.

Le doyen l'écouta sobrement et lui fournit la même médecine moralisatrice, mais avec une efficacité prompte et rapide, il signa pour trente mille dollars, utilisables tout de suite. La caméra à rayons X coûtant cinquante mille dollars, elle fit une croix dessus, mais elle appela des gens un peu partout et, après une journée de parlotes au téléphone, elle obtint que les labos Sandia lui en prêtent une. Ça offrait l'avantage supplémentaire de lui éviter d'éveiller l'intérêt dans les capillaires du microcosme de la physique nucléaire et des particules. Pour le reste, elle repéra des fournisseurs locaux. Elle emprunta une camionnette de l'UCI et emmena Zak à Los Angeles afin d'aller tout de suite chercher son matériel.

Deux jours de travail et deux nuits blanches plus tard, elle avait installé un système d'observation improvisé près du Cosm, et tout un arsenal de lecteurs optiques, de fibres optiques et d'objectifs susceptibles de recueillir les émissions visibles d'une minuscule portion de la sphère. Max pensait que le Cosm agissait comme une lentille sphérique, diffusant des images vers l'extérieur. Pour obtenir une image réelle, elle devait donc se concentrer sur une petite zone.

Évidemment, la théorie de Max reposait sur un ensemble de calculs évanescents, griffonnés sur quatre ou cinq de ces blocs jaunes craignos qu'il trimbalait partout — l'intello typique. Il écrivait à l'aide d'un stylo en argent plutôt élégant, ce qui compensait un peu, mais quand même, ça ne faisait pas oublier que ses prévisions étaient plutôt fumeuses. Enfin, elle se réjouissait de cette occasion de tester une hypothèse supplémentaire, si ténue soit-elle. Dans le tumulte croissant du monde extérieur, les rituels de pensée cristallisés autour des manips, de leur préparation et de tout le bidouillage que ça comportait étaient des moments de joie pure.

A présent, le Cosm se développait à un rythme colossal. C'était ce que montraient les équations exponentielles de Max. Elle dut s'y reprendre à deux fois pour s'assurer qu'il n'y avait pas d'erreur.

A chaque seconde qui passait dans son labo, vingt-trois ans passaient dans le Cosm.

Autant le reconnaître, ces chiffres la laissaient sans

voix. Ça voulait dire que, si la sphère à l'autre bout tournait aussi, l'image des étoiles proches serait brouillée.

— D'accord, de notre côté elle ne tourne pas — pas dans le cadre du labo, en tout cas, dit Max. Mais nous nous déplaçons aussi. La rotation de la Terre autour du Soleil...

— Alors quelqu'un qui regarderait de l'autre côté pourrait nous voir...

— Exactement, mais pas les étoiles dans le ciel nocturne. Elles balaient le ciel toutes les nuits.

— Nous ne savons pas ce qui se passe à l'autre extrémité.

— Non. Elle tourne autour du corps le plus proche, quel qu'il soit.

— D'où les caméras de cadrage.

— Euh... que cadrent-elles ?

Elle ne put retenir un gloussement. Max faisait illusion dans certains domaines, mais le matériel n'était pas son point fort.

— Elle prend un cliché tous les cinq millionièmes de seconde.

Il émit un sifflement.

— Alors vous pouvez obtenir un plan de moins d'une seconde selon le temps du Cosm ?

— Vous croyez que ça suffira ?

— Euh... j'espère. Je ne miserais pas ma chemise dessus.

— Moi qui vous prenais pour un théoricien aventureux, voguant sur les étranges océans de l'imagination, en direction de rivages inconnus...

— Je suis un théoricien qui n'a pas envie de perdre sa chemise.

Zak et elle firent tourner les caméras de cadrage dans l'observatoire plongé dans le noir absolu. Ils choisirent un point de la surface du Cosm, l'agrandirent à l'aide d'un vulgaire microscope et déclenchèrent l'ouverture pour des périodes de 5 nanosecondes. A l'issue de la première journée, ils n'avaient obtenu que des négatifs absolument vierges. Pas de vrais négatifs photographiques, bien sûr; toutes les données étaient obtenues digitalement à partir de fibres optiques. Presque plus personne n'utilisait de film, maintenant.

La deuxième journée de travail donna le même résultat. La troisième aussi.

Le quatrième jour, ils obtinrent un petit point lumineux, fugitif.

Le cinquième jour, il y en avait davantage, assez pour qu'Alicia puisse en déduire un spectre.

— C'est une étoile de classe K, dit-elle d'un ton confiant. Je pense qu'elle est à une année-lumière de distance.

— Sapristi, fit Max en regardant, pétrifié, le spectre et l'image photographique : un point rouge.

— Je m'attendais à quelque chose d'un peu plus parlant, Magellan.

— Laissez tomber la métaphore des mers étranges. Ça, c'est la réalité.

— Tous mes résultats sont authentiques, fraîchement tirés du pressoir de la réalité.

— Une étoile, une vraie. Dans votre univers.

— Mon univers? Ce n'est pas le mien. En fait, les avocats de Brookhaven s'apprêtent à prouver qu'il est à eux.

— La jurisprudence est claire, répondit Max. C'est vous qui l'avez fait, il est à vous.

— Quelle jurisprudence?

— La Genèse.

Zak se mit à toussoter, comme s'il était embarrassé. Alicia se demanda sur quel ton elle avait parlé.

— Je pense qu'il pourrait y en avoir d'autres, reprit doucement Zak.

— Comment ça? s'étonna Alicia.

— Pendant que vous vous occupiez de cette image, j'en ai pris deux autres, fit Zak avec un sourire. J'ai utilisé un temps d'exposition plus long. Il y a des taches plus floues, à côté.

— Des étoiles se formant les unes à côté des autres, avança Max. Eh bien, Brookhaven n'a qu'à aller les récupérer, hein ?

5

Article paru dans un quotidien de Los Angeles :

UN PROF DE L'UCI
POURRAIT COÛTER DES MILLIARDS AUX CONTRIBUABLES.

le labo de long island
aurait subi des dégâts colossaux.

(AP) Les responsables du Brookhaven National Laboratory ont revu à la hausse leur estimation en temps et en argent des dégâts occasionnés par le mystérieux accident qui s'est produit…

De : rubyt@aol.com

Je sais que vous ne me connaissez pas, et comme vous ne répondez pas au téléphone (j'ai laissé SIX MESSAGES) je suis bien obligé d'utiliser l'e-mail. Je me crois autorisé à parler pour tous ceux qui sont consternés par votre attitude. Je suis un contribuable qui en a marre des je-sais-tout qui prennent les laboratoires que nous leur payons pour des jouets et qui volent à ces labos des choses qui ne leur appartiennent pas. Vous pensez peut-être que vous avez le droit de prendre cette chose — dont je ne crois pas une minute que ce soit un «univers» — parce que maintenant vous êtes célèbre, mais...

Mes chers collègues,

Je fais suite à votre communication concernant les récents événements impliquant un professeur de notre département de physique et le Brookhaven National Laboratory. Cette affaire doit être vue en perspective. En tant que président de cette université, j'ai étudié les problèmes juridiques et éthiques complexes liés à ce dossier controversé, et dont les développements ne sont pas achevés.

J'adresse ce courrier à tous ceux qui se sont inquiétés en privé des circonstances entourant cette affaire, et je tiens à les assurer que je m'en réfère à l'avis de la commission spéciale du président quant à tous les aspects du différend opposant l'UCI au Brookhaven National Laboratory. L'UCI ne cautionnera aucune initiative irrégulière ou illégale d'un de ses membres dans la conduite de recherches scientifiques. En fait, l'UCI a fait, au cours de son histoire, la preuve de sa vigilance en appuyant les poursuites à l'encontre de tous les universitaires accusés d'avoir dérogé à l'éthique. Nous ne permettrons pas non plus que la controverse vienne entacher notre réputation croissante de leaders dans le domaine de la recherche de pointe en physique, en médecine, en biologie et en ingénierie...

Professeur :

Il y a dans la Bible des cas similaires au vôtre, révélateurs de ceux qui usurperaient le pouvoir et la dignité de Dieu à leurs propres fins, qui sont les mêmes que celles de l'Ange déchu. Si vous décidez de vous tourner vers les Écritures en ces temps difficiles, vous trouverez le réconfort dans les passages suivants...

Le *Los Angeles Times*, éditorial non signé :

GAFFES DIVINES

Les récents événements survenus dans le monde abscons de la physique nucléaire ont projeté l'université d'Irvine et le Brookhaven National Laboratory sur le devant de la scène, révélant un drame humain d'une inconséquence atterrante. Compte tenu des implications de ces travaux, qui ont abouti à la production accidentelle de ce qui paraît être une classe d'objet physique complètement inattendue, la communauté des physiciens a fait la preuve d'une piètre appréhension de ses responsabilités. Nous pensons, pour toutes les raisons développées ci-après, que la création d'une commission nationale spéciale s'impose, peut-être au niveau fédéral (puisque les dotations en capitaux sont décidées à ce niveau), afin d'apporter une vision globale et un conseil éclairé aux prochaines études portant sur ces objets. Des dommages considérables ont déjà été causés, une vie a été perdue et les journaux se font l'écho de pas mal de rancœur alors que les deux institutions s'affrontent… Tout ça pour des sphères brillantes dont la nature demeure pour le moment incompréhensible…

A : Butter@uci.edu
De : Avocat@okedoke.gov
Comme tous les profs, vous ne pensez plus à votre étudiant, hein ? Rappelez-vous celui qui est mort à votre place et tout ça parce que vous avez volé quelque chose qui n'était pas à vous. Ces étudiants payent votre salaire et vous les traitez comme des chiens ou pire, nous n'entendons jamais parler d'eux, hein ? Maintenant, il y a une autre de ces choses encore plus grosse et vous avez une sacrée chance qu'elle n'ait encore tué personne. Tripatouiller avec des UNIVERS ENTIERS est une expérience de prof grossièrement arrogant et vous devriez avoir HONTE.

Elle mit prématurément fin à une journée à peu près infructueuse au labo pour prendre les embouteillages de vitesse sur le Pacific Coast Highway, évita la route à péage et alla faire un tour sur la plage au coucher du soleil, avant le rendez-vous que son père avait organisé dans un nouveau restaurant du centre de Laguna. Après le vacarme et l'odeur astringente des vagues, la lumière des lampadaires halogènes léchait l'obscurité qui avait avalé le soleil avec une séduction tout électrique.

La grande banlieue de Los Angeles, avec ses inévitables rangées de palmiers, commençait à être «maxi-frime», comme on disait dans le jargon local, mais au moins on y échappait aux excès de Beverly Hills. La poste ne proposait pas encore de service de voiturier. Les jours de pluie, les tickets de parking n'étaient pas glissés dans des enveloppes imperméables. Il n'y avait pas de bars à eau proposant cinquante marques à deux dollars le verre, et sans glace pour ne pas édulcorer les subtilités locales. Et quand vous demandiez la police, si on vous mettait en attente, vous n'aviez pas droit à un morceau de musique classique.

Elle quitta la plage et prit Ocean Avenue. Devant le Sea Lounge étaient rangées des motos, surtout des Harley Davidson. Par les vitres ouvertes, elle voyait une meute lever des chopes de bière au rythme monotone de l'orchestre. C'étaient des amateurs de Harley, donc des rebelles, des loups solitaires, frustes et farouchement individualistes comme en témoignait le fait qu'ils portaient tous le même blouson et le même jean, les mêmes bandanas et les mêmes lunettes, les mêmes gros ceinturons à boucle de bronze, les mêmes tatouages, et probablement les mêmes sous-vêtements. (*Des caleçons ou des slips ?* Sa connaissance des codes sociaux n'était pas assez affûtée pour lui permettre de trancher.) Elle passa son chemin, consciente de la minuscule écharde de gêne qu'elle éprouvait chaque fois qu'elle se retrouvait loin du milieu universitaire et immergée dans une foule exclusivement blanche. Les gangs de motards étaient maintenant des caricatures de personnages de bandes dessinées avec leur bedaine proéminente et leur crâne dégarni, couronné de poils gris, mais ça n'y changeait rien.

La brise estivale, vagabonde, agitait les buissons luxuriants, excitant les oiseaux. Une minuscule boule de plumes filait après un improbable insecte. Sous la lumière des lampadaires actiniques, les oiseaux-mouches prenaient un aspect fantastique. On aurait dit des papillons avec des becs.

— Hé, attends-moi !

Jill la rattrapa au coin d'Ocean et de Beach.

— Tu es très en beauté, dis donc.

— Rencontré un type, voilà, fit Jill, à bout de souffle.

— Qui ça ?

— On a rompu depuis, mais j'ai gardé la forme.

— Ben, au moins, tu ne les gardes pas pour des raisons esthétiques.

— Et toi ? Que devient ce type avec qui tu travaillais ?

— Max ? Génial, mais pas mon genre.

— Il est quoi ? Pédé ? Amputé ?

Alicia eut un petit rire. Jill ne se laissait jamais démonter par une rebuffade.

— Il est vraiment bien, mais il n'est pas pour moi.

— Mouais, c'est pas le moment, c'est tout.

— Qu'est-ce que ça veut dire ?

Jill s'arrêta devant la façade d'acier repoussé du restaurant.

— Tu ne tomberas jamais amoureuse d'un homme en une microseconde, dit-elle en inclinant la tête, dans une expression d'intérêt sincère. Moi non plus, quand j'y réfléchis. J'ai beau essayer...

— Max... Eh bien, nous avons pas mal travaillé ensemble, ces temps-ci...

— Et c'est un tue-l'amour ?

— Non, mais j'en ai assez sur les bras comme ça, en ce moment.

— Tu devrais te changer les idées plus souvent.

— Le seul fait de sortir du labo me suffit. C'est la première fois qu'on a l'occasion de parler depuis... un mois ? Et encore, on se retrouve sur un coin de trottoir.

— Ça me permet de jeter un coup d'œil à ces motards. Et à toi de te calmer avant de rencontrer cet avocat.

— Les avocats, je m'en charge. Le paternel, c'est une autre paire de manches.

Jill était une bonne copine avec qui elle avait traversé bien des épreuves, contrairement à ses camarades moins proches du monde universitaire. Alicia et ses amis ne se voyaient pas souvent. Ils allaient leur petit bonhomme de chemin, chacun de son côté, en sachant qu'ils iraient voir un film ou dîner ensemble une fois par mois environ, pour rester en contact. Par accord tacite, ils ne se souhaitaient pas leur anniversaire. Les amis de Jill n'étaient pas comme ça. Ils s'appelaient tous les deux ou trois jours, organisaient des soirées animées (parfois avec des jeux), se donnaient des surnoms par lesquels ils s'appelaient toujours, étaient tous minces, séduisants, avaient les mêmes goûts vestimentaires (cette année, c'était sport chic) et de petites manies bizarres, comme Jill qui crochetait les serrures. Bref, ils valaient une série télévisée. Alicia était sûre qu'il y avait des tribus identiques dans la bourgeoisie noire, mais elle ne les avait jamais fréquentées, probablement parce qu'elle était un peu terne elle-même. Et pourtant, Jill semblait l'accepter comme une camarade de tribu, sans commentaire.

— Allez, pas le moment de caner devant l'obstacle, fit Jill en la poussant pour rire dans la porte du restaurant, qui ressemblait à une bouche avec des dents de métal étincelant.

A l'intérieur, le béton brut de décoffrage, les câbles apparents et l'éclairage blafard annonçaient un bar à thème surréaliste. Très branché, mais encore un de ces rades où un «dîner» n'était qu'un casse-croûte à six dollars de plus.

— Papa !

Il était attablé avec un Noir mince qui devait être Bernie Ross. Jill avait le chic pour faire s'illuminer le visage du paternel. Alicia en profita pour expliquer audit Ross qu'elle avait été vraiment bousculée, raison pour laquelle ils étaient entrés dans ce petit jeu de rendez-vous téléphoniques loupés, et même d'e-mails avalés par la machine...

— Hé, personne ne t'accuse, la coupa son père d'un ton affable en tendant ses deux mains, les paumes en l'air. Des gens se sont occupés de ton cas. Bernie...

Etait-ce la personnalité de Bernie, ou seulement l'infime soulagement d'être avec non pas un mais *deux* solides Noirs ? En tout cas, ça marchait. Elle prit un gin-tonic, échangea des plaisanteries avec Bernie, et des «Au fait, vous connaissez... » typiques du réseau de la bourgeoisie noire. Par contraste avec le style métallique, razor-angst du restaurant, le look bon nounours, confortable, rassurant, de Bernie était un peu déplacé, comme un cow-boy avec des lunettes. Mais elle l'était au moins autant que lui, et elle le serait toujours dans des endroits dont le menu proposait des boissons qui imitaient l'absinthe, un menu tout café avec vingt-sept options et un plat du jour baptisé « Tour Epicée du Jicama »...

— J'ai attendu pour suivre le conseil de papa, et maintenant je suis dedans jusqu'au cou, évidemment, dit Alicia.

— J'ai l'impression que tout le monde joue à cours-moi-après-que-je-t'attrape, acquiesça Bernie en hochant la tête.

— Sauf que ma fille donne l'impression de ne pas être entrée dans la partie, fit le paternel, suivant la conversation latéralement.

Alicia le regarda en faisant sa bouche en cul de poule, expression codée qui signifiait «Je m'en sors très bien toute seule, merci».

— Je pense que l'UCI a conclu un accord avec Brookhaven derrière mon dos.

— C'est ce qu'ils feront tant que vous resterez plantée là, les bras croisés, fit Bernie d'un ton d'avertissement.

— Je sais. J'aurais dû me faire représenter. Je pensais que l'UCI défendrait mes intérêts.

— L'UCI protège l'UCI, fit Bernie, le paternel acquiesçant d'un hochement de tête.

— Eh bien, je vous ai envoyé ma version des événements...

Elle avait rédigé la chronologie des événements en se disant que sa mémoire devait commencer à saturer. Elle avait l'habitude de tenir des carnets de labo impeccables. Elle gardait même des journaux de ses relations avec des hommes, en codant leur nom pour le cas où quelqu'un trouverait ses carnets (ce qu'un de ses amants avait fait, une fois ; il n'avait pas réussi à déchiffrer le code).

— J'ai des questions, reprit Bernie en levant les mains comme pour apaiser son inquiétude, sa tension. Mais nous n'avons pas besoin de parler de tout ça ce soir.

— J'ai eu un appel du secrétariat de la vice-présidence, aujourd'hui, répondit Alicia. Le ministère de l'Energie entre dans la danse.

Tout le monde se tut autour de la table. Un percolateur poussa sa plainte stridente, humide, quelque part.

— Ça devient sérieux, remarqua enfin le paternel.
— Très sérieux, renchérit Bernie en fronçant les sourcils. Ils ont pouvoir de police, quand les questions de propriété industrielle sont en jeu.
— Traduction ? demanda Jill.
— Les fédés peuvent confisquer les biens, répondit le paternel.
— Les biens volés, ajouta Bernie.
— Le Cosm n'a pas été volé, protesta Alicia, offusquée.
— Il a été produit dans un laboratoire fédéral, objecta Bernie. Le pouvoir de réquisition ne cesse de s'accroître, en partie à cause des lois sur la répression du trafic de drogue. J'ai vérifié dans les statuts...
— Il n'est pas à eux ! cracha Alicia.
— Comment pourrait-il l'être ? demanda loyalement Jill.
— Il a été fait dans leurs installations, et au cours de leur utilisation, répondit Bernie.
— Mais c'est moi qui l'ai fait, pas eux, rétorqua Alicia.
— Les statuts sont clairs, nota Bernie en secouant la tête.
— Je n'aime pas ça, fit le paternel en regardant sa salade qui venait d'arriver, une anthologie huileuse de légumes vertueux.
— Je doute que l'université ait envie d'être prise en tenaille au milieu de tout ça, reprit Bernie. J'ai appelé certains de mes contacts et je les ai sondés, de façon tout à fait informelle. C'est un mur gris, opaque et impénétrable.
— Des contacts ? releva Alicia.
— Des informateurs, traduisit son père. Ne demande pas de noms.
— D'après eux, l'administration essaie de prendre ses distances avec vous, poursuivit sobrement Bernie. Sur la recommandation de leurs conseils, et du ministère de l'Energie.

— Traduction ? répéta Alicia qui se sentait soudain défaillir.

Elle leva le doigt et demanda un autre gin-tonic.

— Les fédés ne mettront pas la pression sur l'UCI s'ils obtiennent ce qu'ils veulent, répondit le paternel.

— C'est-à-dire ? insista Jill.

— Ma tête, rôtie et plantée au bout d'une pique, avec une pomme dans le bec...

— Vous dramatisez, fit gentiment Bernie.

— Le privilège des condamnés, non ?

— Pas si vite ! coupa son père. Nous n'avons même pas encore renvoyé la balle.

— Pas de métaphores sportives, objecta Jill. Tenons-nous-en à la gastronomie.

— Je préférerais avoir à manger tout court, fit Alicia qui sentait agir le gin comme un fluide émulsifiant dans l'air.

C'était un endroit très tendance, dans le style tout en surfaces dures, et les voix s'aiguisaient en rebondissant sur le béton, le marbre, l'acier. L'instabilité habituelle s'exprimait à toutes les tables, chacun élevant la voix pour se faire entendre malgré le vacarme, lequel montait de façon non linéaire alors que de nouveaux clients arrivaient et que la quantité d'alcool atteignant les cerveaux lessivés par la journée de travail augmentait. La lumière baissait toutes les vingt minutes environ, atténuant momentanément le brouhaha.

Le serveur prit leur commande, l'air de connaître des secrets qu'il se refusait à révéler. Son faux smoking était coupé de façon à mettre en valeur ses omoplates, et on aurait dit qu'il avait avalé un portemanteau. Elle se rendit compte qu'elle le dévisageait tout en pensant aussi, en pointillés, à Max. Elle mit sur le compte du gin cette transition inexplicable. Bernie la tira de sa réflexion en donnant des détails sur la position de l'UCI, en rapportant des propos que la vice-présidente avait tenus et autres on-dit de haute volée, qu'elle ne se rappellerait jamais. Alicia essaya de répondre au feu roulant de ses questions, reconnaissante envers Jill de neutraliser partiellement le paternel. Il avait frénétiquement téléphoné et envoyé des e-mails, jusqu'à ce qu'il se retrouve «par hasard» dans la région, alors il avait organisé ce dîner pour faire entrer Bernie dans l'équipe. Alicia regardait Jill faire du charme à son père et s'émerveilla de sa fluidité, de son aisance sociale. A côté d'elle, elle avait l'impression d'être le vilain petit canard dans une représentation du *Lac des cygnes*.

Puis ils en revinrent au sujet numéro un, et Alicia se retrouva au centre de l'attention générale.

Son père donna le coup d'envoi :

— Maintenant, chérie, je vais poser une question stupide...

— Tes questions ne sont jamais stupides. Elles traduisent juste ton ignorance.

— Merci. Je suppose que je dois considérer ça comme rassurant.

Et c'était parti. Alicia n'avait plus qu'à faire son numéro et fournir des descriptions pareilles à des miniconférences dans un cours qui se serait appelé « Construction d'Univers 101 ».

Elle savait maintenant comment démarrer simplement :

Imaginez deux masses éloignées l'une de l'autre, attirées par la gravitation, de sorte qu'elles foncent l'une sur l'autre et entrent en collision; il y a création d'énergie cinétique. Mais comme, à partir du moment où elles se heurtent, leurs champs gravitationnels se superposent, l'énergie gravitationnelle finit par augmenter. Disons maintenant que le gain d'énergie cinétique est positif et le gain d'énergie gravitationnelle négatif...

Elle se mit à griffonner sur la nappe, tellement absorbée qu'elle remarqua à peine que c'était du bon tissu blanc amidonné et que le portemanteau la regardait en faisant les gros yeux.

— La somme résultante est donc égale à zéro — aucune énergie totale n'a été créée, d'accord ? Si l'absence de champ gravitationnel ne correspond à aucune énergie, alors l'obtention d'un champ gravitationnel implique une énergie négative. Ce qui s'est passé au RHIC, les deux fois, c'est la création d'un point intense de matière doté d'une énergie gravitationnelle à peu près égale à son énergie cinétique. Le collisionneur n'a pas eu à fournir toute l'énergie nécessaire pour fabriquer un univers, juste le solde, une masse infinitésimale condensée. Autant dire qu'il est possible de produire à un coût minimal une distorsion de l'espace-temps dotée des propriétés de l'univers primitif...

Elle poursuivit en leur expliquant comment en comprimant 10^{-5} grammes de matière dans une tête d'épingle de 10^{33} cm de diamètre on pourrait amorcer un big bang. Mais il y avait aussi l'effet tunnel, qui permettait à un état quantique de se déplacer dans un état final non permis par les pures exigences énergétiques. Dans ce cas, un point moins massif et plus gros pouvait se retrouver projeté dans un état comparable à celui du big bang. Quelques schémas plus tard, elle concluait en leur signalant que les chiffres indiquant la masse et la taille étaient ce qu'on appelait la constante de Planck, du nom du premier physicien qui avait eu l'intuition d'énergies à cette échelle.

— Chérie, qu'est-ce que ça représente comme énergie ?

— Euh... ça correspond à un réservoir d'essence.

— Créer des univers dans une fosse de vidange, fit Bernie d'un ton rêveur. Seigneur...

Le paternel émit un sifflement. Il faisait de son mieux, ça se voyait. Elle était contente d'avoir réussi à faire passer cette idée.

— Je pourrais vous expliquer plus complètement les implications du modèle de gravitation quantique...

— Dites non, souffla Jill dans un chuchotement théâtral, du coin des lèvres, en direction du père d'Alicia.

— Euh... non, merci, fit-il.

6

Tout le monde connaît la vieille histoire du physicien des particules qui va au centre commercial avec sa femme. Ils conviennent de se retrouver dans un certain magasin une demi-heure plus tard, mais en fouinant dans une librairie il rencontre une blonde à tout casser. Il lui plaît, elle l'emmène chez elle. Deux heures plus tard, il se souvient du rendez-vous, se précipite au centre commercial et, plein de remords devant l'énormité de ce qu'il a fait, il avoue à son épouse hors d'elle qu'il a rencontré une femme superbe et lui a fait l'amour pendant deux heures. Et son épouse furibarde lance : «Tu mens ! Tu étais retourné à ton labo ! »

Alicia raconta cette histoire à Max, après l'avoir trouvé en train de dormir par terre, dans l'observatoire, le lendemain matin.

— Je m'étais dit que j'allais éviter les embouteillages du matin, dit-il, encore tout hébété, en buvant un café. Je suis descendu à minuit.

— Il y a une meilleure solution. Je vais vous donner la clé de mon appartement. N'hésitez pas à venir dormir dans la petite pièce du fond.

— Euh, merci.

Elle lui laissa le temps de se remettre. Il avait manifestement l'air préoccupé.

— Que se passe-t-il ? Vous avez fait beaucoup de calculs, ces temps-ci ?

— Je me demandais si cette chose était prévisible d'une façon ou d'une autre.

— Vous voulez dire qu'elle pourrait être dangereuse?

— Euh... oui.

Il avait travaillé sur un modèle plausible, celui qui leur avait permis d'anticiper la variation exponentielle du temps. Il montrait qu'un univers fils se dilaterait sans dommage pour le parent, le rejeton grandissant dans un espace propre grâce à la capacité de déformation du trou de ver.

— Vous vous rappelez ce vieil article fondateur sur la création d'univers fils? Il est truffé de phrases du genre «Nous ne pouvons affirmer, «Il n'est pas exclu que» et autres «Toute cette hypothèse se situe dans le contexte de la relativité générale classique»... Eh bien, ils avaient raison.

Alicia haussa les épaules. Les tics des théoriciens étaient loin de ses préoccupations immédiates. Zak entra dans le labo et commença à préparer les nouvelles manips. Il leur raconta qu'il avait d'autres images d'étoiles lointaines, diffuses, des taches graisseuses. Elles s'éloignaient, ça se voyait au décalage régulier dans le rouge de l'effet Doppler.

— L'autre univers est en expansion, et ses étoiles s'éloignent les unes des autres. Enfin, jusque-là, ajouta Alicia.

Zak avait soigneusement entré les données informatiques; elle laissa Max ruminer dans son coin pendant qu'elle les passait en revue. Ils auraient un corpus de données fantastique quand tout ça serait fini, dans tous les sens du terme. Quand elle rejoignit Max, il lui dit avec gravité :

— Nous devons vérifier nos hypothèses.

— Lesquelles, par exemple?

— Selon certains calculs, le Cosm augmenterait avec le temps.

— En taille?

— En taille et en masse.

Elle se leva, s'étira. Si Max ouvrait une voie, eh bien,

il y avait pire que de le suivre. Les théoriciens évitaient d'apparaître comme trop mathématiciens et dépourvus d'instinct physique. Les expérimentateurs s'efforçaient de ne pas donner d'eux une image d'ingénieurs routiniers ou d'enfourcher des gadgets. Il fallait bien qu'ils trouvent un terrain d'entente.

Le grand avantage de travailler en été, c'est qu'on pouvait aborder un problème sans être obligé de rédiger un mémo dans les dix minutes.

— Zak, nous allons essayer quelque chose de nouveau.

Il leur fallut deux jours pour s'en assurer : le Cosm ne pesait plus maintenant que la moitié de son poids originel de cent kilos. Ils vérifièrent trois fois leurs mesures ; il était difficile de peser un objet suspendu dans un support magnétique.

— Putain ! Comment est-ce possible ? fit Zak (ce « putain » traduisant sa fatigue). Comment avons-nous pu ne pas le remarquer ?

— Ça ne se voyait pas, hein ? fit Max.

— Et puis, il fait deux millimètres de moins, ajouta Alicia. Son rayon n'a donc pas de rapport avec sa masse.

— Sa masse apparente, rectifia Max. L'équilibre entre l'énergie de masse positive et l'énergie potentielle gravitationnelle négative doit être constamment compensé. C'est troublant.

— Pourquoi ? demanda Zak, la tignasse en désordre.

Il n'aurait pas volé une bonne coupe de cheveux et il donnait l'impression de ne pas s'être regardé dans la glace depuis des jours. Il ne l'avait peut-être pas fait, d'ailleurs, ajouta-t-elle *in petto.*

— Au fur et à mesure que l'univers qui se trouve de l'autre côté de ce col vieillit, le lien se... disons qu'il se distend. Les fluctuations de l'énergie nette du lien — le Cosm que nous voyons — augmentent.

— Oui, mais s'il peut s'alléger, il peut aussi s'alourdir, avança Alicia.

— Exactement. Et s'il grossit suffisamment, ça peut devenir dangereux.

— S'il augmente d'un facteur dix... commença Zak d'un ton rêveur.

— Ou cent, continua Max. Il pourrait échapper à tout contrôle, s'enfoncer dans la Terre...

— Ce n'est qu'une théorie, objecta Alicia d'un ton indécis.

— Et vos mesures, c'est de la théorie ? contra Max.

— Va pour les risques, mais s'il continue à diminuer ? risqua Zak.

— Alors il disparaîtra. Fin de l'expérience.

Alicia se redressa, alarmée.

— Comment pouvons-nous empêcher ça ?

— Nous ne pouvons pas, répondit Max en haussant les épaules d'un air qui lui parut presque coupable. J'ai envisagé des hypothèses selon lesquelles la masse aussi diminuerait avec le temps. Apparemment, c'est ce que fait celle-ci. Mais la constance de l'énergie totale est très aléatoire, comme un stylo qui serait en équilibre sur sa pointe.

Alicia éprouva une étincelle d'irritation, qu'elle se reprocha aussitôt. Pour les physiciens, l'univers était fait d'ondes et de particules ou, plus en profondeur, de l'interaction entre des champs électromagnétiques. Pour un théoricien, c'était, à un niveau encore plus profond, un déploiement de symétries dont Dieu le Mathématicien avait décrété qu'il fallait leur obéir, ou qu'on pourrait les rompre, à des niveaux d'énergie aussi divers qu'insondables. Ils partageaient la vision ahurissante d'un bouillonnement abstrait, attisé par les radiations, déformé par l'espace-temps, boursouflé par la masse brute. Pour elle, au contraire, la physique était une expérience intime, concrète, pas un labyrinthe chimérique d'idées abstraites.

Zak hocha gravement la tête, remonta son pantalon

trois fois trop grand pour lui, conformément aux diktats de la mode.

— Alors la prudence s'impose...

— Et la vigilance, ajouta Max. Je crains de ne pas pouvoir prévoir grand-chose de plus ici, hélas.

— Alors étudions ce foutu truc tant que c'est possible ! lança Alicia.

La publication de leur article dans *Physics Letters* provoqua un séisme. A croire que la communauté scientifique tout entière avait été atteinte par le désastre de Brookhaven et se trouvait dans un état métastable, tel un laser, prêt à lancer une émission de lumière éclatante au moindre chatouillis de résonance.

Des théoriciens pondirent immédiatement des papiers expliquant les sphères, et les affichèrent sur les pages à haute fréquence de diffusion du Net. Les avantages de la pseudo-publication sur ce média étaient considérables : ça permettait de figer la date de revendication d'une idée, n'importe laquelle, sans attendre le jugement de ses pairs. Ça viendrait plus tard, si ça venait jamais. Il arrivait que des papiers disparaissent, renvoyés dans les limbes par leur inanité.

Herbert Himmel, de l'université de Chicago, publia sur l'Internet un document interprétant les sphères comme « une classe de solutions de la théorie des cordes en N-dimensions ». Il ne se donnait même pas la peine de préciser le nombre N — les théoriciens se prosternaient devant l'autel de la Relativité générale — mais proposait des solutions analytiques qui jetaient un doute sur l'interprétation de Max. Alicia ne put suivre deux lignes de l'argumentation et déclara rapidement forfait. Max vida la querelle avec Himmel, donnant cinq séminaires dans tout le pays en l'espace d'une semaine pour défendre son point de vue. La guerre de tranchées universitaire.

Les expérimentateurs comme elle suivirent assez rapidement. Frank Lutricia, du CERN de Genève, l'attaqua pour ses mesures «manifestement incorrectes». Il semblait vouloir dire tout simplement que les résultats étant trop incroyables, ils devaient être faux. Elle ne répondit pas, mais elle fulmina en silence.

La vice-présidente puis le président en personne lui demandèrent de se montrer «cordiale» avec les médias. Bernie Ross lui dit que ce serait bien, comme preuve de sa bonne volonté. Il avait fait retarder les procédures juridiques.

— La mauvaise nouvelle, c'est que les parents de Brad ont porté plainte pour le décès de leur fils, lui dit-il, un après-midi, alors qu'ils prenaient le café au Phoenix Grill, leur bistrot préféré sur le campus.

Ici, au moins, on ne la regardait pas comme une bête curieuse.

— Il faut les comprendre, admit-elle.

— Certes, acquiesça-t-il. Mais l'UCI ne vous laissera pas tomber.

— Comment avez-vous fait?

— C'est magique, fit-il avec un grand sourire.

— Ça veut dire que j'ai intérêt à être gentille avec la presse.

— Disons que vous n'avez pas besoin de foncer dans la mêlée.

Malgré la métaphore sportive, elle acquiesça. Elle donna donc les interviews obligatoires aux grands journaux, fit quelques télévisions, à condition que les animateurs se bornent à mentionner brièvement la mort de Brad. Cet exercice lui avait ouvert les yeux, comme elle le dit à Max.

«Nous cherchons de la matière humaine, pas seulement des faits», lui avait tout de suite dit le gars du *Los Angeles Times*.

Les faits, son ton disait clairement où elle pouvait se les carrer. Au moins, l'UCI les lui envoyait par petits paquets, de sorte qu'elle n'avait pas à se répéter jusqu'à la catatonie. Elle fut également invitée à des débats télévisés. Max participa à quelques-uns, à son grand soulagement. Elle avait souvent l'impression qu'ils bavardaient entre eux, malgré tous ceux qui se trouvaient dans la pièce. Lors du grand débat pour *Nova*, sur une chaîne publique — elle s'était dit qu'elle leur accorderait une heure, pas une minute de plus —, elle murmura à l'oreille de Max : « J'ai l'impression que ça dure depuis une éternité. » Il jeta un coup d'œil à sa montre d'un air significatif. Ils en avaient encore pour quarante-deux minutes.

Les pires étaient les fouineurs. Une femme attaqua ainsi :

« Commençons par les cinq questions rituelles, vous savez bien : qui, que, quoi, comment... euh... enfin, vous voyez... »

C'est lors de cet entretien qu'Alicia commença à se demander quand il était devenu normal de répondre à « merci » par « pas de souci ». Cette immersion prolongée dans les médias l'amena à mettre l'information en doute, d'une façon générale. Les journalistes répétaient tout de travers, même les choses les plus élémentaires, et il fallait voir avec quelle désinvolture. Un personnage soi-disant de premier plan dont elle n'avait jamais entendu parler vint lui poser d'un air renfrogné des questions provocantes portant uniquement sur le fait qu'elle avait fauché le Cosm à Brookhaven. Le type avait un nez pointu, tombant vers une bouche boudeuse, aux lèvres fines, de sorte qu'on aurait dit un point d'exclamation de chair. Il commandait des minicaméras de télé qui braquaient sur elle des yeux cyclopéens, ahuris. Il resta impassible même quand elle se moucha, ou peut-être parce qu'elle le fit. Elle ne regarda jamais l'émission montée, mais elle en entendit suffisamment pour écrire une lettre de protestation indignée — à laquelle personne ne répondit.

Mais ce n'étaient que des irritations passagères. Il y avait des problèmes systémiques plus profonds. Elle souligna les nombreuses inconnues ; les médias voulaient des réponses tranchées à des questions énormes, de préférence en une phrase percutante. Elle essaya de mettre en évidence sa méthode de questionnement progressif et la façon dont elle avançait toutes ces réponses sous réserve d'inventaire, en attendant confirmation. Les journalistes aimaient les aventures vite expédiées, les suppositions excitantes avec, évidemment, des images frappantes en couleurs primaires.

Alors que les résultats commençaient à apparaître, elle entrevit, comme sur un radar, l'image que le grand public se faisait de son univers. Pour le public à peine éveillé, dressé à limiter son attention à la durée d'un spot publicitaire, la science avait deux enfants : a) des friandises pour consommateurs, servies par les bonniches de la technologie, et b) des merveilles terrifiantes comme les beautés de l'astronomie. Il en ignorait généralement l'aspect dérangeant au-delà de la valeur du choc momentané causé, disons, par des insectes obèses faisant des choses dégoûtantes. Mais la promesse de fond de la science était celle d'un monde non façonné par l'homme. Les prolongements du temps et de l'espace hors de la communauté humaine étaient terrifiants, et la plupart évitaient même d'y penser.

D'après de récents sondages, plus de la moitié de la population américaine pensait que l'astrologie reposait sur des principes scientifiques. La plupart croyaient aux voyants, aux guérisseurs, aux diseuses de bonne aventure et à la parapsychologie au quotidien, avec son fatras de halos d'énergie, de pyramides mystiques, d'ovnis et autres expériences de perception extrasensorielle. Pour eux, le Cosm était plus ou moins du même acabit.

Elle sortait de Glenneyre Market quand elle vit le gros titre du *National Enquirer* :

UNE FAISEUSE DE GALAXIES

La boule brillante est-elle un univers ?

Elle arracha tous les exemplaires de leur support métallique et les fourra derrière un autre torchon à sensation. Deux jours plus tard, quelqu'un lui envoya — anonymement — par le courrier interdépartemental, un autre spécimen de la presse de caniveau :

VOLEUSE OU DÉESSE ?
La scientifique brillante mais maniaque
coupable d'escroquerie ?

— Hé, hé, fit Max, qui trouvait tout ça amusant alors que ça la faisait enrager. Pourquoi ne pourriez-vous pas être les deux ?

De plus en plus souvent, elle dissipait les nuages mélancoliques qui s'accumulaient dans son esprit en marchant pendant des heures avec lui sur les plages au nord de Laguna. Elles étaient de plus en plus envahies par les habitations qui descendaient de l'intérieur des terres, tel un champignon géant. Elle n'avait pas mis les pieds à l'UCI depuis longtemps, mais l'impression d'étouffement, le long de ces plages assiégées, l'inquiéta.

Comment avons-nous pu laisser disparaître tout ça ? se demandait-elle. Mètre par mètre. Les promoteurs, les immigrants avides de soleil à profusion, d'air vivifiant — tout ça conspirait à attirer un immeuble de plus, une autre rue, une supérette pour distiller des secondes de plaisir à des myriades d'individus. L'univers était en expansion, mais on aurait dit que l'humanité avait décidé de le battre de vitesse, de l'emplir de ses multitudes, de la prolifération envahissante, batailleuse, de la vie.

Sa notoriété dans le vaste monde croissait de façon exponentielle. Elle commença à recevoir des invitations à des réceptions, des soirées à l'opéra, des dîners et ainsi de suite, de la part de gens dont elle n'avait jamais entendu parler. Elle en accepta quelques-unes, auxquelles elle se rendit parfois directement en sortant du labo, sans prendre la peine de se changer. Ça lui rappela pourquoi elle n'avait jamais trop fréquenté la faune habituelle de l'université et préférait les gens comme Jill.

Alicia avait l'impression que les universitaires abordaient souvent des sujets politiques auxquels ils ne connaissaient rien. Sous le dédain pour les grands de ce monde, elle sentait poindre l'envie. La plupart des professeurs avaient jadis été les gens les plus brillants de leur génération : des étudiants boursiers, sortis premiers de leur promotion, surdiplômés, des copains en veux-tu en voilà. Et voilà que le vrai pouvoir allait à des gens à qui ils n'auraient pas accordé un regard. Le monde était dirigé par des étudiants médiocres. Ça déformait leur vision politique, qui dissimulait mal leur soif de pouvoir, un peu comme s'il suffisait d'un truc ou deux, administrés par les bonnes mains (les leurs), pour faire le boulot. Comme disait une analyste politique de l'époque, la plupart des « vrais gens » de sa connaissance pensaient que Washington DC était un bordel où, tous les quatre ans, les gens normaux élisaient un nouveau pianiste. Ce qu'ils auraient vraiment voulu, c'était quelqu'un pour mettre le feu au bordel. Les universitaires voulaient le diriger.

A tout cela, elle n'avait rien à répondre. Son style n'était pas le leur, se disait-elle en s'asseyant à des tables de dîner somptueuses. Même les petites choses étaient différentes. En lettres, les portes des bureaux étaient fermées, alors qu'en sciences elles restaient ouvertes sur des pièces souvent vides, comme pour inviter les idées vagabondes. A moins que ce ne fût pour dire, chez les humanistes, qu'il se pouvait qu'on soit là, et, chez les scientifiques, qu'on était sûrement là, mais probablement déjà dans son labo.

A une réception donnée par le président, elle rencontra un personnage éminent d'une faction avant-gardiste du département de philosophie. Elle avait entendu dire qu'il était à l'origine d'une campagne de récriminations contre l'indulgence avec laquelle l'UCI la traitait. Il paraissait formidable, sauf que ses pectoraux avantageux se révélaient, lorsqu'il s'oubliait, n'être qu'un estomac provisoirement en lévitation.

Elle savait qu'il l'avait débinée auprès de ses collègues universitaires, et voilà qu'il lui souriait cordialement, le verre de vin blanc tanguant à bâbord. Elle pensa à lui balancer une vanne, du genre : « Espèce de Judas, ça vous va bien de me faire des ronds de jambe alors que tout le monde sait que vous passez votre temps à me débiner. Faut-il que vous manquiez d'amour-propre pour me gratifier de ces salutations insipides après tous ces ragots sordides ! Vous n'avez vraiment pas le courage de vos opinions ! »

Mais elle n'en fit rien. A la place, elle mit en œuvre la stratégie de la politesse glacée et tourna les talons. Ce qui ne lui fit pas beaucoup de bien.

Après vinrent les remords (*Je m'en veux de ne pas lui avoir dit...*), les excuses pathétiques (*Je n'allais pas lui donner cette satisfaction*), auxquels le sous-programme de doute rétorquait : *Oh, je vois, Madame la Physicienne ne veut pas qu'on sache qu'elle est une femme ouverte, dotée de sensibilité, meurtrie par des insinuations malveillantes, dévastatrices. Tu préfères te fabriquer une tumeur, peut-être ?* Alors elle se bourrait d'amuse-gueule en fulminant, et elle se sentait lâche et minable.

Son niveau de stress monta. Un mois plus tôt, Jill l'avait convaincue de « voir quelqu'un pour évacuer tout ça ». Force lui était de reconnaître que ça la soulageait de déverser sa bile sur quelqu'un qui ne risquait pas de lui rire au nez ou de répéter des commérages encore plus humiliants, quelqu'un à qui il arrivait parfois de se fendre d'un sourire ou d'un hochement de tête. Elle avait même réussi à parler de Max, un sujet majeur qui lui inspirait bien des choses, mais dont elle ne voulait rien dire, pas même à la loyale Jill.

C'est ainsi qu'après la réception elle appela son analyste et vida son sac. L'analyste lui répondit très calmement :

— Vous devriez exploiter cette colère. Vous avez vraiment l'air hors de vous, et à propos, euh... votre assurance a refusé ma petite note parce que j'ai oublié de demander l'autorisation préalable. Ce serait vraiment bien que vous les appeliez pendant que vous êtes en rogne afin qu'ils comprennent, rien qu'en vous écoutant, à quel point vous avez besoin de cette thérapie...

Elle lui raccrocha au nez, mais ça ne lui fit pas beaucoup de bien non plus.

7

— Ce satané Himmel ! Je lui ai bien fait ravaler ses conneries, annonça joyeusement Max.

— Au sens propre, j'espère ?

Elle posa le coin d'une fesse sur une paillasse de labo, le seul endroit de l'observatoire où l'on pouvait encore s'asseoir depuis que Zak l'avait aidée à rapporter de nouveaux appareils. Ils collectaient des quantités de données sur les profusions d'étoiles qui naissaient dans un bouillonnement rouge rubis, les immenses masses de gaz enflammé dansant des gavottes frénétiques, dantesques, les étranges saupoudrages de lumière qui crevaient les immensités noires — toutes les splendeurs contenues dans la sphère, qui continuait à perdre de la masse. Ils travaillaient seize heures par jour, maintenant, se relayant afin que chaque instant du développement du Cosm soit dûment enregistré sur les piles de disques durs emmagasinés dans les gros lecteurs cylindriques.

Max sourit, hocha la tête.

— La bataille des séminaires, la vraie guerre de tranchées.

S'il y avait une chose qu'elle détestait plus que les analogies sportives, c'était bien les métaphores guerrières.

— A quel point?

— Il s'est montré partout où ça compte — le MIT, Harvard, Berkeley, Princeton — et je l'ai marqué à la culotte. J'ai fait en sorte de lui apporter chaque fois une réfutation.

— Génial. Et alors?

Elle le regarda, rayonnante, surprise du plaisir qu'elle éprouvait rien qu'à le voir franchir la porte du labo. Elle avait été très seule toute la semaine.

En réalité, il était gonflé à bloc, à sa façon, fier mais calme.

— Alors, j'ai le vent en poupe. Toutes les grandes figures de la théorie des particules ont bondi dans l'arène. Vous allez voir, d'ici un mois, il y aura plus d'articles sur la question que nous n'aurons le temps d'en lire.

— Je n'ai même pas envie d'en lire un seul, dit-elle avec lassitude.

— Il va falloir que vous fassiez quelque chose, vous aussi, dit-il gentiment.

— Hein?

— Ce type du CERN, Lutricia, il passe son temps à raconter que la technique expérimentale est mauvaise.

— Quoi?

— Je sais, je sais. Mais c'est ce qu'il dit. Il y a de l'ambition personnelle, derrière ça. Il est connu pour marcher sur les gens. Et il y a aussi la rivalité du CERN avec les États-Unis, en général.

Il n'y avait pas de système de classes durable dans les sciences, à moins qu'il n'y ait une classe supérieure convaincante. Les physiciens des particules s'étaient pris pendant si longtemps pour les élus naturels, évidents, qu'ils encaissaient mal le choc de se retrouver dans la meute indisciplinée qui se disputait les fonds de recherche. Les mœurs étaient en train de changer en profondeur.

— Il a dit ça comme ça, de but en blanc, que je me trompais ?

Max lui prit la main et elle éprouva à la fois le picotement dû à ce contact et une menace croissante.

— Il a insinué que vous aviez peut-être falsifié certains résultats pour vous faire de la publicité.

— Quoi ?

Elle s'obligea à compter jusqu'à dix, un vieux truc que son père lui avait appris quand elle avait huit ans, et ça marcha. La rigueur scientifique s'accompagnait d'exigences minimales, comme de ne pas induire en erreur les bailleurs de fonds quant aux chances qu'avaient les recherches de déboucher sur quelque chose d'utile, de publier les résultats de ses travaux même s'ils ne corroboraient pas sa théorie chérie, et de donner au gouvernement des conseils qu'il aurait peut-être préféré ne pas entendre — des petites choses triviales, menant à l'obligation cruciale de se demander si ses expériences étaient bien conçues pour donner des résultats vraiment sans ambiguïté. Il était fondamental de privilégier le doute plutôt que la preuve. On n'apprenait jamais spécifiquement, pendant ses études, à ne pas s'abuser soi-même ; les physiciens supposaient juste que les étudiants absorbaient tout par osmose. Mais ça...

— Ce fils de...

— Ah, il fait preuve d'une certaine délicatesse. Il procède par allusions, de petites remarques sur la couverture média que vous obtenez, rien de plus.

— Il ne peut pas faire ça ! gémit-elle.

— Il va se gêner !

— Je suis honnête, scrupuleuse...

— Je sais. Mais il va falloir que vous vidiez la querelle avec lui. Et avec les autres. Il y a beaucoup de sceptiques.

— Pourquoi ?

— Eh bien, c'est assez fantastique. Et vous n'avez laissé personne venir ici, regarder cette chose.

— Nous étions trop occupés...

— Bien sûr, dit-il avec un sourire chaleureux, les mains tendues, paumes en l'air, dans une attitude apaisante. Mais les gens se demandent pourquoi vous êtes embusquée ici, sur votre colline, comme une ermite.

— La sécurité...

— Je sais bien. Mais vous vous rendez compte de l'impression que ça peut faire ?

— Je ne veux pas que n'importe qui vienne me traîner dans les pattes ! Regardez ça, dit-elle en embrassant dans un ample geste le dôme encombré de l'observatoire. Combien de gens pouvons-nous faire entrer ici ?

— Vous avez raison, évidemment. Mais...

— Vous savez que je ne suis pas très diplomate.

— Ça non.

— Là, vous n'étiez pas obligé d'acquiescer aussi vite.

Ils éclatèrent de rire, et ça relâcha un peu la pression.

Elle savait qu'il avait raison. Elle manquait de tact et de moelleux dans la relation. Qu'avait dit son analyste ? « Eh bien, vous n'êtes pas le type même de la monomaniaque, mais... »

— Dites-moi ce que je dois faire avec ce type du CERN.

La physique fondamentale attirait les esprits forts, rusés. Les moins combatifs n'y faisaient pas de vieux os. Ils voyaient la physique autrement, évidemment, et n'avaient pas honte de le dire. Pendant un demi-siècle de compétition acharnée, surtout depuis le début des coupes budgétaires, le microcosme avait appris une règle de base : quand l'avoine venait à manquer, les chevaux se battaient devant le râtelier. Les physiciens des particules avaient mis au point une méthode sociale pour prendre des décisions quand les fortes têtes étaient en désaccord : le pugilat.

Remporter le combat supposait de fouiller dans les

bibliothèques, de réunir toute la documentation touchant à son sujet, et de l'utiliser pour étayer son argumentation. Puis de préparer des diagrammes et des schémas en couleurs, et de les présenter en utilisant les derniers développements de la technologie (rien à voir avec les camemberts et les *flow-sheets* de papa, c'étaient maintenant des perspectives éclatées en 3-D et des vues en coupes superposées). Ça impliquait aussi de répéter minutieusement son discours. De faire entrevoir au public les implications auxquelles il n'avait pas songé, de les présenter avec une profusion de détails pointus. De répondre du tac au tac aux questions hostiles. De faire passer les sceptiques pour présomptueux quand on pouvait, mais de ne pas leur faire perdre la face. De faire preuve de rigueur et d'assurance. D'éviter la rhétorique. Les plus doués réussissaient à tirer un rire du public à l'aide d'une réplique bien sentie.

Enfin, quand on avait bien rodé son numéro, il n'y avait plus qu'à partir en tournée avec et le vendre, le vendre, le vendre pendant un mois.

— Je ne m'en ressens pas de faire une grande campagne, soupira-t-elle.

— Vous devez faire quelque chose.

— La vérité finira bien par apparaître. Nous continuons à emmagasiner les données.

— Eh bien, faites au moins quelque chose qui vous vaudra la sympathie.

— Quoi, par exemple ?

— Euh... Je vais y réfléchir.

— Max, tout ça est en train de m'échapper.

— De *nous* échapper. Nous sommes ensemble dans cette galère.

Il se leva et se faufila, en marchant en crabe, entre les rayonnages métalliques supportant les appareils électroniques. Il manqua trébucher sur les câbles, tendit la main entre les pôles de l'aimant en U et effleura la sphère qui disparaissait presque sous les câbles optiques et les instruments de mesure.

— En fin de compte, tout tourne autour de cet objet fantastique, fascinant. Et j'ai réfléchi...

Elle se rassit pour l'écouter. Sa présence avait réveillé quelque chose de chaud en elle, et elle s'autorisa à profiter simplement de sa compagnie. Il portait un pantalon bien coupé et non le chiffon froissé qui était le signe de reconnaissance du savant typique. Pour un théoricien, il n'était pas si mal.

Elle mit près d'une demi-heure à comprendre où il voulait en venir.

— Ce ne serait donc pas une simple bizarrerie. Eh bien, c'est agréable à entendre. Mais comment allons-nous utiliser ça ?

— Pas pour nous enfuir dans un autre univers, si c'est à ça que vous pensez.

— Ah bon. Je pensais que vous rouliez pour le *National Enquirer*...

— Pardon ?

Le blitz tabloïde des deux dernières semaines lui avait échappé. Elle le mit au courant et il fit la grimace.

— Non, rien d'aussi juteux.

— Ravie de l'apprendre.

— Tout ce que j'en dis, c'est qu'il s'agit d'un meilleur modèle de gravité quantique que n'en peuvent révéler les failles du modèle standard.

— Une sorte d'empreinte de la Théorie du Grand Tout.

— Exact. Disons, dans la dégradation du proton, qui ne devrait pas se produire d'après le modèle standard. Eh bien, le Cosm n'est pas qu'une empreinte, c'est la chose en elle-même, un artefact de gravité quantique proprement dit — là, dans ce labo, assez grand pour qu'on puisse le toucher. Nous sommes en train d'amener la physique fondamentale à l'échelle humaine !

— Bravo.

Elle se réjouissait de le voir si content, d'autant qu'il avait raison, bien sûr. Cette sphère brillante était une preuve éclatante de l'existence d'un univers qui conservait son mystère, et une implication énorme, pas enfouie dans des particules infinitésimales, indécelables à l'œil nu, non, une chose évidente, visible comme le nez au milieu de la figure.

Pour les théoriciens, la Nature était un texte à déchiffrer. Si la Bible était la parole de Dieu, alors la Nature était les Exemples élaborés par Dieu. La Nature était des Données sous de beaux atours, agrémentées d'une beauté mathématique. Mais dans les mains de la science moderne, la réalité s'était abîmée dans l'infinitésimal. Où était le sentiment granuleux de la réalité dans les symétries mathématiques abstruses, dans un essaim de particules invisibles ?

— Nous n'avions qu'un monde microscopique, abstrait, dit Max avec une soudaine véhémence. Jusqu'au Cosm.

8

Elle réalisa que quelque chose n'allait pas en prenant le gros airbag en pleine figure.

Wham ! Puis il y eut la collision, le bruit de la voiture grise qui rentrait dans sa portière avant gauche, et le choc sourd de l'airbag. Elle sortait d'un parking de l'UCI après avoir dit bonne nuit à Zak. Max était parti à minuit et elle pensait vaguement à lui tout en prenant une petite route latérale. A partir de là, les événements se condensèrent.

Maintenant, elle ne voyait plus la voiture grise parce que son pare-brise était mystérieusement étoilé. Elle inspira péniblement et essaya de tourner la clé de contact, derrière l'airbag, pour couper le moteur. Elle n'y parvint pas. Elle était coincée. De la main droite, elle déboucla sa ceinture de sécurité. Le choc et les bruits métalliques de la collision lui arrivèrent au même moment, ainsi que la soudaine puanteur de l'essence, autre fragment de perception à retardement qui la déstabilisa. Sa porte s'ouvrit brusquement. Elle tourna la tête. Des bouts de verre tintèrent sur le béton du sol, et une tête d'homme apparut, coiffée d'un chapeau à larges bords. Il la prit par le col.

— Je ne peux pas... peux pas sortir.

Il la tira avec force de son siège et elle tituba sur le béton en essayant de reprendre pied — très important, ça : garder l'équilibre. Mais elle avait du mal, parce que l'homme était grand, il avait des mains puissantes et il l'entraînait, l'obligeant à s'écarter de sa voiture. Un deuxième homme la poussa sur le côté, et une autre voiture arriva — une voiture noire. La grise était encastrée dans le côté de sa chère Miata. Il n'y avait personne dedans.

— Hé... ! commença-t-elle.

Et comme ils s'approchaient de la voiture noire, un troisième homme chapeauté ouvrit le coffre.

— Non, mais attendez ! Qui... ?

Ils l'empoignèrent sans un mot et la balancèrent comme un ballot de linge sale dans le coffre de la voiture. Le couvercle claqua sur elle.

Elle hoqueta, roula sur le dos. La voiture démarra avec une secousse, mais il n'y eut ni rugissement de moteur ni crissement de freins. Très fort. Ne pas attirer l'attention. Laisser les gens vaquer à leurs affaires.

Elle heurta le côté gauche du coffre alors que la voiture accélérait dans une longue courbe. Sans doute la route qui faisait le tour du campus.

Elle poussa un cri étranglé, assourdi, inaudible. La panique lui nouait la gorge. Ses paumes heurtèrent le métal au-dessus de son visage.

Qui étaient-ils ? Des kidnappeurs ? Des horreurs lui

passèrent par la tête : des viols collectifs dans les bois, des histoires de cadavres atrocement mutilés qui avaient fait la une des journaux. Elle se sentit envahie de terreur. Elle tapa sur le couvercle du coffre à s'en faire mal aux mains.

Puis elle resta allongée dans le noir et reprit posément sa respiration.

D'accord. Des imbéciles l'avaient enlevée. *Réfléchis.* Pas question de succomber à la panique. Là...

Essaye de fuir. Vite. Ne perds pas de temps à imaginer de qui il peut s'agir. Elle voyait son père lui dire tout ça et sut qu'il avait raison.

Devait-elle attendre qu'ils s'arrêtent à un feu rouge pour faire du bruit ? Si un piéton passait par là et racontait qu'il l'avait entendue crier, peut-être la police interviendrait-elle.

Non, c'était ridicule. Il y avait peu de chance qu'un bon citoyen tente d'arrêter la voiture ou quoi que ce soit. Et si elle faisait des histoires, ils se contenteraient de rouvrir le coffre et de lui flanquer un bon coup sur la tête. D'ailleurs, il était deux heures du matin. Dans le coin, qui pouvait l'entendre ?

La voiture franchit un dos-d'âne et repartit de plus belle. Elle était allongée dans une position inconfortable, en travers du coffre, la tête appuyée contre ce qui devait être la roue de secours. *Essaie de prendre des repères.*

Elle n'avait jeté qu'un coup d'œil à la voiture. Si elle se rappelait bien, dans beaucoup de modèles de ce genre, le coffre et le siège arrière étaient reliés, ce qui permettait de transporter des objets encombrants comme des skis. Pouvait-elle en tirer parti ?

Ils ralentirent et, alors que le bruit de la circulation diminuait, elle entendit un murmure confus de voix d'hommes. L'un d'eux avait une voix plus forte, plus proche : il devait être assis à l'arrière. L'idée de donner des coups de pied sur le panneau qui la séparait du siège lui effleura l'esprit, mais elle ne voyait pas l'intérêt de rejoindre le passager en question.

Ils s'arrêtèrent, tournèrent à droite. Elle essaya d'imaginer dans quelle direction ils allaient maintenant. Le long du campus, vers l'extérieur, peut-être vers l'autoroute ? Une fois qu'ils seraient sur la voie rapide et dévoreraient les kilomètres, même si elle arrivait à fuir, elle se retrouverait en territoire inconnu. *Vite.*

Elle palpa le haut du coffre, du côté de la serrure. Elle n'avait jamais eu l'occasion d'en regarder une seule attentivement et, dans le noir complet, elle devait traduire ses impressions tactiles en images.

Elle tâta, palpa. Là... il y avait une tige d'acier retenue par quelque chose. Une sorte de pince de homard en métal lisse. Les mâchoires de la serrure, c'est ça, fixée sur le couvercle intérieur du coffre.

Elle essaya, au jugé, de comprendre comment elle fonctionnait. Quand on claquait le couvercle, les mâchoires se refermaient sur la courbure d'une barre d'acier en forme de U. De gros ressorts maintenaient les mâchoires en position fermée. Mais elle n'arrivait pas à atteindre les ressorts avec ses doigts pour s'en assurer. Elle n'avait guère d'espoir de les forcer, car ils étaient plus ou moins protégés par une pièce d'acier.

Où ? Elle parcourut, du bout des doigts, le bord rectangulaire d'une plaque. Les ressorts devaient être derrière.

D'accord. Réfléchis plutôt à la tige d'acier. Ses doigts tâtèrent l'endroit où le U reposait sur la carcasse de la voiture, au bord du coffre. Il y avait des boulons. Les dévisser ? Comme ça, la barre en forme de U se détacherait et les mâchoires lâcheraient, emportant la barre avec elles...

Mais pour ça, il lui fallait un levier. Elle essaya de tourner les boulons, dans l'espoir qu'ils céderaient. Avec les cahots, tout devait finir par se desserrer, dans une voiture...

Rien à faire. Ils étaient serrés à bloc. Elle se meurtrit le bout des doigts avec le bord tranchant. Elle essaya de visualiser l'ensemble, de trouver un point faible dans le mécanisme. La voiture ralentit, la faisant légèrement rouler vers le dossier du siège. Encore le murmure des voix. De qui diable pouvait-il bien s'agir ? Leur rapidité d'action, désarmante, le fait qu'ils n'aient pas prononcé un mot pendant qu'ils la tiraient de sa voiture et la fourraient dans la leur...

Ils avaient abandonné la voiture grise derrière eux. Ils ne craignaient donc pas qu'on les retrouve grâce à elle ? C'était peut-être un véhicule volé ? Peut-être...

Elle s'obligea à cesser de bâtir des scénarios. *La serrure. Pense à la serrure. Jill sait crocheter les serrures ; tu dois pouvoir y arriver, toi aussi.*

Elle passa les mains sur l'ensemble, formant des images mentales à partir des messages transmis par ses doigts. Sa main gauche effleura un trou. Son petit doigt le retrouva. Elle pouvait enfoncer la dernière phalange dedans, pas davantage. Guère d'espoir de ce côté-là non plus. Mais il était là où se dissimulaient les ressorts, elle en était sûre.

Elle continua à tâtonner et se rendit compte que le trou se trouvait près du bord de la plaque, à quelques pouces seulement du loquet proprement dit. Le loquet devait avoir un mécanisme de déblocage. Elle se rappela que dans certaines voitures le conducteur n'avait qu'à appuyer sur un bouton pour ouvrir le coffre. Ce n'était pas le cas de sa Miata, mais enfin.

Réfléchis... Le bouton devait être relié à un câble qui déclenchait l'ouverture. Pas électroniquement, non. Inutile de prévoir un servo qui s'userait alors qu'un simple mécanisme pouvait faire la même chose.

D'accord. Assez théorisé. Le mécanisme d'ouverture de la serrure devait être quelque part, sous les quelques centimètres d'acier qui se trouvaient entre la mâchoire et le petit trou. Elle y remit son petit doigt, l'enfonça de deux ou trois centimètres. Rien à signaler. *D'accord, alors enfonce quelque chose dedans et fais-le tourner.*

Mais quoi ? Elle explora le coffre à tâtons ; il était vide. Ils avaient pris la précaution de le nettoyer avant de l'emmener en balade. Cela dit, ils ne l'avaient pas garni de coussins. Son confort n'était pas leur priorité. Même pas de cric...

Elle fouilla dans ses poches. Des clés, mais beaucoup trop grosses pour passer par le trou. Quelque chose de plus fin...

Son stylo. Elle le trouva dans la poche-poitrine de sa chemise. C'était un stylo-bille bon marché, pris dans le placard à fournitures du département de physique. Elle le décapsula et le remit dans sa poche.

La voiture passa sur une bosse et accéléra. La secousse la fit rouler dans le coffre. Elle se remit sur le dos et retrouva le trou à tâtons. On était vite désorienté dans le noir complet.

Ils prirent de la vitesse. Le long du campus, il y avait une étendue non éclairée assez longue. A moins qu'ils ne soient déjà sur l'autoroute ? Mais non. Les roues auraient fait plus de bruit.

D'un autre côté, elle n'avait peut-être plus beaucoup de temps devant elle. Elle trouva le trou au jugé, glissa le stylo dedans. Sa liberté de mouvement était restreinte. Elle l'inclina vers les mâchoires. *Le loquet doit être au milieu du mécanisme*, se dit-elle.

Le stylo toucha quelque chose. Elle le poussa aussi loin que possible sur le côté. Ça ne voulait pas céder. Elle essaya à nouveau. Rien à faire.

D'accord. Elle appuyait peut-être dans la mauvaise direction. De quel côté le mécanisme jouait-il ? Vers le haut ou vers le bas ? Pas le temps de réfléchir, elle n'avait qu'à essayer. Elle tournicota un peu le stylo dans le trou, sans retrouver ce qui l'avait bloqué avant.

La voiture ralentit, l'envoyant à nouveau valdinguer contre la paroi. *Et merde !* Elle reprit sa position initiale, refit tourner le stylo dans le trou. L'angle d'attaque était fort étroit.

Elle laissa tomber le stylo. Son cœur se mit à battre la chamade. Pourquoi n'était-il pas tombé sur sa poitrine ?

Elle palpa à droite. Il n'y était pas. Comment ce foutu stylo avait-il pu disparaître...

Sa main gauche tomba dessus. Il avait roulé de quelques centimètres après être tombé.

Elle le remit dans le trou. La voiture ralentit encore. Soudain, alors qu'elle tournait le stylo dans tous les sens, elle se demanda si le loquet ferait beaucoup de bruit, au cas où elle arriverait à le faire jouer. Assez pour qu'ils l'entendent ? Alors mieux valait le déclencher avant qu'ils s'arrêtent, afin que le bruit de la route couvre le déclic.

Le stylo rencontra une résistance. Elle le serra avec une précaution redoublée et fit pression. Ça avait l'air solide, ferme. Elle poussa plus fort — et un *spoing!* retentit près de son oreille. Une lumière dure, bleutée, filtra par une mince fente. Le couvercle s'était soulevé de quelques centimètres avant de s'immobiliser.

Elle sentit la morsure des freins. Elle glissa le stylo dans la poche de son jean et se tortilla. La voiture était presque à l'arrêt. Elle appliqua une poussée vers le haut et souleva le couvercle du coffre. Pas de cris. Elle s'assit, passa une jambe au-dehors. Les lumières de la rue étaient aveuglantes.

Elle abaissa le pied au niveau de la chaussée alors que la voiture s'arrêtait. Elle porta prudemment son poids sur sa jambe, afin que sa masse ne quitte pas brusquement la voiture. Ses chaussures raclèrent le béton rugueux.

Elle était accroupie juste derrière le pare-chocs et ne voyait pas les hommes à cause du couvercle. Mais ils se rendraient bientôt compte de ce qui se passait, si ce n'était déjà fait. Elle mit les deux mains sur le couvercle, l'abaissa à deux centimètres du bord.

Un rapide coup d'œil. Les trois têtes, dans l'habitacle, ne se retournèrent pas. Elle regarda autour d'elle, toujours accroupie. Pas une seule autre voiture dans les environs. Elle reconnut l'endroit : ils étaient arrêtés au feu rouge, au croisement de Michaelson et d'University. A cet instant, le feu passa à l'orange, prêt à repasser au vert.

Elle résista à la tentation de courir. Au lieu de cela, elle resta tranquille. Le feu passa au vert et la voiture repartit en brûlant le macadam. La rampe de l'autoroute se trouvait au coin du pâté de maisons suivant et le chauffeur devait être impatient d'y arriver. Ils s'éloignèrent dans un rugissement. Elle resta accroupie. Il ne manquerait plus que le chauffeur jette un coup d'œil dans le rétroviseur ; une silhouette s'éloignant en courant ne pourrait manquer d'attirer son attention. Elle regarda la voiture, prête à courir si elle voyait s'allumer les feux stop.

Mais ça n'arriva pas. La voiture disparut en douceur au détour de la courbe et elle étouffa un hoquet de soulagement, avala de grandes goulées d'air glacé. Elle s'aperçut qu'elle retenait sa respiration depuis un moment qui lui parut infini.

CINQUIÈME PARTIE

Textes sociaux

Si vous vous interrogez sur le minimum requis pour apprécier pleinement les conséquences des lois physiques, la réponse est : l'Univers entier, pas moins. Voilà ce qu'est l'univers, ce n'est pas dire grand-chose que de l'affirmer. Ça répond à une question qui intrigue les théologiens, les philosophes et les savants : pourquoi y a-t-il un univers ? Le théologien, qui croit en un Dieu tout-puissant, se demande pourquoi Il ne s'est pas contenté d'imaginer l'Univers. Pourquoi se donner la peine de le créer ? La réponse est que c'était encore le plus simple.

Fred Hoyle, 1994

1

— Comment se fait-il qu'ils n'arrivent pas à retrouver ces types ? demanda Max.

— Aucun indice. La voiture qui m'est rentrée dedans était volée.

— J'ai du mal à croire ça : quelqu'un commet un crime pareil et la police se contente d'une enquête de routine ?

Elle haussa les épaules. Elle était encore épuisée. Elle avait essayé de faire la grasse matinée, après les palabres interminables avec les flics, mais son inconscient ne voulait rien entendre.

Ils avaient été polis, mais qu'avait-elle à leur dire ? Elle était là, fichue comme l'as de pique, à leur raconter sa drôle d'histoire. Elle était un peu hystérique, ce qui lui avait valu quelques regards entendus d'homme à homme, pas des sourcils arqués, non, des fronts plissés. Tout en inspectant soigneusement sa voiture, ils lui avaient donné des tuyaux sur la façon d'éviter les collisions. *Autant lancer un fil de fer barbelé à un noyé*, s'était-elle dit sur le coup. Une équipe avait relevé des empreintes. Divers services du campus avaient été prévenus, des gens étaient arrivés, s'étaient mis à parler sur un ton raisonnable. Elle avait l'impression que tout ça se passait derrière la vitre d'un aquarium.

Cette impression avait persisté même lorsqu'elle était enfin rentrée chez elle. Incapable de dormir, elle avait un peu regardé la télévision. La cacophonie habituelle des médias audiovisuels, acharnés à diffuser une culture pop jetable qui faisait paraître exsangues, bizarres, momifiés tous les instants sauf la minute présente. Elle espéra vaguement que les journalistes ne s'empareraient pas de l'affaire.

A la lumière du matin, elle s'était efforcée de masquer les valises qu'elle avait sous les yeux. En vain. Quand elle se faufila dans son bureau, Max l'attendait. Elle lui en avait aussi donné les clés, puisqu'il était plus souvent là, maintenant, qu'à Caltech, mais elle fut quand même un peu surprise de le trouver occupé à faire tourner un programme mathématique sur son ordinateur. Cela dit, il s'était immédiatement interrompu. Il l'avait entendue et n'avait pas perdu de temps à lui demander de lui raconter sa version de l'affaire.

— Comment peut-on faire un truc pareil et s'en tirer aussi facilement ? poursuivit-il.

— Ou plutôt, pour quoi foutre ? réussit-elle à dire d'une voix atone.

— Vous voulez dire que c'étaient des dingues, mais de quelle espèce ?

— Il n'est question que de moi dans les journaux, de *Nova* à tous les torchons pour concierges...

— Ouais, les gars de *Nova* sont vraiment des putes, fit Max dans l'effort manifeste de lui changer les idées.

Elle réussit à grimacer un sourire qui s'effaça rapidement.

— Je n'arrive pas à comprendre, à moins qu'ils n'aient voulu me prendre en otage pour je ne sais quelle raison...

— L'ennui, avec les dingues, c'est qu'ils sont dingues. On ne peut pas les comprendre, même a posteriori.

— Je n'ai pas envie de les comprendre, ni après coup ni jamais.

— Ils doivent être à l'extrémité *National Enquirer* du spectre.

— Euh... je me demande si le paternel pourrait m'aider...

Il venait de publier une chronique sur la réaction des médias au Cosm — sans lui demander son avis, bien sûr. Elle en parla à Max, et il l'encouragea à lui téléphoner, ce qu'elle fit, la mort dans l'âme. Son père monta sur ses grands chevaux, comme prévu, lui reprocha de ne pas l'avoir appelé tout de suite. Elle tenta en vain de lui expliquer qu'elle était rentrée dans sa coquille, en proie à une sorte d'atonie. Il revisita le même territoire qu'ils avaient exploré, Max et elle, lui dit qu'il verrait l'affaire du côté des médias et elle retourna enfin au labo, dans l'après-midi, avec un certain soulagement.

— J'ai vérifié cet accroissement dans l'infrarouge et l'émission visible, lui annonça Zak quand elle se fut installée.

— Ah oui, j'avais oublié.

C'était si loin...

— Avant, il fallait chercher les photons ; maintenant, ils coulent à flots. Regardez ce que j'ai obtenu.

Zak lui montra des images de grosses masses rouges, frémissantes, incandescentes dans l'infrarouge. C'était impressionnant. Des rayons jaunes crevaient les épaisses masses noires : de jeunes soleils jaunes repoussant la pression des ténèbres.

— Des nuages de poussière, des étoiles en train de se condenser. Mais pas encore de signe de galaxies, hein ?

Zak secoua la tête et ses cheveux trop longs lui tombèrent dans les yeux.

— On dirait que ça donne raison aux astrophysiciens pour qui les étoiles auraient précédé les galaxies.

C'était un vieux débat : les grandes masses bouillonnantes de poussière se coagulaient-elles en galaxies avant de produire des étoiles, ou bien était-ce le contraire ? Ce genre de controverse n'intéressait pas grand monde en dehors des astronomes, mais Alicia éprouvait une agréable exaltation à contempler la réponse, levant le voile sur ce mystère. Il y avait déjà plusieurs semaines qu'ils mesuraient le rayonnement infrarouge de la poussière, d'abord en train de se refroidir alors que l'univers du Cosm se dilatait, puis réchauffée par la naissance d'étoiles blanc-bleu flamboyantes. Le Cosm s'éveillait à ses possibilités.

— Ce qu'il y a, fit Zak, c'est qu'on y voit beaucoup plus clair, maintenant.

— La poussière se condense, dégageant le terrain ?

— Non, c'est juste que nous obtenons infiniment plus de lumière, sur toute la largeur du spectre.

— Hum. Le Cosm est plus lumineux ?

— Je pense qu'il en émane davantage de lumière.

L'examen minutieux de la mesure du flux montrait que Zak avait raison. L'émission visible était encore trop faible pour être perceptible à l'œil nu, mais elle était suffisante pour leurs instruments. Ils passèrent soigneusement en revue tout ce qui pouvait clocher, mais Zak n'avait apparemment pas fait d'erreur.

— Beau travail, fit-elle en hochant la tête. Tout se passe comme si ce qui maintient ouvert le col du Cosm laissait passer plus d'ondes électromagnétiques...

— Je n'ai jamais vraiment compris cette partie de la théorie de Max, acquiesça Zak. La matière exotique, la densité d'énergie négative. J'ai du mal à me représenter tout ça...

— Sans blague...

— Mais pourquoi laisse-t-il passer de la lumière et pas de matière ?

Elle eut un sourire, un haussement d'épaules évasif.

— Pourquoi la masse diminue-t-elle ? Peut-être la super-chose qui maintient le col ouvert perd-elle de sa substance, laissant passer davantage de lumière, mais pas de matière. C'est encore une fenêtre.

— Ça se pourrait...

— Max en a une image complexe, que je n'arrive pas à suivre. Contentons-nous de faire les manips et laissons les théoriciens s'occuper de la modélisation, d'accord ?

— Ouais, fit Zak avec un grand sourire, en programmant, sur son clavier, un complément de mesures.

Elle éprouva une bouffée d'affection pour Zak, sa ténacité, son soutien calme, silencieux. Le lien entre les gens qui travaillaient de longues heures sur des problèmes ardus était l'un des soutiens émotionnels, non dits, de toute science. Elle repensa à son directeur de thèse qui emmenait parfois ses étudiants et ses postdocs prendre une bière, selon la coutume : il leur racontait des moments de joie, des histoires de gloire passée. Ils blaguaient avec lui, mais respectueusement, souvent avec une note d'autodérision. Les savants apprenaient à donner le meilleur d'eux-mêmes sous les ordres d'hommes et de femmes qui avaient fait du travail le centre de leur vie. Les étudiants singeaient leur mentor et finissaient par lui ressembler, un modèle de collaboration entre l'élève et celui qu'il voulait être.

Il y avait, entre les principaux groupes d'expérimentateurs, un trafic régulier d'étudiants et surtout de postdocs qui rappelait l'échange de femmes entre tribus censé forger des réseaux de fraternité. Cela dit, l'échange n'était pas toujours équitable. Comme disait la maxime : la connaissance ruisselle vers le bas. Les étudiants suivaient l'exemple du café dans un percolateur : ils montaient. Les meilleurs accédaient aux premières places ; un rang inférieur était synonyme de moindre mérite. Tel était le credo de la discipline. La réputation de l'UCI grimperait en flèche à cause du travail sur le Cosm ; elle recevait déjà des demandes de postes de thésards et de visiteurs désireux d'entrer dans ce qui deviendrait probablement un domaine scientifique à part entière.

— Dites, vous avez lu l'article du *New York Times* sur Brookhaven ? fit Zak, interrompant sa rêverie.

— Euh, non... répondit-elle tandis qu'un hérisson de glace se formait au creux de son estomac.

— Ils ont observé l'éclair de la recombinaison. Il a duré près de dix minutes. Il a provoqué des incendies et brûlé quelques arbres.

— Et ils ne nous l'ont pas dit ?

— Ils en ont parlé au journal télévisé, ce matin. Je pensais que vous étiez au courant.

Elle était en rogne, mais se contenta d'un : « Hum ».

— Ah, et puis ils appellent ça un « micro-univers », et ils disent procéder aux premiers travaux systématiques dessus...

— Ah, vraiment ? Et nous, on pue le gaz ?

Ils échangèrent des sourires en coin.

— Ils veulent nous gagner de vitesse dans le cirque médiatique, c'est clair.

Prendre de l'avance sur ses concurrents était un vieux jeu dans la physique des particules, la plus compétitive et la plus sensible au passage du temps de toutes les disciplines scientifiques. Dans les années 1970, se rappela Alicia, un groupe de Brookhaven dirigé par Sam Ting avait baptisé « J » la nouvelle particule qu'il venait de découvrir. Un groupe concurrent de Stanford avait trouvé la même particule et l'avait appelée *psi*, comme la lettre grecque, parce que l'infographie sortait des graphes ressemblant à ce caractère. La dénomination qui serait retenue dans les articles consécutifs constituerait une prise de position sur le vrai découvreur de la particule. En fin de compte, pour ne pas choisir entre un symbole et un homme, on l'appela diplomatiquement J-psi, et les choses en restèrent là. Le groupe de Stanford fit remarquer avec délectation que l'idéogramme chinois « ting » ressemblait à la lettre J. Ting avait donc secrètement donné à la particule son propre nom.

— Nous avons de l'avance sur eux dans le développement du Cosm, dit-elle. Ils n'ont aucun moyen de… Attendez !

Quelques minutes de calculs prouvèrent que la période de recombinaison du Cosm de Brookhaven avait pris une semaine de moins que pour le leur.

— Le décalage temporel de leur Cosm est différent du nôtre, conclut Alicia.

— Il est plus rapide. Ils vont nous rattraper.

— Si notre Cosm est encore en avance maintenant… Il perd régulièrement de la masse.

Zak s'assombrit.

— Je me demande si ça a un rapport avec le fait qu'il émet plus de lumière.

— Probablement.

Zak entreprit de vérifier certains détails des relevés de mesures. La journée avait filé et elle appréhendait de passer la nuit chez elle, penchée sur leurs résultats. Elle eut une pensée fugitive pour l'époque où elle était en prépa et où elle était pareillement vidée par son travail et pourtant si tendue qu'elle n'arrivait pas à se reposer. C'était probablement pour ça qu'elle était venue à bout de sa thèse plus vite que ses compagnons. Autour d'elle, les mâles diplômés s'étaient mariés et installés, soutenus pendant leurs nuits blanches et leurs week-ends studieux par des femmes compréhensives qui ne divorceraient sûrement jamais, comme le prouvait l'expérience. Faisaient-ils en sorte que leurs futures femmes soient assez convaincues de l'importance de la physique des particules pour ne pas exiger de leur mari qu'il leur consacre trop de temps ? Les hommes encore célibataires après leur thèse pouvaient s'attendre à être de perpétuels objets de curiosité. Un physicien qui réussissait était un physicien marié. Une fois, elle avait entendu un thésard dire qu'il voulait se marier afin de ne plus avoir à endurer les contretemps de la vie sociale.

Zak revint et ils achevèrent de mettre au point certains détails.

— Allez, Zakster! dit-elle en lui donnant une accolade d'ours. Je vous paye une bière.

2

Le souvenir de son enlèvement l'obsédait. Elle regardait autour d'elle avec méfiance chaque fois qu'elle sortait d'un bâtiment. Elle évitait de sortir la nuit, maintenant. Quand elle regagnait la voiture de location garée sur le parking, elle gardait sa clé à la main, prête à l'utiliser comme une arme si quelqu'un essayait de l'agripper. Elle dévisageait les étrangers avec méfiance. Les gens qui téléphonaient et raccrochaient sans dire un mot la laissaient en proie à une vive angoisse, incapable de se concentrer pendant des heures. Une fois, elle sursauta en voyant sa propre ombre.

Zak s'en aperçut, et l'aida de son mieux, avec son calme et sa sérénité habituels. La méthode de Max était plus systématique. Il lui servait de garde du corps dans le campus quand il descendait de Caltech. Jill l'écouta discourir *ad nauseam*, ce qui lui fit beaucoup de bien. Elle passa quelques soirées à boire comme un trou et le paya par des migraines à tout casser.

La police était «dans le mur», comme lui dit un des flics. Ses ravisseurs étaient des gens précautionneux et n'avaient pour ainsi dire pas laissé d'indices. Ses travaux étaient de notoriété publique, et les suspects nombreux, par définition.

Elle songea un moment à acheter une arme, et y renonça. Les armes lui faisaient peur, de toute façon. Au bout de quelques jours de vague angoisse, elle se rasséréna un peu, mais elle devait rester à jamais consciente de sa vulnérabilité.

L'UCI avait placé un vigile armé devant l'observatoire. Ça l'aida beaucoup. Les choses se tassèrent et elle se remit sérieusement au travail. Pourtant, un matin qu'elle était arrivée tôt, elle manqua s'étrangler de peur en trouvant un grand gaillard souriant planté au milieu de l'observatoire.

— Qui êtes-vous ? Que voulez-vous ?

— Je suis un banal citoyen. Je voulais jeter un coup d'œil.

— Comment êtes-vous entré ?

— Tout le monde dort de temps en temps, répondit-il plaisamment.

Des images de son enlèvement lui sautèrent à l'esprit, lui nouant la gorge. Cet homme ne semblait pas menaçant, mais son cœur battait à tout rompre. Les terribles moments dans le noir, dans le coffre... La colère qu'elle avait emmagasinée alors ressortit. Elle lâcha son attaché-case qui tomba avec un bruit retentissant.

— Eh bien, vous n'avez plus qu'à repartir...

— Le secret est cette masse, là, c'est ça ?

— Comment ?

— Non, j'ai compris. Vous n'avez pas besoin de me servir le genre de discours que vous faites à la télé.

Il était grand, mais il n'avait pas l'air redoutable. Il fallait qu'elle trouve le moyen de le faire sortir rapidement.

— Ecoutez, monsieur, vous voyez bien...

— Votre truc, là, il a tout un tas de masse en rab, exact ? Le truc, c'est que vous l'avez compressée dans cette boule. Futé ! Sauf que moi, je sais comment vous avez fait votre coup, ajouta-t-il avec un clin d'œil rusé.

— Vraiment ?

Elle se déplaça mine de rien, de façon à interposer du matériel entre l'intrus et elle.

— Les champs magnétiques, c'est ça. J'ai raison ?

— Les champs magnétiques n'affectent pas la masse...

— C'est vous qui le dites ! Mais vous avez piégé cette

chose et je dis que vous en savez plus que vous ne voulez bien le dire.

— Par exemple ?

— Ce n'est pas du tout un truc spatio-temporel, hein ? Regardez-moi ça !

Il se retourna si vite qu'elle crut qu'il allait se fiche par terre, mais non. Il tendit un doigt entre les pôles magnétiques.

— C'est tout brillant. Un vaisseau spatial, voilà ce que c'est.

Comment pouvait-elle l'éloigner du Cosm sans se rapprocher de lui ?

— Ecoutez, le reflet lumineux est...

— C'est un ovni. Z'avez pas besoin de me raconter de salades. Vous avez fini par capturer un de ces aliens...

— J'aimerais que vous nous laissiez travailler et que...

— Ecoutez, professeur, z'allez êt' célèbre ! Réfléchissez ! Les extraterrestres piégés là-d'dans ! Y donneraient n'importe quoi pour qu'vous les laissiez sortir !

Elle recula vers la porte. La bouffée délirante de l'intrus avait douché sa colère. Il ne semblait plus menaçant, juste pathétique.

— Ça suffit. Je vous préviens, j'appelle la sécurité...

— Oh, je vois. Vous voulez garder ces extraterrestres pour vous toute seule et nous faire avaler n'importe quoi à nous aut', hein ? Eh ben, on travaille sur la question des ovnis depuis bien plus longtemps qu'vous, professeur ! On va pas vous laisser débarquer comme ça et vous en emparer, même qu'vous ayez un piège magnétique...

Le type avait la face congestionnée comme s'il n'arrivait pas à évacuer par ses lèvres crispées, furibardes, les idées qui se bousculaient dans sa tête. Alicia crut qu'elle n'arriverait jamais à appeler le vigile. Quand la porte se referma sur l'importun, elle laissa échapper un soupir de soulagement.

Ce fut le premier d'une longue série de dingues.

D'une certaine façon, ils offraient un dérivatif à ses angoisses. On ne pouvait pas avoir peur de raseurs aussi grotesques.

Ils assiégeaient le bureau du département de physique, qui refusait obstinément de leur montrer son labo. Comme l'annuaire du rez-de-chaussée indiquait le numéro de son bureau, elle évita bientôt de traîner dans le coin. Son labo était relativement difficile à trouver, mais quelques individus plus rusés que les autres parvinrent à le dénicher. Elle prit l'habitude de fermer les portes à clé, ce qui régla à peu près le problème. Un petit malin réussit malgré tout à entrer en se faisant passer pour un livreur de pizza. Ils finirent, Zak, Max et elle, par opter pour un moyen simple et efficace de les mettre en déroute, le moyen en question se composant d'un bout de bois taillé en pointe.

Beaucoup brandissaient des monographies censées tout expliquer sur sa découverte, si seulement elle voulait bien leur accorder quelques minutes. Elle se laissa avoir une fois, parce qu'elle avait la tête ailleurs, et subit un sermon sur une théorie fumeuse de l'univers, ou plutôt des « mégamondes » dont le nôtre n'était qu'un spécimen mineur. Son auteur avait accumulé assez de termes glanés dans des revues de cosmologie pour concocter un discours scientifique à peu près plausible. Beaucoup vilipendaient Einstein, croyant peut-être l'impressionner avec leurs harangues. Quand elle les envoyait promener, ils lui faisaient parvenir leurs idées sous forme de fascicules ou même d'ouvrage reliés, publiés à compte d'auteur, généralement sous des emballages inviolables, sans doute pour protéger les fragiles idées qu'ils contenaient, et livrés par coursier, la nuit, comme si le temps (ou peut-être l'espace-temps) importait. Elle n'aurait su dire pourquoi, elle n'avait pas le cœur de les jeter. Elle y voyait l'expression d'une gravité torturée pas très éloignée de la véritable pulsion scientifique. Elle en faisait généreusement don à ceux qui remarquaient le tas qui grandissait dans un coin du labo. Leurs couvertures rigides abritaient des revendications exprimées dans un jargon pseudo-scientifique, agrémentées d'équations bourrées de symboles étranges, mais aucun des exemples approfondis auxquels on reconnaissait les véritables théories. En fait, les deux symptômes révélateurs de l'excentrique étaient une rhétorique boursouflée et des conclusions non étayées. Ils prétendaient disposer d'une théorie complète qui expliquait tout — et à peu près n'importe quoi, si on allait assez loin dans la lecture. Leurs théories étaient des édifices branlants qui prenaient la forme de mémoires de plusieurs centaines de pages parfois.

Ils étaient peu subtils, et imperméables à l'humour. Les obsédés de religion tentaient d'aborder le sujet par la bande, mais, si on les asticotait, ils étaient prompts à lancer des accusations d'hubris (sauf qu'aucun d'eux ne semblait seulement connaître ce mot) et d'arrogance païenne. C'est à ceux-là qu'elle objectait l'argument de son bâton pointu.

Une sous-espèce de farfelus voyait dans ses rebuffades la preuve qu'elle comptait leur voler leurs idées. Un gros bonhomme d'Encinitas lui tendit fièrement un « Traité sur le Giga-Univers » relié de cuir rouge... et le lui reprit aussitôt en bredouillant qu'elle était du genre à publier ce merveilleux matériau sans lui en attribuer le crédit.

La plupart essayaient de la joindre par téléphone. Ils étaient si nombreux qu'elle finit par renoncer à répondre, sauf au labo. Le secrétariat du département tentait vaillamment de filtrer les visiteurs. Jim, qui tenait le standard, en vint aux poings, verbalement, avec un individu particulièrement tenace.

Elle l'emmena déjeuner pour se faire pardonner.

— Il y en a tellement, dit-il, stupéfait. Et ils lisent toutes les feuilles à scandale.

Ils croyaient bel et bien en une sorte de vérité révélée, la domination de l'étrange, à quoi se résumait pour eux le Cosm. Ils ignoraient la vision scientifique du monde, fondée sur un réseau de logique et d'expérience reliées entre elles.

Les plus drôles, de son point de vue, étaient ceux qui essayaient obstinément d'arriver jusqu'à elle, et qui commençaient généralement, quand ils y parvenaient, par proclamer pompeusement, d'un air pénétré, que si elle ne leur laissait pas le temps d'exposer leurs idées et de faire le tour de l'expérience, bien sûr, ils déclencheraient leur arme secrète : ils la dénonceraient à la télévision. Pour eux, c'était le juge de paix, et comme ils l'avaient vue momentanément glorifiée par son truchement, elle ne voudrait sûrement pas risquer de tout perdre devant le regard perçant des caméras.

Au début, ses collègues du département s'amusèrent de ce défilé de pèlerins. Leurs excentricités alimentèrent les pauses-café de l'après-midi. Et puis ils s'en irritèrent. Elle en régala quelques-uns avec le récit des théories étranges et du comportement aberrant de ses visiteurs indésirables, mais, au bout de quelques semaines, la plaisanterie tourna court. Les universitaires les plus conformistes détestaient attirer ainsi l'attention, et leur air renfrogné avait quelque chose d'accusateur.

3

Un après-midi, ils procédaient à des travaux de routine lorsqu'elle remarqua un changement dans le Cosm. Elle déplaçait certains appareils de mesure optique avec Zak et elle se penchait pour rebrancher les câbles quand elle vit que la sphère était noire.

— Nom de Dieu ! s'exclama-t-elle.

— Elle est devenue transparente, murmura Zak.

Elle semblait aussi un peu plus petite. Zak la regardait,

les yeux exorbités. La surface métallique, réfléchissante, paraissait maintenant d'un noir d'obsidienne, avec des taches granuleuses par endroits. Ils retirèrent avec un luxe de précautions les appareils sous lesquels la sphère disparaissait presque. En scrutant les ténèbres profondes, elle distingua de faibles traînées lumineuses.

— Le passage du temps, fit Zak. Nous le voyons !

— Comment ça ?

— Vous l'avez dit : la perte de masse pouvait signifier qu'elle s'affaiblissait.

Elle procéda mentalement à de rapides calculs.

— Si l'équation du rythme temporel de Max s'applique toujours... Waouh ! A chaque seconde qui passe ici, des siècles défilent de l'autre côté.

C'était un problème récurrent. Après la disparition de la lumière primordiale, alors que l'espace-temps du Cosm se dilatait, il n'y avait pas d'horloge fiable de l'autre côté. Max avait essayé d'imaginer un moyen d'exploiter les effets Doppler complexes qu'ils constataient dans le spectre des étoiles observables de l'autre côté. Mais il n'y avait apparemment rien qui ressemblât à un simple décalage de Hubble, caractéristique universelle d'une expansion. Max pensait que c'était parce que le col qui les reliait s'étirait, ajoutant son propre décalage vers le rouge. Encore des complications.

Ils n'allaient pas se laisser arrêter par ce genre de considérations. Zak commença à remettre en place leur dispositif de prise de vues. Elle n'avait pas besoin qu'il lui explique pourquoi. Les infrarouges et d'autres choses viendraient éventuellement plus tard ; pour le moment, ils voulaient voir.

Une demi-heure plus tard, ils observaient les images des caméras de cadrage. Des taches vagues, rougeâtres, qui évoquaient des récifs de poussière étincelante dans le lointain. Des tracés qui se résolvaient en nuages de points cristallins, orange et bleu saphir : des amas globulaires d'étoiles pareils à des essaims d'abeilles.

Ils éteignirent toutes les lumières et restèrent assis dans le noir. Un silence absolu se fit dans l'observatoire. Le Cosm était la proie d'éruptions turquoise, incandescentes, sur fond de lueurs rouge rubis. Les mouvements intimes des étoiles. L'œuvre de plusieurs millénaires. Dans le fatras d'instruments et d'appareils, dans leurs méthodes d'approche indirectes, jamais ils n'avaient connu un moment pareil : ils voyaient nettement, distinctement, les abysses vivants d'une autre Création, ils la sentaient dans la moelle de leurs os.

— Alicia ? (C'était Onell, le président du département, l'un des rares à connaître son numéro de portable.) Je me demandais si vous pourriez passer me voir…

— Je suis très occupée. Que se passe-t-il ?

— Je préfère ne pas en parler au téléphone, répondit-il d'un ton un peu raide, guindé.

— Ça devra attendre que j'aie fini ma série de manips.

— Du nouveau ?

Même Onell ne pouvait dissimuler sa curiosité. Elle avait depuis longtemps décidé de ne plus publier de bulletins.

— Nous poursuivons l'intégration des données.

Elle aimait particulièrement ce terme riche de sens — « intégration ».

Elle remonta dans son bureau vers le milieu de l'après-midi, par une chaleur torride. Il faisait frais dans le vaste bâtiment. C'était un soulagement par rapport à l'exiguïté de l'observatoire. Elle n'avait pas vu le dessus de son bureau depuis une semaine et ce n'était pas aujourd'hui qu'elle le verrait : il disparaissait sous les lettres et les paquets. Après son enlèvement raté, l'UCI avait entrepris de contrôler tous les plis, pour le cas où ils seraient piégés. Le département de physique ne prenait plus les messages téléphoniques. Comme elle n'y répondait pas, de toute façon… Elle s'était vite rendu compte que la dernière génération de journalistes à la coule ne faisaient pas de devoirs du soir et croyaient que leur outil de recherche le plus important était le téléphone. Elle avait changé d'adresse électronique et n'avait communiqué la nouvelle qu'à Brookhaven, son père, Max et Bernie Ross. Comme elle ne consultait pas son mail non plus, de toute façon...

Ça n'avait pas réussi à la maintenir complètement hors de la ligne de tir. Bernie s'occupait de presque tout, mais elle devait rencontrer des commissions et se justifier, ne serait-ce que pour obtenir des moyens supplémentaires. La vice-présidente pour la recherche ne l'avait pas laissée tomber ; c'était elle qui lui avait procuré le vigile armé. Son père lui avait appris quelques trucs fort utiles dans les joutes universitaires, comme la façon de respirer : elle reprenait son souffle au milieu de ses phrases, avalait la fin et amorçait aussitôt la suivante, comme ça ceux qui attendaient pour lui couper la parole n'arrivaient pas à le faire en douceur. C'était assez drôle, au fond ; ça revenait un peu à aller à une manifestation sportive rien que pour manger des hot-dogs.

A la seconde où elle entrait dans son bureau, Onell lui redemanda ce qu'ils mesuraient. Lorsqu'elle l'envoya bouler et refusa pour la énième fois de participer à Dieu sait quelle commission, il s'appuya à son dossier, son visage se ferma et ses paupières retombèrent sur ses yeux. Elle nota distraitement que ses bajoues formaient un bourrelet sur le col d'une chemise en popeline de coton tout ce qu'il y a de chic, qui tranchait agréablement sur son veston de pure laine peignée. Même vautré dans un fauteuil de bureau, il était pomponné comme un caniche.

Il commença par des banalités plutôt vaseuses sur le fait que les physiciens aimaient ceux qui effectuaient des travaux de labo conventionnels. Elle se demanda où il voulait en venir jusqu'à ce qu'elle comprenne qu'il faisait allusion au Cosm. Evidemment. Il voulait dire que la « controverse » allait se retourner contre elle, à court terme, mais ils vivaient tous dans le court terme, hélas.

Ce n'était qu'un prélude aux dernières nouvelles : on lui avait refusé l'avancement au mérite qu'elle avait demandé l'hiver dernier.

Elle était assistant professeur niveau II, depuis deux ans maintenant, et espérait être promue niveau III, au mérite. En principe, elle pouvait être titularisée et devenir dès maintenant professeur associé, mais l'usage avait consacré des périodes d'attente protocolaire qui allaient en se durcissant comme les artères alors que l'université de Californie avançait en âge. Ne pas obtenir l'avancement au mérite n'augurait pas bien de la suite, le Saint Graal de la titularisation.

Elle maîtrisait suffisamment le langage pour ne rien dire. D'autres auraient pu prendre cela pour une punition calculée, surtout ceux pour qui l'université n'était qu'une sorte de causerie devant un public élargi. En sortant du bureau d'Onell, toujours coite, elle se rendit compte avec surprise que le fait de ne pas grimper dans la hiérarchie ne voulait rien dire sur sa propre échelle émotionnelle. Un an plus tôt, ça l'aurait ébranlée. Maintenant, c'était comme si elle avait lu un article sur une inondation en Chine. C'était une mauvaise nouvelle, sans doute, mais pour quelqu'un d'autre.

4

— C'est génial ! fit Max.

Il avait bravé les embouteillages pour venir aussitôt qu'il avait appris la nouvelle.

Après Onell, elle s'était sentie bien pendant quelques heures, et puis elle avait éprouvé le besoin de se changer les idées.

Elle aurait aimé voir la tête qu'il faisait, mais ils étaient assis dans le noir complet de l'observatoire et contemplaient le tourbillon de couleurs du Cosm.

— Un feu d'artifice cosmique, murmura-t-il lentement.

— Ce n'est pas un spectacle. C'est pour de vrai.

— Oui. Pour de vrai, répéta-t-il.

Comme s'il n'y croyait pas encore tout à fait, se dit-elle. Et pourtant, elle savait ce qu'il devait ressentir. Les bons savants qu'ils étaient avaient soumis une boule de bowling métallique à tous les diagnostics possibles, ils avaient formulé des tas de raisonnements, mais ils n'avaient pas eu, jusqu'à cet instant, la confirmation directe, tangible, palpable, qu'il existait un espace-temps distinct. Ces étoiles et ces poussières brillantes, qui virevoltaient, décrivaient ces gavottes gravitationnelles, lui en donnaient enfin le sentiment. Et à lui aussi, elle le sentait.

— Je ne comprends toujours pas comment nous arrivons à voir ça, dit-elle.

— Moi non plus. Le col s'étire, il s'amincit.

— Il va disparaître ?

— Eh bien, il a tenu bon jusque-là, malgré la violence des premiers stades de son expansion.

— En d'autres termes...

— Exactement : je n'en ai pas la moindre idée.

Ils restèrent assis sans parler et une impression étrange, chaleureuse, d'intimité s'insinua en elle. Max savait quand il fallait se taire, faire preuve d'humilité devant les faits énormes du monde. Peut-être était-ce essentiel pour être un véritable savant. Très agréable.

— Ça s'accélère, dit-il d'une voix distante, dans le noir. Ça va de plus en plus vite.

— Je regrette que nous ne puissions mesurer le temps de l'autre côté, obtenir...

— Vous ne le sentez pas ? dit-il soudain. J'ai l'impression presque palpable de voir les amas globulaires balayer l'espace.

Elle comprenait. Elle avait la même impression viscérale quand les masses de gaz lumineux laissaient place à des myriades d'étoiles nacrées tournoyantes, aussitôt balayées par des marées de poussière noire qui masquaient les farouches luminosités de la Création. La vitesse. Le spectacle, de l'autre côté, semblait évoluer avec quelque chose qui ressemblait à...

— De l'impatience.

— Ouais. De la hâte, soupira-t-il. La hâte de naître.

— Il est né il y a plus de quatre mois.

Dans le noir complet, les yeux rivés au tourbillon, à la rhapsodie qui se déroulait devant eux, elle comprit rien qu'au ton de sa voix.

— La vie, je veux dire. Luttant pour apparaître.

Elle cilla.

— Déjà?

L'évolution stellaire était une chose, mais...

— Il y a un vieux dicton, dans les cours d'astronomie populaire, reprit Max d'une voix lointaine. Pourquoi la Terre a-t-elle 4,5 millions d'années? Parce qu'il a fallu tout ce temps pour s'en rendre compte.

— Puisque tout change, la masse et le reste, votre première vision du décalage temporel reste-t-elle valable?

Il pianota sur son ordinateur portable et remit la courbe à jour en fonction des nouvelles mesures que Zak avait effectuées de la température de la radiation de fond, du brouillard en train de se refroidir de l'émission qui avait tué Brad. Il fit un tirage de la nouvelle courbe et le légenda à la main. A cette échelle, les premières semaines se confondaient avec l'axe des x. Il ne restait qu'une courbe ascendante, abrupte, qui projetait le cadre temporel du Cosm dans un avenir en accélération. Brad et l'ère de la recombinaison étaient tout en bas, au point de tangence de la courbe et de l'axe. Le mot *quasars* marquait l'apparition des noyaux brillants des galaxies et leur rapide reflux. Le moment présent était indiqué par un point. Le Cosm avait près de 4,5 milliards d'années. Son graphe était maintenant une courbe exponentielle qui montait très vite, en fonction des coordonnées temporelles du labo et du Cosm.

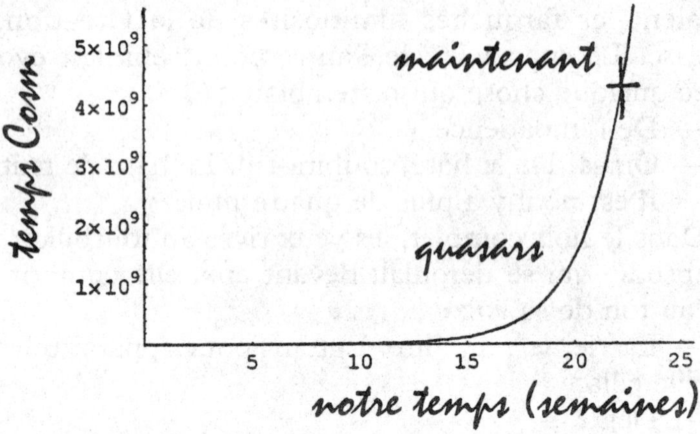

— Hmm. Un milliard d'années dans le Cosm...

— ... a mis près de vingt semaines à nous parvenir. Mais à présent, le Cosm vieillit d'un milliard d'années tous les huit jours environ. Le temps du Cosm s'éloigne du nôtre.

— On en est sûrs ?

Il eut un rire sec qui la surprit.

— Bien sûr que non. Nous n'avons pas vraiment de moyen de mesurer leur rythme temporel. Cela dit, certaines choses comme la formation des galaxies se produisent généralement à peu près au moment où les astronomes pensent qu'elles devraient le faire. Vous comprenez, rien ne nous permet véritablement de préciser le genre de modèle cosmologique qui correspond à leur univers...

— Comment ça, « leur univers » ?

— S'il n'est pas encore habité, il se pourrait qu'il le soit d'ici quelques semaines. Si (fit-il en tendant le doigt vers le tourbillon du Cosm) c'est un univers construit comme le nôtre.

— Comment le savoir ? murmura-t-elle.

— C'est impossible. Nous ne le saurons jamais.

Chose étonnante, elle en fut plutôt soulagée.

— Nous enregistrons tout, Zak et moi. Des kilomètres de données accumulées, de boîtes...

— Vous faites un travail sensationnel. Des générations d'astronomes et de cosmologistes se pencheront sur chacun de ces chiffres, spectres, images et effets Doppler. Et ça en fait...

Elle comprit sans trop savoir comment qu'il souriait dans le noir. Un long silence passa entre eux, alors que le flux de violence trémulante se poursuivait à la surface de la sphère.

Puis la voix de Max trahit une sorte de distanciation analytique, comme s'il avait traversé, lui aussi, une phase d'étirement pendant laquelle les mots étaient devenus inutiles et voulait maintenant revenir au monde humain, réconfortant, du discours, de la méthode :

— Ecoutez, il y a des tas de choses que nous ne savons pas sur notre propre cosmologie. Le simple fait que nous soyons là a exigé une foutue succession de coïncidences assez extraordinaires : s'il n'y avait pas eu une différence d'un pour un milliard entre la matière et l'antimatière, l'une et l'autre issues, d'une façon ou d'une autre, du big bang, il n'y aurait que de la lumière vibrant dans tous les sens. Si les atomes n'étaient pas formés d'électrons tournant autour de noyaux d'une masse bien supérieure, il n'y aurait pas de structures stables. Et s*plash !* Même chose si la charge de l'électron n'était pas exactement équivalente à celle du proton. Tout ça à l'échelle atomique ! Et ce n'est pas fini : si l'expansion de l'univers n'était pas à peu près égale à l'attraction gravitationnelle de la matière qui se trouvait dedans, de sorte que, bien que l'univers soit en expansion, la gravité locale a réussi malgré tout à maintenir la cohésion...

Elle ne put s'empêcher de rire.

— Vous vous emballez.

Un petit ricanement nostalgique lui répondit.

— Ouais, enfin, on pourrait énumérer des arguments de ce genre jusqu'aux détails triviaux comme le fait que la glace flotte sur l'eau, si bien que, contrairement à tous les autres liquides répandus à la surface de la planète, elle forme une membrane protectrice qui permet à la vie de passer l'hiver dans les lacs. Allez savoir si ce n'est pas fondamental pour que la vie se perpétue dans cet univers.

— Je vois.

Laisse-le parler.

— Un réglage incroyablement fin, où qu'on regarde! Pendant des semaines, j'ai essayé de trouver le moyen de définir ce qu'était le Cosm, et j'en reviens toujours à cette donnée de base : nous ne savons même pas ce qui fait que notre univers marche si bien.

Il s'agitait sur un point complètement abstrait, ce qui voulait dire, pensa-t-elle, qu'il y avait consacré beaucoup de temps pour n'arriver nulle part. Elle lui tapota le bras, sans détacher son regard de la lumière en mouvement perpétuel de la sphère.

— Enfin, rien n'empêcherait un univers qui ne répondrait pas à toutes ces conditions d'exister, mais il n'y aurait aucun individu doté de cervelle pour le contempler...

— C'est bien ce qui amène les cosmologistes à se demander pourquoi le nôtre est si bien conçu. L'œuvre d'un architecte de génie? Les cosmologistes parlent beaucoup de Dieu, mais nous ne pouvons pas L'invoquer pour régler nos problèmes. J'ai essayé d'imaginer une façon générale d'aborder ce...

Il s'interrompit, comme en proie à une calme frustration.

— Alors que va faire notre petit Cosm?

— Difficile à dire. Je ne vois pas comment nous pourrions savoir s'il y a de la glace à l'intérieur. Nous avons déjà eu une foutue chance de voir les étoiles!

— De la chance? Comment ça?

— Eh bien, pas vraiment. Euh...

Un silence dans le noir.

— Vous, vous ne me dites pas tout, insista-t-elle.

— Je... je me demandais pourquoi Brad était mort.

— La radiation de la recombinaison? Pourquoi était-elle si forte, soudain?

— Pour la même raison que nous voyons ces amas globulaires, ces étoiles, cette poussière. Il y avait énormément de matière près de l'autre bout du col du Cosm. Elle s'est recombinée, produisant ce déchaînement de radiations. D'une façon ou d'une autre, l'autre bout du col s'est aussi ouvert, d'un seul coup, laissant passer beaucoup plus de choses. C'est ce qui a grillé Brad.

— Pourquoi?

— Vous vous souvenez, à peu près au même moment dans notre univers, la lumière et la matière étaient sur un pied d'égalité, ou quasiment. Quand la masse l'a emporté, l'autre extrémité du Cosm a dû soudain se dilater...

— Vous croyez?

— D'après les équations, on peut partir du principe que cet univers est en expansion plus ou moins comme le nôtre, soupira-t-il. A ce moment-là, dans notre univers, il y avait des concentrations de masse séparées par de l'espace. L'autre bout du Cosm a dû être englouti dans l'un de ces vides...

— Une galaxie qui aurait commencé à se former?

— Probablement. Enfin, nous verrons bien.

— Alors, si le Cosm était dans l'un des vides entre les concentrations...

— La radiation aurait été moins forte. Brad serait peut-être encore vivant.

— Et le Cosm serait dans un endroit vide, sans intérêt. Nous ne verrions pas ces étoiles et ces amas maintenant tout proches...

— Exactement, fit-il lentement, d'une voix grave. Le Cosm donne et le Cosm reprend.

5

Elle mit la radio et se prépara pour le dîner avec son père en soignant sa tenue. Ça payait toujours de se mettre sur son trente et un, avec lui. Elle aimait ça, d'ailleurs ; elle avait toujours retiré un sentiment de bien-être de ces préparatifs. Et puis il y avait aussi la conversation avec Max, à laquelle elle pouvait repenser. Elle passa donc une heure à essayer des assortiments de jupes et de chemisiers entassés sur son lit. On aurait dit une vente de charité. Enfin, une vente de charité pour des gens qui auraient eu un goût exquis, bien sûr.

Elle ouvrit une bouteille de merlot et eut envie d'une cigarette. Le fait d'avancer en âge présentait au moins un avantage : on ne s'exerçait plus à tirer sur une cigarette devant la glace, à prendre des grands airs dessalés ou à essayer des lunettes jusqu'à ce qu'on ait trouvé celles que portait le dernier chanteur à la mode. Avait-elle vraiment porté ces lunettes miroir ? Qui permettaient, accessoirement, à celui qu'on regardait de s'admirer, témoignage exemplaire de la Décennie du Moi.

Qu'avait-elle gagné d'autre à entasser les années, tout comme elle empilait actuellement les vêtements à la recherche de la tenue idéale, mythique ? A ne plus chercher l'homme idéal, l'*Homo sensitivus*. Bon débarras ! Et depuis les années Clinton, l'indifférence à la politique. Elle avait appris quelques leçons utiles dans les années 1990, la plupart par inadvertance. Confrontés au choix entre le désespoir existentiel et la ferveur religieuse passionnée, ses pareils optaient pour la marijuana.

Pendant toutes les années où elle avait bossé sa physique, elle n'en avait pas moins tendu l'oreille aux aboiements des mâtins sociaux. Elle avait eu vingt ans à une époque où les femmes n'avaient pas d'aventures, elles entretenaient des « amitiés sexuelles » qui consistaient non à tomber amoureuses, mais plutôt à nouer des relations. Elle avait sécrété une carapace lisse, détachée, abritant un échafaudage émotionnel chancelant. Les jours impairs, l'amour était une maladie qui nécessitait un traitement, et les jours pairs, elle ne demandait qu'à être malade.

J'ai été là, j'ai fait ça, résuma-t-elle avec vivacité, puis elle peaufina : *Ou plutôt, j'ai été refaite.*

Mais maintenant, se rappelait-elle, elle était sur la liste. Maîtresse de l'Univers !

— Génial, dit-elle tout haut, mais pourquoi ça te met-il si mal à l'aise, cocotte ?

Elle investit une partie de son angoisse dans une frénésie de préparatifs, en cherchant son épingle avec une perle, absolument parfaite pour le chemisier bleu ciel qu'elle avait choisi. Evidemment, elle n'était pas là où elle se rappelait l'avoir mise.

Elle retourna tout chez elle, en chantant, en virevoltant, en descendant un autre verre de merlot. Pas mauvais, au fait. Elle régla la radio sur une station soul des ondes courtes, et fredonna *Annie Had a Baby*, un vieux classique, en tricotant des hanches, histoire de se mettre dans le *mood* noir.

Elle remettait de l'ordre dans sa chambre (le paternel ne serait pas d'accord s'il voyait ça), quand la musique laissa place à une succession de raps rasoirs, et elle éteignit la radio. Le moment était venu d'aller retrouver son papa.

Il attaqua très fort, comme elle le craignait. Il était allé voir Bernie Ross et il avait plein de conseils à lui donner. Sur ses problèmes juridiques : le dossier des parents de Brad, qui attaquaient la moitié de l'UCI ou à peu près, était presque complet. Il y avait le procès de Brookhaven, un autre, distinct mais équivalent, du ministère de l'Energie, et une église quelconque intentait une action contre elle, en arguant du fait que le Cosm était une violation de...

— L'Eglise et l'Etat ? fit Alicia, incrédule.

— A travers toi, ils poursuivent le gouvernement des Etats-Unis, qui a usurpé la Loi divine. Oublie ça. C'est insensé.

— Et Bernie pourra régler le reste sans que je m'en mêle ?

— Pour le moment. Mais pas éternellement, cocotte, fit son père en posant sa grosse main sur la sienne.

— Je n'ai pas l'intention de consacrer une seconde à ces... âneries.

— D'accord, tu peux dire « conneries » en ma présence.

— Sans dec ? demanda-t-elle en ouvrant de grands yeux.

— Tu es grande, maintenant, répondit-il avec son sourire qui lui plissait les yeux.

— C'est bien prouvé par les gros ennuis dans lesquels je me suis fourrée, hein ?

— Non. C'est prouvé par le fait que tu gardes la tête haute et que tu restes digne.

Elle se réfugia pendant un long moment dans son vodka collins.

— Hon. Et combien ça va me coûter ?

— Ne t'inquiète pas. On verra ça plus tard.

— Je n'ai même pas versé d'avance à Bernie.

— Je m'en suis occupé. Tu ne pourrais pas le payer en ce moment.

— Je ne pourrai jamais me le payer.

— Quand tu écriras un best-seller sur l'affaire, tu dormiras sur un matelas de billets de mille dollars.

— Un best-seller ?

— Tu t'es fourré la tête si profondément dans le sable que tu n'as pas senti le cyclone te retrousser les plumes de la queue ?

— En fait, je m'efforce de ne pas entendre le vacarme de la tempête.

— J'imagine. De combien de temps as-tu encore besoin ?

Elle lui raconta que le rythme du Cosm allait en s'accélérant, qu'ils voyaient maintenant à l'intérieur, et elle lui décrivit ce qui se préparait peut-être.

— Et les religieux qui pondent tous ces articles sur le Cosm, ceux auxquels j'ai répondu à ta place...

— Ah oui ! Je ne te remercierai jamais assez pour ça.

— Ils ont des arguments...

— Quel genre ?

Il écarta les mains devant lui selon un geste familier, pour calmer le jeu.

— L'enjeu est vraiment important, là. Imagine que ce Cosm donne naissance à la vie, à l'intelligence...

— Nous ne le saurons jamais. L'autre bout du col du Cosm se trouve en un point isolé d'un univers entier. Ce serait un miracle qu'il passe près d'une planète viable.

— Mais ça pourrait arriver, non ?

— Non. L'autre bout du col est au milieu de nulle part. Pas une seule étoile à moins d'on ne sait combien d'années-lumière.

Il se renfrogna.

— Vous en êtes sûrs ?

— Je parierais ma réputation de déesse là-dessus.

Elle obtint le rire attendu. Puis le paternel retrouva sa gravité, hésita. Ils étaient dans un boui-boui italien intégralement carrelé de céramique, ce qui faisait caisse de résonance. Ils auraient été plus au calme sur un trottoir de Broadway. La lueur des plafonniers caressait les facettes d'ébène de son large visage troublé.

— Le problème, mon chou, c'est que nous n'avons jamais eu beaucoup de religion...

— Pas depuis que j'étais en fac, en tout cas.

On était baptiste fondamentaliste, dans l'autre branche de la famille, des gens dont son père avait dit une fois :

« Chez eux, quand quelqu'un achète une nouvelle maison, on va l'aider à enlever les roues. » Depuis, il s'était calmé, et elle avait de vagues souvenirs d'être allée à l'église pour Pâques, vêtue d'une robe blanche crissante, avec une fleur au col.

— Pas depuis que ta mère...

Son visage devint parfaitement atone, comme s'il avait compris que ça les ramènerait sur le terrain dangereux de son remariage. Il sirota une gorgée de vin rouge et reprit :

— Tu sais, à force d'écouter les gens du milieu, je sens ces choses-là.

Elle s'autorisa un rictus.

— Les journalistes, arbitres des élégances théologiques ?

— D'accord, mais ils sentent ce que pensent les gens. Le Cosm les met à cran.

Elle s'octroya une longue gorgée de son vodka collins et remarqua que son père surveillait ce qu'elle buvait. Autant y aller mollo.

— A cran ? Oui, je m'en rends compte, moi aussi. Même à la fac.

— Tu comprends, les gens n'ont pas envie d'un Dieu lointain qui met l'univers en marche et file s'occuper d'autre chose. Ils veulent un Dieu qui s'intéresse à eux. Alors que ce qui vous fait courir, vous, les savants, c'est le contraire : une vision rigoureusement terrifiante.

— Hmm. La personnalisation des lois de la nature.

— Mon chou, la religion — les Holy Rollers[1] ou la Haute Eglise, peu importe — n'est pas venue aux hommes et aux femmes parce qu'ils s'interrogeaient sur les causes premières infiniment renouvelées et tout ce qui s'ensuit. Elle est née des aspirations profondes, intimes, de gens avides des interventions continues d'un Dieu qui les trouverait importants...

Elle écouta, ses arguments éveillant en elle des échos

1. Secte religieuse du sud des États-Unis. *(N.d.T.)*

frappants avec des idées dont elle n'avait jamais parlé. Enfin, c'était à ça que servaient les pères : à exprimer l'indicible quand on en avait besoin.

Elle aimait assez vivre au-dehors pour sentir que la nature était beaucoup plus belle que ne l'exigeait l'évolution. Des geais, des faucons, des pélicans et des fauvettes à croupion jaune tournaient et viraient tous les jours devant sa fenêtre avec une grâce stupéfiante. Il serait monstrueusement satisfaisant de croire que toute cette splendeur était là pour notre plaisir. Mais le Dieu de la beauté devait aussi assumer la cruauté, la laideur et la mort. Et ce Dieu s'était assurément donné beaucoup de mal pour donner aux hommes l'impression qu'il se fichait éperdument d'eux.

— D'accord, dit-elle. Les savants parlent très rarement de religion. La plupart ne s'y intéressent même pas assez pour faire des athées militants.

— Et les commentaires de certains de tes collègues ont clairement démontré qu'ils considéraient la religion comme un rituel tribal d'un intérêt modéré.

— Mouais. Une chose qu'on garde dans un placard en prévision des mariages et des enterrements, dit-elle en pensant à la famille de Brad.

Ce service maladroit comportait pourtant un réel réconfort, elle le réalisait maintenant. Nombreux étaient ceux qui rejoignaient les libéraux croyants. Curieuse engeance en vérité que ces gens qui prétendaient croire parce que ça leur apportait un peu de bonheur, ou au moins une certaine satisfaction. Ils acceptaient calmement de gober des « vérités » contradictoires tant qu'elles contribuaient à leur bien-être. Cette piété sans contenu n'était même pas entachée d'erreur, au sens physique du terme ; elle ne se souciait pas vraiment de vérité, pas plus en tant que but qu'autre chose. Elle soupçonnait la plupart des gens de ne pas accorder beaucoup d'importance à Dieu, au paradis et tout ce qui s'ensuit, parce qu'ils n'arrivaient pas vraiment à admettre leur complète incrédulité.

— Quand même, papa, nous ne pouvons pas compromettre la science.

Il écouta passivement pendant qu'elle énumérait des contre-arguments bateau : les vrais dégâts, les guerres saintes, l'oppression, c'étaient les conservateurs qui les provoquaient, par nostalgie de la certitude. La science vivait dans l'incertitude, dans l'idée qu'une nouvelle expérience pouvait chambouler une théorie reconnue.

— Grandir, pour moi, ça a été notamment réaliser que les hommes et les femmes ne jouaient pas un rôle vedette dans un grand drame cosmique. La physique…

— Et voilà que tu as prouvé le contraire, dit-il gentiment.

— Hein ?

— Tu as prouvé qu'une femme brillante pouvait créer un univers entier. Ça ébranle pas mal de convictions, fit-il avec un sourire, lâchant sa bombe. Y compris les tiennes.

6

Le pire dans le fait d'être noire, c'était que ça vous revenait sans arrêt en pleine poire. Pas un journal, pas un média ne pouvait parler du Cosm sans faire allusion à son origine ethnique. Ils expliquaient tous, très courtoisement, qu'une femme intelligente avait apparemment créé un univers, et au fait, vous avait-on dit qu'elle était noire ?

Ce n'était pas nouveau. Elle l'avait appris depuis longtemps, quoi qu'elle fasse, qu'elle pose une simple question ou qu'elle aille au centre commercial en patins à roulettes en écoutant du rock, ce n'était pas pareil. Elle ne jouait pas mal au basket, grâce à sa taille imposante, mais elle découvrit que ses camarades de fac en profitaient pour la considérer comme vaguement inférieure. Les athlètes noirs avaient des dons sans réel intérêt dans le monde moderne, au-delà d'une distraction passagère, de sorte qu'à leurs yeux elle n'était que ce qu'un texte de psychologie baptisait : « la primitive freudienne » — encore une preuve que les Noirs excellaient en des domaines pas très importants, dans le vaste monde des choses qui comptaient vraiment. Le fait qu'elle soit la meilleure en maths et en physique et qu'elle passe tous ses examens haut la main avait fait comme un choc, même à ses amis.

A l'université, elle s'était démenée pour repousser les efforts de braves paternalistes acharnés à la faire entrer dans ce qu'elle appelait le « Grand Sweepstake de l'Oppression ». Maintenant qu'elle avait fait une chose digne d'être remarquée, sa « négritude » s'attachait à elle comme une sangsue. La vitesse de réaction du monde électronique compactait tout, surtout la notoriété. On lui demandait de parler devant des groupes, elle recevait des lettres lui annonçant fièrement qu'elle avait été sélectionnée pour des récompenses, on la cooptait dans toutes sortes d'associations. Elle finit par donner à sa secrétaire un modèle de lettre répondant à toutes ces sollicitations.

— Une *circulaire* ? s'étonna la secrétaire, choquée, les yeux ronds.

Alicia se contenta de sourire et reprit son travail.

Elle découvrit avec joie et un certain soulagement qu'elle pouvait toujours parler de ses problèmes à Max. Ils bavardèrent pendant qu'elle s'activait avec Zak dans le labo toujours aussi encombré, débordant maintenant de l'activité qui accompagnait l'enregistrement de nouvelles données. Des piles, des disques, des blocs complets de données.

— Bien sûr, fit Max d'un ton détaché. Toutes sortes d'évêques se tordent les mains, des philosophes marmonnent et on n'entend que des parlotes New Age sur les ondes. Et alors ?

— Je... me demande quel effet ça aura à long terme.

— Pas notre problème, fillette. Nous, on se contente d'explorer.

— En laissant les autres grenouiller et vendre leurs franchises « Foi Minute » ?

Il lui tendit un article documenté sur lequel il était tombé dans un grand magazine à diffusion nationale, intitulé « Création Amateur ». Elle riposta immédiatement par un « Parce qu'il y a une création professionnelle ? » et le lut. Il reflétait les angoisses habituelles, puissamment révélatrices du malaise que la science inspirait aux intellectuels ordinaires.

Angoisses qu'elle partageait en partie, au fond. Elle s'était toujours vue comme une instinctive, et elle pensait que la physique était comme ça. Mais, pour les théoriciens, la nature était un livre à déchiffrer.

Pour Descartes, il avait fallu que Dieu Lui-même s'assure que le monde tel que le voyaient les gens était réel et pas une illusion. Les physiciens avaient abandonné Dieu depuis longtemps et espéraient qu'en soumettant la nature à un feu roulant de questions ils découvriraient la réalité. Les savants croyaient vraiment que le style « penser-vérifier-repenser » de la méthode scientifique apporterait une sorte de Vérité.

Elle digéra ça, puis retourna les mêmes arguments à sa façon. Et les expérimentateurs ? En fin de compte, leurs détecteurs les protégeaient de l'erreur, avant de protéger la nature de la contamination humaine. La nature était là, avec ses lois dictées par les mathématiques.

Les théoriciens, les expérimentateurs, ils étaient tous dans la même galère existentielle. Leurs travaux poursuivaient un monde qui se trouvait en dehors de l'espace et du temps humains, éternels. Les lois étaient les lois, et merde !

Ils avaient bouleversé tout ça, Zak, Max et elle — et

voilà que Brookhaven s'y mettait aussi. Des univers pouvaient être créés par de sales petits primates qui se fourraient les doigts dans le nez, pétaient et ne reconnaissaient pas les lois qui gouvernaient les univers de leur fabrication.

— Qui a choisi les lois ? demanda-t-elle à Max.

Il haussa les épaules, eut un sourire évasif. Ce genre de question sans réponse l'ennuyait lui aussi.

— J'ai une vraie surprise pour vous, fit Onell, le souffle court.

— Il en faut beaucoup pour m'étonner, ces temps-ci, répondit Alicia en se laissant tomber dans un fauteuil de son bureau.

Elle passait toutes ses journées au labo, à manger des pizzas avec Zak, à ratiociner avec Max, et même parfois les nuits aussi, à dormir par terre. Elle était encore perturbée par son enlèvement.

— Ça devrait suffire, reprit Onell, tout content. Avec les procès et tout ça...

— Ils laissent tomber ?

— Euh... non.

— Les rats !

Elle avait parlé avec Bernie Ross, et maintenant elle savait comment les avocats faisaient fortune.

— La Maison-Blanche vient d'appeler. Le président veut venir voir votre... euh, sphère.

Elle s'assit, sans voix, et se rendit compte qu'elle n'avait aucune réaction. Aucune. Etait-elle si fatiguée ?

— Euh... Je... je n'ai pas le temps.

— Comment ? Mais c'est...

— Le président, je sais.

— C'est un honneur, Alicia. Le doyen est aux anges. Après toute cette contre-publicité, il a l'impression que ça apporte une sorte de caution à l'UCI et à son rôle en ce qui concerne votre.. euh...

— Je vois. Il ne se pourrait pas que le président soit juste intrigué par le Cosm et veuille y jeter un coup d'œil ?

— Eh bien, nous pensons que c'est un grand honneur...

— Oui, bien sûr.

L'affaire lui inspirait un affreux pressentiment.

— Après tout, si vous m'aviez écouté et si vous aviez laissé la presse prendre les photos qu'ils voulaient...

— Et perdre des données.

— Quelques heures, tout au plus. C'était tellement vous demander ?

Onell se leva d'un bond en se frottant les mains — un cliché qu'elle n'avait jamais vu personne effectuer en réalité.

— Nous allons tout arranger, ne vous inquiétez pas. Il y aura une grande réception en son honneur et...

— Mais personne d'autre.

— Comment ?

— Je ne veux personne d'autre dans le labo.

— Mais les principaux journalistes et ceux qui couvrent le président, la Maison-Blanche, ils voudront sûrement...

— Non. Lui, tout seul.

Elle connut soudain, au sein de sa propre communauté, un regain de popularité qui la laissa perplexe. Ses détracteurs la mettaient un peu en veilleuse. Brookhaven avait cessé de la canarder sournoisement. Ils avaient assez à faire avec leur propre sphère. Ils venaient d'ailleurs d'annoncer à la presse qu'ils avaient « instauré des méthodes rigoureuses d'études “cosmo-métriques” ».

Cet affreux néologisme prit aussitôt. Maintenant, même les journaux de Brookhaven n'appelaient plus leur sphère que « le Cosm » — bien que ce nom, soufflé à la presse nationale par quelqu'un de l'UCI, n'ait pas encore été officialisé dans la littérature scientifique. Le Net, c'était autre chose. Il s'y trouvait des centaines de papiers théoriques, mais elle n'était plus jamais allée y voir.

Loin de la frénésie, d'autres entrevoyaient les énormes possibilités qui s'ouvraient. Depuis une dizaine d'années, les problèmes budgétaires allaient en empirant, aux Etats-Unis comme en Europe, et les fonds destinés à la physique étaient de plus en plus souvent consacrés à la recherche appliquée. Mais dans quel domaine fallait-il miser les fonds fédéraux ? La technique éprouvée consistait à réunir un panel d'experts aguerris afin de détecter les domaines les plus prometteurs. L'ennui, c'est que les savants qui avaient de la bouteille ne voyaient généralement pas plus loin sur les sentiers de l'avenir que l'endroit où leur propre carrière les mènerait probablement, et privilégiaient ce qui avait des chances de payer vite. Au détriment de la physique fondamentale, forcément, ce qui n'empêchait pas les bureaucrates de prétendre invariablement qu'ils « affûtaient » leurs efforts. Alicia se disait que les couteaux aussi étaient affûtés, mais que ça ne faisait rien avancer. Certains domaines semblaient avoir été affûtés jusqu'à l'anéantissement…

Le Cosm relevait de la physique fondamentale et n'avait pas d'application envisageable. Ça n'empêchait pas les journaux de s'interroger sur la possibilité de sonder les ressources des autres univers. Et comme l'avait prédit Max, leurs collègues physiciens nucléaires et des particules ne se tenaient plus de joie devant la soudaine perspective d'étudier la gravité quantique à l'aide d'objets de la taille d'un ballon de basket.

Ils découvrirent leur volte-face par le truchement d'une carte, glissée sous la porte de l'observatoire et reprenant une citation de T.S. Eliot : *Le Nobel est un billet pour son propre enterrement. Personne n'a plus jamais rien fait après l'avoir obtenu.*

— Mmm, murmura-t-elle à Max. Quelqu'un qui fait de l'esprit.

— Je parie que c'est un collègue qui vous propose à l'académie suédoise.

— Il faut être proposé ? demanda-t-elle en cillant.

— L'académie n'aime pas que ceux qui proposent quelqu'un le disent, et surtout pas à l'heureux élu. C'est une façon discrète de vous mettre au courant.

— C'est tout à fait prématuré. Nous avons publié un papier, nous n'avons même pas encore fait le tri dans nos données...

— Bon, vous ne l'aurez pas tout de suite, mais vous êtes sur les rangs.

— C'est ridicule !

Alicia n'avait jamais réfléchi au processus de désignation des nobélisables. Le monde universitaire était bourré de gens qui auraient dû avoir le Nobel et ne l'avaient pas eu. Le système d'attribution biaisait les perceptions de la science, se dit-elle. Il en faisait une sorte de course de chevaux. Contrairement aux arts, où des géants d'un style unique pouvaient dominer, la science avançait surtout grâce aux efforts minuscules, obstinés, d'une multitude. Les géants de la science proposaient de nouvelles théories de la gravité ou de l'évolution, mais ils avançaient en terrain connu grâce à ceux qui mesuraient les constantes, travaillaient sur des implications détaillées ou scannaient les myriades de cas particuliers du monde naturel, à la recherche d'un indice révélant que les idées existantes n'étaient pas tout à fait adéquates. Et ce qui motivait cette armée de patients travailleurs, c'était la curiosité, le sens du merveilleux et aussi, simplement, qu'ils aimaient résoudre des énigmes — pas le désir de remporter un prix au bout du compte.

Zak s'approcha et regarda la carte en souriant.

— Hé, c'est vrai !

Elle se dit que Zak était juste le genre de patient travailleur qui faisait marcher la science bien mieux que les gens comme elle. Il avait une profonde loyauté envers la vision du monde scientifique et envers Alicia. L'honnêteté l'obligeait à admettre qu'elle n'avait pas l'impression de mériter une aide aussi précieuse.

Elle secoua la tête avec impatience. Ça allait beaucoup trop vite, c'était trop facile.

— Je ne les vois pas l'attribuer à quelqu'un qui aurait fait, par accident...

— Rappelez-vous que le Nobel couronne une découverte, pas de simples explications.

— Sans vos « simples explications », nous ne serions arrivés à rien, Zak et moi.

— Il y a un « génie du moment » dans les accidents, dit gentiment Max.

— Le génie fait ce qu'il doit. Le talent fait ce qu'il peut. Moi, je suis une tâcheronne de la science.

Max se contenta de ricaner.

7

Une visite présidentielle était une vaste niaiserie logistique, stupéfiante pour ceux qui y assistaient pour la première fois au ras du sol. Des directeurs d'hôtel découvrirent que leur établissement avait été refait dans la nuit sur le modèle de fonctionnement d'une vraie petite Maison-Blanche. Les flics du secteur se retrouvèrent embrigadés dans une armée assez vaste pour envahir le Guatemala. Les parkings de l'UCI furent transformés en studios de télévision.

La ville grouillait de fonctionnaires des services secrets. La foule attendue serait-elle assez vaste ? assez diversifiée ? A la Maison-Blanche, on aimait bien la proportion importante d'Asiatiques, la plus forte du pays, même si les Asiatiques n'étaient pas une minorité « officielle », et ils flippaient à l'idée de ne pas avoir assez de faciès noirs et hispaniques dans la foule pour les chefs-op des journaux télévisés quotidiens. Le terrain commode de l'UCI et son périmètre simple plaisaient beaucoup aux gars des services secrets. Les équipes avancées commencèrent à arriver par vagues, coordonnées par l'agence de communication de la Maison-Blanche. L'argent n'avait pas d'importance. Après tout, une heure de vol d'*Air Force One*, l'avion présidentiel, coûtait quarante mille dollars. Des chiens renifleurs d'explosifs patrouillaient dans le complexe de sciences physiques et, évidemment, son labo. Sur le parking fleurissaient des barrières mobiles destinées à canaliser la populace afin de donner l'impression qu'une marée humaine se pressait là, au cas où il n'y aurait pas assez d'étudiants. Les cours n'avaient pas encore repris.

Les techniciens recâblèrent une aile du Four Seasons où le président devait passer la nuit après un dîner politique. Un énorme camion gris, plein de lignes téléphoniques sécurisées et festonné de paraboles à micro-ondes, entra dans le parking du complexe de sciences physiques. Des barrières et des estrades pour la presse furent installées en une nuit. L'aéroport John Wayne fut fermé en prévision de l'arrivée d'*Air Force One*. Des agents quadrillèrent le campus et la route qui y menait, inspectant les bouches d'égout, montrant à la ronde de vagues photos et demandant bien poliment si on n'avait pas vu ces hommes dans le secteur et s'il n'était rien arrivé de bizarre ces derniers jours.

L'Image, c'était ça le secret. Le président regardant gravement le Cosm, puis parlant aux étudiants et aux savants réunis comme des enfants à ses pieds. Ça ferait peut-être trente ou quarante-cinq secondes aux journaux télévisés, sur les quatre réseaux nationaux plus CNN, alors il fallait trouver des images frappantes.

Le grand jour, Alicia se tenait avec un aréopage de grosses légumes, juste devant l'observatoire. Des spectateurs bien cornaqués commençaient à s'agiter; on leur avait dit d'arriver deux heures à l'avance, et le soleil commençait à assécher leur enthousiasme. Elle restait souriante, transpirante, dans son meilleur tailleur marine, celui qu'avaient choisi les conseillers en publicité de l'UCI.

La pensée basique de l'Âge de la TV pouvait sembler brutale et sans cœur à ceux qui prenaient ces événements au sérieux, comme une simple occasion de voir un président et d'entendre un message. D'habitude, la foule voyait surtout le dos des reporters, des flics et des cameramen. La magie logistique fonctionnait pour les objectifs, pas pour les yeux.

Les gros bras des services secrets, au moins ceux qu'Alicia arrivait à repérer, portaient les inévitables costumes sombres qui semblaient leur aller comme sa peau à la saucisse. Ils ne s'occupaient que des huiles de l'UCI, la regardaient en hochant la tête et lui donnaient des « directions d'acteur », comme à une figurante : « M'dame, le président va arriver par ici, vous allez le saluer, on monte dans les voitures, on va à votre laboratoire, on y reste quinze minutes, ensuite il y aura la presse, et puis… » Et puis, une phrase apprise par cœur, débitée à la vitesse maximale : « Désolé-mais-c'est-tout-le-temps-dont-nous-disposons… »

La police locale avait sorti la panoplie complète. Chaque flic avait sur les hanches des kilos de matraques, de téléphones portables, de menottes, d'armes à feu dans des holsters, de cartouches, de codes civils et d'appareils photo. Ça grouillait de reporters et de cameramen en jeans, chemises à carreaux, grosses godasses et blousons de velours avec des fermetures éclair partout et des logos voyants dans le dos. Puis les limousines approchèrent. Le grand moment était arrivé.

Le président avait curieusement l'air plus petit qu'il n'aurait dû. Il fendit la foule comme une flottille rentrant au port, sa grandeur passive définie par les regards des spectateurs. Les grands hommes politiques réussissaient mieux dans les urnes que les petits, mais Alicia découvrit avec surprise qu'avec son mètre quatre-vingts elle était un peu plus grande que lui. Ils échangèrent des poignées de main et des banalités au milieu du bourdonnement des moteurs des caméras et des platines d'objectifs braqués sur eux, tels des appendices supplémentaires agités par les équipes de télévision.

La présence du président suscitait dans la hiérarchie de l'UCI un frémissement tangible. On aurait dit des arbres effleurés par un cyclone, frôlés par un pouvoir indifférent, infiniment plus grand que le leur. Dans leur vie quotidienne, ils avaient le pouvoir d'enjôler et de récompenser les profs qui, à leur tour, avaient tout pouvoir sur les étudiants, mais ça... Alicia vit dans la gorge du chancelier un gonflement — de quoi ? d'angoisse ? de peur ? — au passage de tant de pouvoir, un pouvoir à l'état brut comme aucun d'eux n'en avait jamais ressenti, une masse de pression potentielle pareille à celle d'un schéma climatique majeur en train de se déplacer, vague et majestueux.

— C'est du bon travail, ce que vous avez fait là, lui dit le président alors qu'elle lui montrait le chemin dégagé au milieu de ses appareils.

— Nous en sommes encore au stade préliminaire, dit-elle prudemment.

— Je pensais aller voir celui de Long Island, mais on m'a dit qu'il pourrait être dangereux. Et puis vous étiez la première, n'est-ce pas ?

— Oui, monsieur. Tenez, voilà, c'est là.

Zak l'avait aidée à tirer l'aimant en U, avec le concours de Max pour les passages difficiles, afin de présenter le Cosm sous son meilleur jour. Ils éteignirent la lumière et le président resta planté là, deux hommes des services secrets en retrait derrière lui, pendant que sa vision s'adaptait et que la sphère luisante semblait enfler dans le noir. Il émit des bruits appréciateurs et posa les questions rituelles. Il semblait penser que le Cosm était un univers entier, qu'il aurait pu, s'il l'avait voulu, prendre dans ses mains. Il lui fallut un moment pour réaliser qu'ils regardaient à travers une fenêtre en trois dimensions un univers véritablement énorme qui existait dans un autre espace-temps. Elle s'étonna qu'il soit si mal informé. *Il est vrai que ce n'est qu'un de ses cinq arrêts de la journée, mais quand même...*

— Vous pensez qu'il nous ressemble ? demanda le président.

— Qu'il y a de la vie à l'intérieur, vous voulez dire ? Nous n'en savons rien et nous ne le saurons probablement jamais.

— Mais vous pouvez étudier les étoiles, non ?

— Oui, ça nous pouvons. Monsieur le président, ne put-elle s'empêcher d'ajouter.

Elle lui montra les photos de nébuleuses rouge cerise illuminées par les points brûlants des jeunes étoiles.

— C'est vraiment une merveille.

— Nous voulons voir jusqu'où il va se développer. Je crains que le lien qui nous relie à cette chose ne soit en train de s'estomper.

Il la regarda dans le reflet rose du Cosm.

— Nous ne pouvons pas laisser faire ça.

— J'ai peur que nous n'y puissions pas grand-chose.

Il fit un geste preste en direction de l'aimant en U.

— Il faut vous y cramponner.

— Ce n'est pas si simple, malheureusement.

— J'ai beaucoup de respect pour vos facultés, professeur Butterworth, mais c'est un trésor national, maintenant, et pas un simple objet de recherche. Mes conseillers m'ont dit que nous avions une manche d'avance sur le reste du monde, avec ça...

— C'est vrai, monsieur le président. Seulement, nous en savons si peu...

— Alors, professeur, je suis sûr de parler au nom de tous les Américains en disant que nous voulons en voir davantage. Merci de l'avoir trouvé pour nous, dit-il avec un large sourire.

Cette dernière phrase résonna curieusement dans son esprit alors que le président s'en allait, serrait la main à Zak, à Max et à une demi-douzaine d'huiles de l'UCI. Elle ne put qu'admirer la façon dont il consacrait à chacun dix secondes intenses, puis passait au suivant. En quelques minutes, bain de foule rituel compris, tout le monde avait regagné le parking, et elle était debout sur une estrade, à côté du président qui s'adressait à la presse : un discours rapide, tonique, avec trois lignes spécialement prévues pour passer à la télé. Les chaînes avaient une heure devant elles pour monter tout ça et le passer au journal du soir sur la côte Est. Puis l'entourage amorça son retrait mélancolique, rugissant.

Elle fit au revoir comme les autres, regarda Max avec un sourire, serra la main aux officiels du coin, salua les parents de Zak, qui regardaient ça, hilares, muets devant toute cette splendeur. *Waouh.*

Après le départ du président, les publicitaires de l'UCI ne purent résister à la tentation d'organiser une conférence de presse à tout casser. Alicia laissa Max faire presque tous les discours et, quand la foule assise sur des chaises pliantes se mit à exiger du concret — « Faites-nous voir cette chose ! » hurla une voix dans le public, d'autres lui faisant aussitôt écho —, elle leur passa Zak. Non par désintéressement, mais parce qu'elle doutait d'arriver à supporter leur insistance. Zak s'en sortit bien, par un discours factuel, dépassionné, genre : « Voilà les faits, ma bonne dame... »

Mais elle fut bien obligée, à la fin, de se mettre en avant et de faire face aux projecteurs aveuglants, puis aux éclairs des flashes. Elle s'en tint à ce que Max appelait la stratégie de l'Eglise catholique : une brève déclaration selon laquelle le Cosm se développait avec une rapidité croissante, que, d'après la théorie, il se pourrait que le lien ne dure plus très longtemps et que, donc, avec le plus grand respect, elle refuserait les interviews ou les « points-presse » jusqu'à ce qu'ils en aient terminé avec « les phases cruciales de l'étude ». Puis, mettant à profit plusieurs soirées de passes d'armes, elle finit par une grande déclaration destinée à remettre les choses dans leur perspective historique :

— Au tournant du siècle précédent, le savant français Henri Poincaré s'inquiéta du conflit entre sa foi catholique et les dures lois de la physique. Il était obsédé par les miracles. Il prétendait que les savants comme lui — comme nous — ne pouvaient traiter de phénomènes qui ne se produisent qu'une fois, puisque la science ne pouvait se mettre à l'épreuve elle-même en reproduisant l'événement. La Création était un événement unique. Il y avait beaucoup d'effets secondaires, comme les galaxies et les gonzesses, qui étaient les unes et les autres dignes d'étude, mais le moment essentiel ne se produisait qu'une fois.

Elle aimait l'allitération « galaxies et gonzesses » et elle était assez féministe pour ne pas se refuser le droit de parler librement quand ça l'arrangeait. Elle regarda par-dessus l'hydre à mille têtes de la foule et fut tout excitée de reconnaître celle de son père parmi elles. Dans sa voix, jusque-là travaillée, posée, s'insinua une note vibrante de fierté incontrôlable.

— Nous savons maintenant que Poincaré se trompait. Nous pouvons même reproduire les origines de notre univers. Je laisse à d'autres les implications de tout ceci. Nous allons continuer à en explorer la réalité, avec soin et humilité.

A sa grande surprise, un tonnerre d'applaudissements éclata sur le devant de la foule. Mais alors que les acclamations s'estompaient, elle vit des gens à l'arrière qui brandissaient des pancartes proclamant des citations bibliques, d'autres du Coran, et des cris de dérision et de colère retentirent dans le hangar.

8

— Je n'ai pas envie de sortir.
— Il le faut.
— Pourquoi ?
— Pour capitaliser sur ta célébrité, expliqua Jill.
— Beurk !
— Tu as des toiles d'araignée dans la cervelle, andouille !
— Pff...

Alicia s'étira sur le canapé en tendant l'oreille pour entendre le bruit réconfortant des vagues par la fenêtre ouverte. Peut-être qu'une bonne promenade sur la plage...

— Sans parler des autres endroits où tu as aussi des toiles d'araignée...
— Ouf ! Ça, c'est un coup bas !
— J'entends d'ici gémir tes ovaires...
— Ecoute, cocotte, j'ai envie de me faire le plan charentaises. De regarder une de ces sitcoms, tu vois ce que je veux dire, pleines de filles minces comme des haricots avec des nichons comme des obus, qui habitent un appartement fabuleux dans une ville de rêve et qui se balancent des vannes à tout-va...
— C'est ça, en mangeant du pop-corn et du chocolat, pendant qu'on fera pareil ! rétorqua Jill avec une grimace de gargouille.

Elle avait réussi à crocheter la serrure, selon sa bonne habitude, et elle attendait Alicia chez elle.

— Tu sais, j'étais à la soirée chez le doyen, hier soir, juste après la visite du président, et aujourd'hui j'ai passé toute la journée au labo sans mettre le nez dehors...
— Je t'ai inscrite il y a trois semaines.
— Contre ma volonté.

— J'ai investi vingt dollars sur tes futurs enfants.

Alicia sourit. Elle se sentait impuissante.

— Tout ça pour me faire rencontrer des gars qui ont des mouvements de langue séduisants ?

— Hé, il n'y en avait qu'un comme ça, et il était en jogging...

— Il a dû penser que la mode allait revenir...

— Grand bien lui fasse ! fit Jill en fonçant dans la chambre. Nous saurons comment repérer ce genre de spécimen, désormais. Mon Dieu ! s'exclama-t-elle, pétrifiée devant le placard. Tu n'as rien acheté depuis des siècles, ma parole !

— Qui en a le temps ?

— On dirait que tu as oublié tous ces petits désagréments inévitables comme manger et dormir.

— Tu sais, depuis quelque temps, j'ai fait mienne la devise : « Je subis, donc je suis. »

— C'est vrai, mais c'est triste. Moi, ce serait plutôt : « Je flirte, donc je suis... »

Elle n'entendait pas les vagues se briser sur la plage, de l'autre côté de Pacific Coast Highway. C'était peut-être un signe ; son monde s'était recroquevillé, refermé sur lui-même. Avec un sentiment dévastateur de désastre, elle se rendit compte qu'elle voulait sortir et rencontrer des gens d'une façon complètement théorique. Comment ça se faisait ? Max était resté en retrait, à l'UCI, travaillant sur une intuition dont il ne voulait pas lui parler, pas encore.

— T'es partante ? insista Jill.

— J'ai le choix ?

La soirée à laquelle Jill la traîna avait lieu à l'intérieur des terres, aux limites d'une ville appelée Lake Forest, où il n'y avait plus ni lac ni forêt. Elles passèrent devant des centres commerciaux et des « résidences » blotties les unes contre les autres en bordure d'une prairie sinistre piquetée d'ateliers de montage électronique en préfabriqué et de bâtiments industriels en bardage métallique, aveugles, honteusement incrustés dans le sol. Comme des colonies d'insectes, des rangées de maisons de stuc beige étaient tapies dans leur pays de linoléum « éclaboussé de soleil ».

Jill ayant tordu le nez devant la voiture de location d'Alicia, qui hésitait encore à remplacer la Miata massacrée par ses ravisseurs, elles prirent la sienne, « une caisse qui en jetait un peu plus ». Jill tourna sous un calicot croûteux de poussière indiquant À LOUER, passa devant un escalier de béton déjà fendillé, aux rambardes branlantes, et s'engagea dans un parking souterrain gardé par des dents d'acier. La soirée se déroulait dans une « suite » : une succession de pièces pleines de vide culturel, aux murs vierges de tableaux, sans le moindre livre. En guise de bûches, les cheminées en trompe-l'œil de marbre brûlaient du gaz antiseptique. Le mobilier s'efforçait d'occuper l'espace, mais même l'inévitable canapé modulaire géant semblait nanifié par la géométrie austère, machinale, du conformisme. Les tenues étaient « relax chic », ce qui comprenait apparemment des jeans délavés, à braguette à boutons et jambes larges chiffonnées, qui faisaient un drôle d'effet quand ils étaient portés avec des vestes de cuir noir. Pendant la première heure, consacrée à explorer la foule répandue dans tout le rez-de-chaussée, et après avoir croisé près de trois centaines de ce que Jill appelait des « regards de maquignon », elles tombèrent sur le gala des miteux : des associations de fleurs et de rayures, de rose et de vert avocat, de boucles d'oreilles en plastique, de hauts diaphanes avec des pantalons à carreaux, et même une parka avec le nombril à l'air — nombril tout de même fourré d'un diamant.

Par un subtil bouche-à-oreille, cette arène de célibataires avait attiré plus de Noirs. Elle circula parmi eux sans que personne (grâce au Ciel) ne se souvienne de l'avoir vue aux infos. Elle vit un grand gaillard fluide, plus noir qu'elle, dériver parmi les hordes babillantes. Il s'appelait Jérôme, ainsi que le découvrit rapidement Jill-la-fouineuse, et il était cadre responsable d'un service marketing. Il avait une sorte de grandeur latente, très marin retour du large, comme le président. Les Noirs séduisants avaient contre eux le fait d'être noirs, bien sûr, mais, dans la régate sexuelle, ils voyaient la bouée bien avant les autres avec leur élégance d'ébène princière, et la pure rareté des hommes noirs plausibles.

Elle sirota son verre, attendit qu'il s'éloigne, circula, prit un autre verre en faisant semblant de s'intéresser à la politique locale. Les sermons qu'elle s'administrait en fin de soirée faisaient leur petit effet. *Ne reste pas cramponnée dans un coin de ta cervelle*, se gourmanda-t-elle. *Ne vis pas dans l'instant. Vis* pour *l'instant, dressée sur tes ergots, les yeux étincelants.*

Ça se mit à danser.

— Toi d'abord, fit Jill.

— Que je l'invite à danser ?

La terreur à l'état pur.

— Ecoute, il y a pire. Un type vient de me raconter une histoire drôle : « Pourquoi le sida rend-il fou ? Parce qu'il fait perdre les pédales. » Et il croyait me séduire comme ça...

— C'est toi qui as insisté pour venir.

Elle s'approcha donc du dénommé Jérôme et croassa un pauvre « salut ». Il lui sourit, il était gentil, ils dansèrent et tout se mit en route, la pièce tournant un petit peu, mais son sourire restant en place.

— Vous connaissez le dernier restaurant noir à la mode ? demanda Jérôme.

— Euh... non.

— Ça s'appelle le Black Out.

Elle accueillit cette saillie par un gloussement étouffé. Jill lui fit signe que ça gazait, le pouce en l'air, et Alicia se demanda ce qu'elle faisait là, vraiment, le symptôme d'évitement classique. Jérôme aborda les sujets habituels, en commençant par le déroulement de carrière obligatoire, sans lui demander ce qu'elle faisait. Au bout d'une heure, les choses allaient mieux que bien, et la pièce tournait vraiment, sauf quand elle s'asseyait. Lorsqu'il finit par lui demander quand même ce qu'elle faisait, elle dit qu'elle travaillait pour le gouvernement, ce qui n'était pas faux, techniquement.

Un peu plus tard, alors qu'elle dansait à nouveau, après quelques travaux de ravalement dans les toilettes pour dames, il murmura :

— Chérie, c'est l'amour qui fait tourner le monde.

— En fait, c'est l'inertie.

En regagnant la table où Jill régalait cinq autres personnes du récit de la soirée d'inauguration du Rubber Gotham, un nouveau club quasi in, qui avait fêté ça avec une liste de célébrités de série B, du chardonnay et des ailes de poulet réchauffées (qu'elle évitait généralement, et qui méritaient l'oubli en tant qu'amuse-gueule, de toute façon), des femmes qui titubaient sur des talons qu'elles ne savaient pas «conduire» («des colonnes sexy», comme disait Frederick) — encore une preuve qu'on peut avoir le fric mais pas le truc. Jill était bonne à ce jeu-là, fournissant des détails croustillants dans un style assez enlevé. Alicia essayait de trouver une façon amusante d'amener comment Jill avait été élue Reine de la Vulgarité du dortoir lors de leur première année, à Berkeley, en faisant des démonstrations d'allumage de pet dans le noir avec de grandes allumettes de cuisine, produisant d'étonnants plumets bleu et orange d'un pied de long, «un pet scientifique avéré». D'un autre côté, elle était trop pompette pour amener les choses avec légèreté. Elle prit un autre verre et Jill dit, avec la délicatesse qui était sa marque de fabrique :

— Ça fait combien, ce soir ?

— C'est toi qui as insisté pour qu'on sorte.

— D'accord, mais pas à ce point-là.

— Je t'ai raconté, le jour — j'étais gosse — où j'avais demandé à papa comment c'était d'être soûle ? Il m'avait répondu : «Tu vois ces deux types, assis là-bas ? Eh bien quand tu en verras quatre, c'est que tu seras soûle.» J'ai rétorqué : «Mais, papa, il n'y a qu'un homme, là-bas !»

J'aurais voulu que tu voies sa tête ! Et, ajouta-t-elle en braquant sur Jill un regard lourd de sens, il ne m'a plus jamais embêtée avec ça.

— C'était juste pour dire, fit Jill. Je pense que le moment est venu de rentrer à la maison.

— Allons, cocotte, pas déjà ?

Elle poussa Jill à faire l'un de ses meilleurs numéros, celui de la femme des années 1960 en plein trip d'acide, qui dînait avec des amis : « Ai-je déjà mâché cette bouchée trois cents fois ? Est-ce qu'ils sont après moi ? Waouh ! Ce que cette eau peut sentir le mouillé. Est-ce la même bouchée de burger dont je m'inquiétais à l'instant ? Ou était-ce il y a une demi-heure ? Et de quelle nourriture s'agit-il, de toute façon ? »

Tout lui paraissait d'une drôlerie irrésistible, maintenant. Elle se rendit vaguement compte que Jérôme la ramenait chez elle, sous la supervision de Jill. Alors qu'il se mettait au volant, Jill lui murmura un « Fais-y attention à celui-là », et ils partirent.

Alors que les lumières filaient derrière le pare-brise, elle se dit très solennellement qu'elle ne ramenait pas un homme chez elle après un tour dans un draguodrome, pas du tout, il la ramenait chez elle, point barre. Elle chassa ses doutes comme un insecte importun.

Une fois à Laguna, autour de la voiture, le monde allait très vite, maintenant. Le temps faisait un bond, il s'accélérait comme le Cosm, dit-elle, mais Jérôme n'y comprit rien. Entrer chez elle, l'estomac en révolution, allumer la lumière de l'entrée, Jérôme collé contre elle, son odeur chaude, rose, ses mains qui commençaient à monter et à descendre. Sa langue dans sa bouche, lui coupant la respiration. Elle se dégrisa subitement alors que ses mains lui faisaient soudain mal, la coinçant durement contre la porte du placard, sa figure trop près, l'appartement trop chaud.

— Non, je ne suis pas... Non, je ne veux... S'il vous plaît, pas ça...

Et Jérôme ricanait, lui disait des bêtises tout bas, d'un ton menaçant, l'obligeait à rentrer en titubant dans le salon. Son chemisier avait disparu, elle ne savait pas comment. Les bras levés dans une attitude défensive, elle recula en trébuchant dans la lumière aveuglante, de l'autre côté de la porte en arcade, et soudain Max fut là.

— Hé, laissez-la ! dit-il.

— Putain, vous êtes qui, vous ? fit Jérôme.

— Laissez-la tranquille !

— Vous êtes un voyeur ou quoi, mon vieux ?

— Fichez le camp d'ici.

— ... vous faufiler ici...

— Je peux régler ça toute seule, fit fermement Alicia.

Elle trébucha et s'affala sur le canapé, la tête dans un coussin.

Elle vit confusément Max avancer, Jérôme l'invectiver et le repousser. Puis tout alla très vite, et elle se sentit très mal. Max et Jérôme se retrouvèrent emmêlés, et puis il n'y eut plus que Max dans l'air, au-dessus d'elle, alors elle ferma les yeux, juste le temps de remettre de l'ordre dans ses idées, de se reposer un peu, et tout serait clair à nouveau.

SIXIÈME PARTIE

Failles divines

(fin de l'automne 2005)

Ce n'est pas de l'espace que me viendra ma dignité mais du gouvernement de ma pensée. Je n'en aurais pas davantage si je possédais des mondes. Par l'espace, l'univers m'englobe et m'avale comme un atome ; par la pensée, je comprends le monde.

Blaise Pascal

1

Elle se dit brumeusement que la gueule de bois ressemblait au japonais : pas d'articles, pas de *le, la, les*, pas de *un, une, des*. On n'était qu'une tête et on avait mal, mal, mal. Un bruit de vagues dans le lointain, le brouhaha de la circulation. Des vêtements épars. Comment était-elle arrivée là ? Elle ne se rappelait rien. Debout. Aïe. Dehors. Tituber, les pieds de bois, dans le salon strié de rayures par les stores vénitiens. L'heure, à la pendule. La matinée était déjà passée. Où ça ? Se gratter la tête ; ça aussi, mal, mal, mal. De la glace. Oui. Non. Trop compliqué. Retourner au lit. La chambre reprit sa place. Le plafond, morne plaine. En mouvement ? Déploiement géométrique de l'univers en expansion, ou la tête qui enflait...

Au bout d'un moment, elle retrouva l'usage de sa cervelle et comprit que c'était le siège de la douleur. Question de fond : Ai-je besoin de vomir ? Non. En ai-je envie ? Oui. Un peu plus tard, les deux réponses s'inversèrent. Au moins, le problème était évacué, et elle se sentit un peu mieux.

Une odeur de café ? Du bruit ? La porte d'entrée qui

s'ouvrait. Angoisse, panique, un problème, la nuit dernière...

Max apparut dans l'ouverture de la porte.

— Je suis allé chercher des croissants.

C'est alors que tout lui revint. L'horreur.

— Ah, misère...

— Je l'ai flanqué dehors.

— Vous étiez...?

— Vous m'avez donné votre clé, vous vous souvenez? Au cas où je travaillerais tard à l'UCI et où je voudrais m'écrouler ici...

— Ah. Jérôme...

— Il avait la tête dure.

— Il était si bien, à la soirée...

— J'ai trouvé qu'il manquait un peu de technique.

— Je suis... tellement gênée.

— Il n'y a vraiment pas de quoi. Il a exagéré. Vous avez la gueule de bois, c'est tout.

Il lui apporta un café qu'elle dorlota entre ses mains, puis elle passa sous la douche, s'habilla et s'efforça de réparer un peu les dégâts : les poches sous les yeux, une tête de raton laveur. Il avait fait des œufs brouillés, les croissants étaient tout frais et elle ne dit pas grand-chose. Il ne parut pas s'étonner qu'elle ait autant bu, et elle ne lui demanda pas pourquoi il était venu à sa rescousse, ce qui ne les mettait pas à égalité, mais bon. Il ne semblait pas attacher d'importance à l'incident, et il ne manifesta aucun de ces petits signes de réprobation dont les autres ne se seraient pas privés — Jill ou son père, par exemple. Ils parlèrent de tout et de rien, et une petite mare de calme se forma entre eux, s'étendit, occupa des minutes entières, un néant de silence qu'elle n'éprouvait pas le besoin de remplir de bavardages, un vrai bain chaud de tranquillité inviolée. Ils ne bougeaient ni l'un ni l'autre. Un moment privilégié. Une sphère invisible les enveloppait. Puis il se pencha et, le plus naturellement du monde, l'embrassa.

Tout semblait mener à ce premier baiser, et en même temps tout le reste semblait s'en éloigner. Un baiser de pleine mer, annonçant le baiser ultime. Elle pensa : *Ça, je m'en rappellerai*, puis elle ne pensa plus à rien du tout pendant un moment béni, interminable.

Des doigts dans ses cheveux en désordre, des odeurs chaudes montant dans l'air, sa dureté insistante dans sa douceur.

Un long moment plus tard, en regardant le plafond, il dit :

— C'est la première fois que le petit déjeuner me fait un effet aphrodisiaque.

— Anglodisiaque, en ce qui me concerne.

— Accordé. Et pour moi, A-F-R-O-disiaque.

— Seigneur, ce que je déteste ce terme : afro-américain…

— Je ne l'utilise jamais.

— Je me demande quand même si nous sommes assez différents. Deux physiciens…

— Il ne manquerait plus qu'on impose le panachage !

— Je me suis toujours dit que je devrais trouver quelqu'un de plus, euh, normal. Pas un savant. Je suis assez yang, avec peut-être un peu de yin…

— Deux *yangs* ne font pas un bien ?

Elle lui flanqua un petit coup de poing et gloussa.

— Je suis sérieuse. D'après mon analyste…

Il poussa un gémissement, enfouit son visage entre ses seins.

— Bref, reprit-elle, les gens ne changent jamais vraiment, au fond, et…

— Alors, à quoi bon aller voir un analyste ?

— Je pense qu'il est utile de connaître sa position émotionnelle, de savoir où on se situe dans le monde…

— Bon, eh bien, en attendant que nous le sachions, je propose que nous restions couchés.

— Mmm, ça ressemble beaucoup à la dernière fois où j'ai eu une impression de déjà-vu.

— C'est une blague d'adolescente, dit-il en riant.

— Si tu étais adolescent, on pourrait le refaire tout de suite.

— Si j'étais un ado, j'aurais fini depuis une heure.

Il semblait vraiment aimer ses « formes », comme il disait. Même son « derrière spectaculaire ». « La lordose prononcée des femmes de la tribu !Ko », lui dit-elle, et elle se sentit affreusement gênée, puis soudain ne le fut plus du tout.

— Je suis rudement arrogante, hein ? remarqua-t-elle sobrement.

Elle avait l'impression de pouvoir lui poser toutes les questions, maintenant, toutes les questions sur *the* problème.

— Plutôt grandiose.

— Tu es tendu, ce qui est la façon antisociale de ne pas être détendu. Je suis nerveuse, ce qui est la forme sociale.

— Tu payes quelqu'un pour te raconter ce genre de conneries ?

— C'est mon assurance qui paye, rétorqua-t-elle, sur la défensive.

— Quand on danse, il ne faut pas regarder ses pieds.

— Qu'est-ce que ça veut dire ?

— C'était ma minute *yin*.

2

Ils allèrent en voiture à l'UCI et elle dut faire un effort pour se concentrer sur la conduite. Elle aurait voulu le regarder, bavarder et admirer le monde qui avait l'air merveilleusement frais et neuf autour d'eux, tout ça en même temps.

Zak avait travaillé presque toute la nuit, améliorant la

résolution dans le temps de l'acquisition des données optiques. Il s'en sortait très bien, et ils avaient maintenant de telles quantités d'images brutes à stocker que Zak empilait les boîtes de bandes numériques à haut débit devant l'observatoire parce qu'il n'y avait plus de place à l'intérieur. Quelques mois plus tôt, ils avaient commencé à les entreposer dans une chambre forte du centre d'archivage de l'UCI. Mais ils récoltaient tellement de données qu'ils devaient sauvegarder leurs disques durs presque tous les jours.

Max squatta son bureau afin de procéder à certains calculs. Il gardait encore le secret sur ses réflexions. Ça avait beaucoup agacé Alicia au cours des dernières semaines, mais maintenant tout allait bien, ce n'était qu'une particularité de sa personnalité à part ça merveilleuse. Elle ne s'interrogeait pas sur son revirement émotionnel des dernières heures ; elle se vautrait dedans avec volupté, le cœur en fête. Comprendre, en amour, était le lot de consolation. C'était peut-être ce qu'il voulait dire par cette remarque sibylline : « Quand on danse, il ne faut pas regarder ses pieds. » C'était un homme fascinant.

Le Cosm brillait d'un feu intense, à présent. La valse tourbillonnante des galaxies était visible à l'œil nu. Elle observait les points lumineux à l'aide de lunettes binoculaires à fort grossissement. Des spirales immenses tournoyaient comme des frisbees étincelants, striant les ténèbres.

Ils apercevaient même des étoiles proches. Ils se repassèrent certaines bandes, avec Zak, observant des segments de temps calibrés sur un écran à haute résolution qu'ils avaient réussi à loger dans un coin de l'observatoire. Les étoiles décrivaient des paraboles en jetant tous leurs feux, dissipant leurs immenses réserves d'énergie aussi vite que le permettait leur masse. Quelques semaines plus tôt, ils avaient repéré une étoile dont le spectre indiquait qu'elle avait plus de dix milliards d'années et que son existence tirait à sa fin. Sa température s'élevait, son cœur commençant déjà à brûler des éléments de plus en plus lourds. Son enveloppe atmosphérique de gaz brûlants, incandescents, s'était dilatée sous leurs yeux. La douce et paisible étoile blanc-jaune était devenue en quelques minutes une géante rouge.

« Si elle a des planètes, elles vont être englouties », avait dit Zak.

Alicia avait essayé d'imaginer Mercure, Vénus puis la Terre sous un ciel cramoisi, flamboyant. Un énorme soleil furieux calcinait la croûte terrestre, faisait bouillir les océans, vaporisait son atmosphère.

Puis l'étoile s'était éloignée, emportée par la rotation de sa galaxie, et ils l'avaient perdue de vue. S'il y avait un système solaire, alors ses planètes, naguère luxuriantes, devaient être des vestiges ratatinés tournant autour d'un feu de camp crachotant.

Au cours de la dernière semaine, le point de vue du Cosm avait lentement dérivé dans le plan d'une gigantesque galaxie elliptique. Un astrophysicien aurait pu faire carrière rien qu'avec les données concernant ce seul processus, le façonnage de la matière en un essaim de mille milliards de soleils par les champs magnétiques et l'invisible attrition de la poussière. Jusqu'alors, les astronomes devaient se contenter de photographier la danse stellaire afin d'en déduire la musique des sphères. Désormais, l'accélération du temps du Cosm leur fournissait de véritables concerts au cours desquels les masses s'assemblaient et se dissociaient, grouillantes de soleils, jeunes ou agonisant dans des golfes furieux.

Zak adorait examiner, sous un fort grossissement, le flamboiement des supernovæ, regarder les étoiles géantes cracher des bulles dans le brouillard de poussière environnant, restituant au mélange des éléments lourds, richesses chimiques que les nuages en train de s'effondrer recueilleraient afin de produire la prochaine génération d'étoiles.

En regardant ces têtes d'épingle flamboyer entre les rideaux de gaz lumineux, il dit rêveusement :

— Jusque-là, la cosmologie, ça revenait à prendre des photos au milieu d'une bagarre et à essayer d'imaginer qui l'avait provoquée.

— Et pourquoi, ajouta Alicia.

Loin au-dessus du bouillonnement des étoiles et des nébuleuses, des javelots, des gerbes de lumière, jaillirent des noyaux galactiques. Ils semblaient émerger d'un trou noir qui se formait juste au centre de l'essaim d'étoiles en rotation. Sous leurs yeux, des rayons violets surgirent dans le vide entre les galaxies et ouvrirent le chemin à des coulées rouge rubis de plasma en effervescence.

Sa grand-mère ne disait jamais « Dieu « mais « la Providence ». Il y avait un hymne baptiste comme ça ; elle l'avait appris un été, au catéchisme. Maintenant, Alicia s'interrogeait sur l'entité qui avait mis dans ce ciel étoilé cette infinité d'étoiles, de nébuleuses gazeuses, de galaxies éblouissantes, livides, silencieuses, dont les chaînes interminables et les super-amas semblaient briller sans but apparent, et elle se disait qu'il aurait mieux valu dire « l'Improvidence » : une pulsion extravagante étalant sa prodigalité dans un gâchis spectaculaire.

Alicia :

Impossible de vous joindre par téléphone, je comprends pourquoi, mais je dois vous avertir de l'attitude des gens d'ici. Nous observons toutes sortes de développements dans notre Cosm. Je vais essayer de compiler tout ça et de vous envoyer un résumé, mais le directeur insiste, ici, pour obtenir *vos* données. Nous en avons besoin pour nous guider.

Dave

Dave :

J'ai été complètement débordée et je n'ai pas pu organiser mon travail comme j'aurais voulu. Votre Cosm évolue toujours selon une exponentielle dans le temps, exact ? Notre taux reste inférieur au vôtre, mais nous sommes plus loin sur l'exponentielle. Si nos chiffres et les vôtres sont justes, vous devriez nous dépasser d'ici quelques semaines. D'ici là, notre Cosm sera vraiment vieux.

Au fur et à mesure que la vitesse augmente, le taux de données que nous collationnons augmente et dépasse presque nos capacités. Ça en fait des gigabits à chaque minute. Je vais essayer de vous en envoyer d'ici demain.

Si seulement nous pouvions nous consacrer entièrement à la physique et oublier tout le reste ! Au moins, vous avez du personnel de labo et des stratifs pour faire barrage.

A

Alicia :

Merci. Oui, le décalage temporel se poursuit de façon exponentielle. Cela dit, l'évolution temporelle moyenne du nôtre est différente, proche de 1,74 semaine. Comme le vôtre reste stable à 2 semaines, je pense que nous ne devrions pas tarder à vous rattraper.

Nous aurions besoin rapidement de certains relevés de spectres ; vous trouverez ci-joint un document listant les raies requises.

Question politique, nous sommes encore plus mal lotis que vous. Le labo privilégie l'intradisciplinarité du travail et non l'interdisciplinarité. En bref, personne ne connaît toute l'histoire. C'est ce qu'ils voulaient depuis le début. Ça leur donne l'impression de mieux maîtriser l'information. Pas question d'agir dans la précipitation. Vous êtes l'exemple honni, je suis sûr que ça vous fera plaisir de l'apprendre.

Dave

Dave :

J'ai vérifié vos nombres dans les raies de carbone, d'oxygène et d'azote. J'ai effectué des mesures très précises quand nous avons commencé à voir passer assez de lumière pour que les relevés soient significatifs. Je vois des fréquences que n'importe qui peut trouver dans le *CRC Handbook*. En d'autres termes, notre Cosm contemple des étoiles composées des mêmes atomes exactement que les nôtres.

Je déduis de vos données que ce n'est pas le cas de votre Cosm. Vos fréquences de carbone sont toutes décalées vers le bas par rapport à l'azote, par exemple. Qu'en déduire ?

A

Alicia :

C'est ce que je voulais vous entendre dire. Pardonnez-moi de faire des mystères, mais je doutais de nos propres résultats, et je me demandais si vous aviez constaté la même chose. Ce sont ces raies de carbone qui m'ont mis la puce à l'oreille. Comme tous ces spectres viennent de la même étoile, les différences ne peuvent pas être dues à un effet Doppler. Les atomes de carbone sont vraiment différents !

Comment est-ce possible ? J'étais persuadé que nous avions fait une erreur grossière, mais ce n'est pas le cas. Nous avons passé du temps à vérifier, croyez-moi.

Le décalage n'est que de dix pour cent environ, mais ce n'est pas une erreur. Nous vérifions aussi les autres éléments, maintenant. La conclusion est claire, cela dit : l'univers que nous contemplons a des constantes physiques différentes.

Comment cela se peut-il ? C'est dingue. Une idée ? Qu'en pense ce type qui a parlé à votre conférence de presse, Max Jalon ?

Dave

Dave :

Je n'en ai pas la moindre idée. Notre Cosm semble composé d'éléments ordinaires ; leurs spectres sont OK. Je vais revérifier, mais je parie que c'est toujours vrai, bien que notre Cosm ait vieilli de plusieurs milliards d'années depuis la dernière fois où j'ai regardé ce genre de chose. Merci du tuyau !

Nous observons maintenant une évolution cosmologique et stellaire très rapide. Votre Cosm est-il déjà devenu transparent ? C'est un sacré spectacle. Préparez-vous. S'il le fait, vous allez vous rouler par terre, comme nous. Je joins une liste des manips que vous serez amenés à faire.

A

Alicia :

Merci pour les suggestions. Nous allons tout de suite commencer nos préparatifs. Le taux exponentiel se maintient et nous ne devrions pas tarder à devenir transparent. En supposant que notre Cosm (autant reprendre votre terme, bien que tout le monde ici fasse les gros yeux quand on l'utilise ; et merde, je mets même un C majuscule, comme vous) s'en tienne au décalage exponentiel. Nous vérifions ça par rapport à l'environnement cosmique de micro-ondes, et ça a l'air de coller.

Il y a autre chose. Vous allez recevoir, à l'UCI, une demande officielle du ministère de l'Energie. Nous voulons effectuer des tests sur les deux Cosms. Ce serait beaucoup plus facile à Brookhaven. Préparez-vous à apporter bientôt le vôtre ici.

Dave

LE SITE DU LABO DE BROOKHAVEN ENVAHI

Le « Cosm » serait en train de changer. Des milliers de gens se ruent vers Long Island, avions, ballons et deltaplanes survolent l'objet...

— Professeur Butterworth ?

Elle avait ouvert sans se méfier, pensant que c'étaient juste les vigiles qui la prévenaient du changement d'équipe. Le visage étranger réveilla un soudain sursaut de crainte, des réminiscences de son enlèvement, et sa gorge se noua. Puis elle se rendit compte que ce n'était pas un inconnu ; c'était l'inspecteur Sturges.

— Oh. Je viens tout de suite.

Elle sortit en clignant des yeux dans la lumière vive. Il faisait complètement noir dans l'observatoire, et elle y était restée longtemps, savourant le spectacle. L'odeur astringente, piquante, de la sauge était revigorante après l'obscurité et l'air conditionné.

Sturges était planté sous le soleil implacable qui durcissait ses traits. Son costume marron paraissait déplacé au milieu du désert et des arbustes rabougris de la côte. Sa voiture banalisée était garée dans le gravier du parking.

— Ça va ?

— Oh, l'enlèvement, vous voulez dire ? Ça va, enfin, je crois que j'ai mis ça derrière moi.

— Ça prend du temps, en général, fit-il en raclant le sol du pied, mal à l'aise. Je suis venu vous demander si vous auriez connaissance de liens entre les parents de Brad et certains groupes religieux. Des gens qui auraient pu être impliqués dans votre enlèvement...

— Non. Je ne les ai rencontrés qu'à l'enterrement.

— Brad n'a jamais parlé de ses idées religieuses ? Ou des leurs ?

— Ce n'est pas un sujet de conversation habituel chez les physiciens.

Un coin de la bouche de Sturges se releva dans un rictus entendu aussitôt effacé ; une sorte de coup de chapeau.

— Les fédés sont venus nous voir. Ils cherchent un lien.

— Les fédéraux ?

— Ils se demandent apparemment si votre enlèvement n'aurait pas une motivation religieuse, peut-être liée à Brad. D'après eux, la méthode employée par les ravisseurs rappellerait certaines affaires qui se seraient produites dans d'autres Etats... (Elle haussa les épaules.) Ils ont épluché le dossier, relevé des informations de toutes sortes sur cet endroit, ajouta-t-il avec un regard appuyé, lourd de sous-entendus.

— Sur l'observatoire ?

— Sur la façon dont vous menez les opérations, ici, tout ça.

— En quoi cela pouvait-il les intéresser ?

Sturges la regarda à nouveau longuement, comme si son silence en disait plus long que ses paroles.

— Je n'en sais fichtre rien. Pardon de vous avoir dérangée.

Ce n'était qu'une interruption parmi tant d'autres dans une journée qui n'était pas finie, mais elle se rappela son expression étudiée et se demanda quel message il avait essayé de lui faire passer.

3

— Ouais ! fit Max, penché sur son portable, dans son bureau. Génial, l'e-mail de Dave !

— Tu veux parler du fait que leurs raies de carbone ne correspondent pas aux nôtres ?

Pour elle, ce n'était pas si excitant que ça. Par rapport à la richesse des images qui vacillaient à la surface du Cosm, l'adresse d'une raie dans un spectre était de la petite bière, et pour un peu elle aurait oublié de lui en parler.

— Ça veut dire que leur Cosm, disons Cosm II, est fondamentalement différent du nôtre. Il doit y avoir des divergences, des variations «génétiques» dans la nature des constantes. Peut-être, ajouta-t-il, le regard perdu dans le vide, un décalage d'une constante électromagnétique, qui apparaît spécifiquement dans le carbone...

— Attends! (Elle l'aurait embrassé, pour le plaisir, mais le moment paraissait mal choisi.) D'où sors-tu ce «génétique»?

— Essaie de penser en biologiste. Notre univers en a produit deux autres. Mais ses rejetons ne sont pas exactement identiques à lui : voilà ce que dit Dave, bien qu'il ne le sache pas.

— En biologie, les gens ont des enfants différents d'eux parce qu'ils héritent des gènes de leurs deux parents.

— D'accord, fit-il avec un sourire. L'analogie n'est pas parfaite. Mais regarde, tu as créé le Cosm en excitant une fluctuation de l'espace-temps, et le plasma de quarks et de gluons a emprunté un tunnel vers un autre équilibre de la matière...

— Mais de la matière dans son propre espace-temps, c'est sûr.

— ... et d'après les raies des spectres de Dave, dans le processus, on peut se retrouver avec un univers légèrement différent de l'autre côté.

Elle s'assit sur son bureau, renversant une pile de courrier.

— Cela dit, jusqu'à maintenant, notre Cosm ressemble à... son parent.

Max avait ce regard distant qu'elle avait appris à connaître au cours des derniers mois : son esprit filait déjà sur des voies nouvelles. Même cette particularité, qui avait généralement le chic pour rendre les femmes dingues, lui paraissait attendrissante. Il s'était imposé à elle par la douceur, enfonçant les défenses qu'elle avait érigées, depuis si longtemps, contre les savants mâles. A l'époque, elle se rappelait avoir dit à Jill qu'elle aurait eu l'impression de commettre « disons, une sorte d'inceste ». Max parut soudain retomber sur terre, se leva et fit le tour de son bureau, la prit dans ses bras et lui donna un de ces baisers dont il avait le secret.

— Ce qui veut dire que le nôtre a de grandes chances d'héberger la vie.

— Alors je vais être grand-mère.

Il recula d'un pouce, cilla.

— Eeuuh... oui.

Et son regard redevint distant. Voyant cela, d'autres femmes se seraient senties insultées, mais elle comprenait. Il y avait beaucoup d'elle en lui.

Saul Shriffer, Inc.

Cher docteur Butterworth,

Je déduis des nombreux appels passés à votre département de physique que vous n'êtes pas actuellement représentée dans le domaine des médias audiovisuels. Votre stupéfiante découverte n'a pu manquer d'exciter le monde entier, et surtout le monde des loisirs et de l'éducation. Cette perspective constitue une puissante entrée en matière pour la diffusion de vos travaux, et se révélerait assurément très profitable.

Mon agence représente un grand nombre de personnalités marquantes de la science moderne. J'aimerais vous rencontrer afin de vous proposer...

(« Jouer à être Dieu », article du numéro de novembre d'*Atlantic Monthly* :)

... La science peut être aveugle aux principes moraux et plus spécifiquement religieux, les percevant tout au plus comme un bruit de fond. De fait, de nombreux mouvements sociaux d'envergure ont rejeté le rationalisme, les vérifications expérimentales, la logique et même les faits. L'objectivité en tant que mode de pensée ne s'est que lentement intégrée aux systèmes préexistants. Aussi bien, les technologies imposées dans la précipitation ont détruit le tissu de sens qui unissait les communautés.

La vie humaine ne peut rester à flot que sur une mer de sens, non sur un réseau d'informations isolées. Agiter cette mer avec une logique détachée et des données déracinées serait chercher les ennuis. Projeter les gens dans le néant culturel — que l'élite supporte en le meublant par des diversions sans fin — reviendrait immanquablement à condamner tout le monde à une culture de consommation perpétuelle. Et encore, à condition que tout fonctionne conformément au plan, et que l'agitation sociale puisse être contenue.

Le sens n'est venu que du monde intérieur. Quand la technologie fait intrusion dans ce sanctuaire, sa face logiquement imposante exhibe un rictus grotesque, mécanique. C'est la principale leçon que nous enseigne le Cosm, que ça nous plaise ou non.

... vous proposer un poste de co-animatrice de Saturday Night Lively avec Roberta Lasky, comique à succès. La respectabilité de votre travail sera préservée, mais vous devez bien comprendre qu'il ne s'agit pas d'une émission éducative. Notre offre est soumise à la condition que vous présentiez sur le plateau votre découverte, le Cosm, afin que les téléspectateurs puissent pour la première fois voir ce que...

De : rachelm@pict.com
à : butter@uci.edu
«La nature est un art, de toi inaperçu,
Tout hasard, direction donnée à ton insu ;
Tout désaccord, une harmonie non appréciée ;
A tout mal répond un bien, une panacée
Faisons fi de l'orgueil et de l'absurdité,
Ce qui est, est bien, la voilà, la vérité [1].»

Institut SETI
Menlo Park, Californie.

... L'émergence de la vie dans votre Cosm serait une occasion sans précédent de détecter les ondes radio des civilisations qui y verraient le jour. Si, comme on le dit, le rythme temporel s'accélère dans votre Cosm, nous devrions bientôt pouvoir détecter directement des radiobalises de...

1. Alexander Pope, *Essai sur l'homme. (N.d.T.)*

Northrup Grumman se réjouit d'avoir joué un rôle dans votre découverte. En tant que leaders mondiaux de la fabrication des aimants de qualité, nous aimerions photographier votre Cosm avec les aimants qui «ont rendu cela possible», et nous sommes prêts à vous offrir la somme de 20 000 dollars...

(Editorial de *Textes sociaux*, vol. 48, p. 81 :)

La récente « découverte » d'un « Cosm » (terme manifestement forgé par son inventrice afin d'inspirer le maximum de respect envers ladite « découverte ») a suscité beaucoup de commentaires. En réalité, il en faudrait davantage pour nous convaincre que l'idée de créer un portail ou une ouverture vers un autre univers a la moindre substance. Les membres de l'establishment scientifique ont certainement remarqué l'extrême discrétion de son inventrice, sa réclusion quasi monacale et son refus obstiné de permettre à des équipes d'observateurs désintéressés d'étudier ce « Cosm ».

Le manque de raffinement philosophique de la plupart des physiciens est proprement stupéfiant. Ils semblent prêts à considérer la simple publication d'un article — un événement textuel — comme une preuve concrète, indépendante de l'interprétation. La doctrine qui préside à notre vision plus moderne de la science, telle qu'elle émerge des études des chercheurs, est que la société construit sa science selon un mode narratif propre à un endroit, un moment et une culture. La principale fonction de la science est de créer des histoires sur le monde en écho avec les valeurs politiques et sociales dominantes. Elles ne sont ni plus « vraies » ni même plus fiables que n'importe quelle autre description spécifique de la culture. La réalité indépendante est en elle-même une idée sociale occidentale moderne, récente, contestée par quantité d'autres philosophies qui interpellent l'hégémonie intellectuelle et les revendications familières, encore que d'un universalisme inadmissible, du rationalisme occidental...

... En tant que « nègre » de plusieurs savants de premier plan (liste sur demande, sous accord de confidentialité, cela va de soi), je puis m'engager à fournir sous trois mois un premier jet d'une série d'entretiens. Si nécessaire, nous pourrions vous proposer, en toute discrétion, nos services en tant qu'agents auprès des principaux éditeurs...

Conseil des Eglises
5000 Riverside Drive
New York, New York 11054

... assister et participer à notre réunion nationale annuelle, afin de prononcer le discours d'ouverture, peut-être basé sur vos passionnantes remarques à la presse concernant la « reproductibilité » de la création de sous-univers...

(Editorial du *New York Times*, édition du dimanche :)

En fin de compte, nous nous efforçons peut-être de raisonner alors que la question n'est pas vraiment accessible à l'argumentation logique : sur quoi devons-nous ou non engager notre sens de l'émerveillement...

(Courrier des lecteurs du *Washington Post* :)

Le fait que la fabrication d'univers en laboratoire, décrite de façon symptomatique comme « une aubaine » par les physiciens, donne lieu à des usages aberrants et qui passent néanmoins pour « acceptables » montre jusqu'où certains savants et apologues de la science seraient prêts à aller pour justifier ce qu'on ne peut que qualifier de passion du tripatouillage et de la magouille, quitte à prétendre ensuite qu'une technologie développée à partir de cette passion satisferait certains besoins humains ou sociaux pressants.

Gina Montebello, Miami Beach, Floride.

LE « COSM » PROUVE
L'ORIGINE DIVINE DE L'UNIVERS

L'Evêque :
« Abordons la Science avec philosophie »

(UPI) La récente annonce de la création en laboratoire d'un univers entier a amené l'une des principales personnalités de l'Eglise à déclarer que « la "raison intérieure" — l'esprit rationnel qui gouverne les mathématiques — devait être rapprochée de la "raison extérieure" — la structure rationnelle du monde physique — par une cause supérieure, c'est-à-dire Dieu ».

Pour l'Evêque Erma Ehrlich de San Francisco, « ce que font ces savants œuvre en fait pour la cause de Dieu, contrairement à ce que croient certains... ».

Max envoya promener la feuille de papier.

— Qu'elle aille se faire foutre, cette Evêque !

Alicia, qui compilait les bandes de données, ne releva pas le nez de son clavier.

— Bah, elle vole au secours de la victoire, c'est tout.

Max se retourna dans l'espace exigu de l'observatoire, uniquement éclairé par les écrans d'ordinateur.

— Je sais. Et je sais aussi que, pour Einstein, la seule chose incompréhensible dans l'univers, c'était qu'il soit compréhensible. Mais faire référence à Dieu revient à oublier la biologie pour laquelle notre esprit est issu du monde physique, par l'évolution des bourgeons du cerveau et des systèmes nerveux primitifs vers des niveaux de complexité supérieurs.

Alicia leva enfin les yeux. Elle ne comprenait pas pourquoi il s'énervait.

— Pff, laisse donc la pluie médiatique glisser sur tes plumes comme un vieux canard...

— Non, je suis en train de réfléchir, là...

Il s'interrompit pour étudier la profusion de couleurs et de mouvements qui grouillaient à la surface du Cosm. Il était plus brillant que jamais, presque menaçant avec toutes ces étoiles qui sillonnaient la dentelle d'un ciel blanc-bleu. Le Cosm traversait un nuage moléculaire où des bancs de poussière flamboyaient de toute la frénésie des jeunes soleils.

Au bout d'un long moment, il éclata :

— Et merde ! Ce que je peux détester ces types qui se croient plus vertueux que tout le monde !

— Les fanatiques religieux ?

— Tous ceux qui voudraient enclaver la science, lui dire ce qu'elle peut ou ne peut pas faire. Le meilleur moyen de définir les frontières est encore de les repousser. Pour élargir l'horizon, notre sens du merveilleux.

— Rien de plus sacré que « waouh ! », dit-elle en souriant.

— Ou à peu près, convint-il en s'illuminant. Ecoute,

quelque part dans notre passé, il y a probablement un primate qui voyait dans la courbe décrite par une pierre lancée dans le vide une arabesque compliquée, difficile à suivre, un vrai bintz…

— Comment ça ? Ce n'est pas le bintz, c'est juste une parabole.

— Pour nous, bien sûr. Mais pas pour ce primate. La sélection a fini par l'éliminer. Il n'était pas bon chasseur, il mourait de faim, et ses enfants avec lui…

Les pensées d'Alicia firent un bond en avant :

— Alors les notions d'ordre, de symétrie et même de beauté auraient joué un rôle dans le monde : elles l'auraient rendu plus simple…

— Exactement, répondit-il en faisant les cent pas, en proie à une sorte d'avidité, la lueur du Cosm jouant sur son visage. Plus facile à contrôler, plus favorable. Sur le long terme, même la beauté que nous cherchons dans les mathématiques a cette élégance, cette symétrie.

— Alors, quand on dit que les mathématiques décrivent excessivement bien le monde, ce serait parce qu'elles sont issues du monde ?

— Absolument ! fit-il, radieux. C'est aussi peu remarquable que le fait qu'un gant, fait de main d'homme, aille à la main.

Elle adorait ses discours. Il tourna encore un peu en rond en marmonnant pendant qu'elle se demandait où il voulait en venir. Dans sa quête de principes esthétiques, au moment de choisir, parmi les théories mathématiques candidates, celle qui l'emporterait, la science faisait écho aux antiques forces qui avaient sculpté les plaines d'Afrique. Le succès de la science n'avait pas besoin d'un Dieu pour s'expliquer. Le monde suffisait.

Mais quelque chose lui disait que Max n'en resterait pas là.

4

Dans son cadre temporel, le spectacle toujours renouvelé du Cosm approchait maintenant de l'âge de notre propre univers. Les événements se succédaient toujours plus vite dans l'objectif noir, sphérique. L'autre côté voguait entre les étoiles dans le bourgeonnement d'une galaxie elliptique géante. Alors que les bancs de nuages se raréfiaient, engloutis par de jeunes étoiles farouches, le dais de la nuit s'éclaircissait et leur télescope portait de plus en plus loin. Ils assistaient en temps réel à la valse des galaxies. Des étoiles passaient au premier plan, pareilles à des flocons de neige dans un blizzard balayés par les vents de la gravité. Plus loin, des galaxies planaient tels des oiseaux livides, volant en rase-mottes, décrivaient des arabesques dans l'amas qui avait cette ellipse pour cœur. En mesurant les images de galaxies beaucoup plus distantes, Zak et Alicia se rendirent compte qu'elles reculaient. C'était un étirement de l'espace-temps semblable à celui que Hubble avait découvert, quatre-vingts ans auparavant. Se poursuivrait-il ? L'expansion de cet univers finirait-elle par s'inverser ? Un univers clos ressemblait à la malédiction ultime, toute structure finissant dans une masse farouche qui implosait.

C'était l'énigme cruciale, qui n'avait pas encore trouvé de réponse dans notre propre cosmologie. S'il y avait assez de matière, la gravitation finirait par l'emporter sur l'expansion. L'univers du nouveau Cosm n'apportait pas de réponse claire.

— Il se peut que leurs constantes fondamentales soient différentes, dit Max, mais qu'ils partagent le même destin que nous — quel qu'il soit.

— L'implosion, avança-t-elle, ou bien une lente glaciation, si l'expansion de l'espace-temps se poursuit éternellement et que la matière vienne à manquer de chaleur...

— Très juste. D'une façon ou d'une autre, ils sont condamnés. Mais nous aussi, après tout, quand on y réfléchit.

Ce qu'elle s'efforçait de ne pas faire, en réalité. Alicia regarda en frémissant le gigantesque ballet des galaxies. Si le Cosm suivait plus ou moins le même cours que notre univers, pendant ses cinquante premiers milliards d'années, il déborderait de lumière. Les gaz et la poussière produiraient encore de jeunes soleils tout neufs. Les étoiles persisteraient pendant une égale durée. Autour des soleils rougeoyants, la vie planétaire se réchaufferait auprès de ces feux déclinants qui annoncent la mort stellaire. En l'espace de quelques semaines, elle pourrait assister à tout cela en témoin silencieux.

Elle se demanda si au même moment — bon, le terme était mal choisi ; disons « à ce moment-là », dans le temps du Cosm — une espèce de chimpanzé curieux, mentalement sinon physiquement, selon toute vraisemblance, croissait et se multipliait sur un monde vert, quelque part dans cette tempête d'étoiles. Des esprits incarnés dans des formes étranges se frotteraient encore sur l'inlassable pierre à aiguiser de l'évolution.

Quels défis affronteraient-ils ? En fin de compte, l'univers dans son ensemble était l'ultime adversaire de la vie.

Elle emmena Max au déjeuner qu'elle avait prévu avec Bernie Ross, au Phoenix Grill, sur le campus. Bernie n'avait pas l'air à l'aise, assis dans le soleil oblique d'automne. La chaise en plastique, ou le curry à la noix de coco, peut-être. Quoi qu'il en soit, il entra tout de suite dans le vif du sujet :

— L'administration de l'UCI fait l'objet de fortes pressions de la part du ministère de l'Energie. Ils ont ouvert les hostilités. Ils veulent récupérer le Cosm.

Elle cessa de manger. Bernie était généralement d'une jovialité rassurante, mais pas là.

— Vous ne pouvez pas les en empêcher?

— C'est fédéral jusqu'au trognon. Ils vont entreprendre des actions juridiques contre l'UCI, en mouillant les autres agences. Bref, ils vont faire feu de tout bois : inspecter les carnets de labo, organiser des visites de contrôle en invoquant des problèmes de santé et de sécurité, envoyer des inspecteurs à l'école de médecine ou dans les ateliers sous prétexte de vérifier la conformité avec la réglementation...

— Comme ça? fit Max, incrédule.

Bernie s'autorisa un imperceptible sourire.

— Il est rare que le gouvernement bouge aussi vite, mais quand il s'y met, il écrase tout sur son passage comme un troupeau d'éléphants.

— Il est déconseillé de se trouver sur son chemin, fit Alicia, les sourcils froncés, en regardant son assiette d'enchiladas rouges. Vous en êtes sûr?

— J'ai mes sources, et elles sont fiables.

— A l'UCI même? s'enquit Alicia.

— Tout le monde ne lèche pas le derrière de l'administration.

— Ils m'ont assez bien protégée, jusque-là.

— Les fédés, c'est une autre paire de manches, croyez-moi, fit Bernie en cessant de fourrager dans son curry pour se pencher sur la table et prendre la main d'Alicia.

— Vous ne pouvez vraiment rien faire pour les en empêcher? demanda-t-elle d'un ton désolé.

— J'ai promis à votre père de défendre vos intérêts. La meilleure chose à faire maintenant est de dire «pouce» pendant que c'est encore possible.

— Nous sommes à un moment crucial! s'écria Alicia (des têtes se tournèrent vers eux). Il perd de sa masse, le temps s'accélère...

— Ce n'est jamais le bon moment, fit Bernie d'un ton réconfortant. Gardez-le le plus longtemps possible.

Elle implora Max du regard. Il était visiblement partagé entre l'envie de la soutenir et celle de suivre le conseil de ce spécialiste du droit. Pour lui, c'était de l'hébreu. La complexité superflue des problèmes juridiques était la preuve évidente de l'irrationalité latente de l'humanité. Il écarta les mains, haussa les épaules.

— Je me rappelle avoir entendu ton père dire : « Embauche les meilleurs conseillers et suis leur avis. »

— En effet, convint-elle, songeuse.

— Je devrais arriver à trouver dans l'administration les gens nécessaires pour traiter ça avec discrétion. Pas de journalistes, pas de photos, juste un transfert discret.

— Ce serait rudement gentil de leur part, fit Max d'un ton sarcastique.

— Les éléphants sont lancés, soupira Alicia. Ne restons pas sur leur chemin.

Le président Onell ne s'attendait pas à son éclat. Il se cala au dossier de son fauteuil et la regarda, les paupières papillotantes. Puis il dut se rendre compte que sa mâchoire inférieure pendait car il la referma.

— Non, répéta-t-elle. Je ne montrerai pas le Cosm à une poignée de donateurs.

— Ils ont tous donné un minimum de dix mille...

— Je m'en f...

Elle s'interrompit et inspira profondément.

— Les pressions de la vice-présidente...

— Ecoutez, je n'ai pas son style. J'aimerais la jouer subtile et détachée, moi aussi. J'aimerais bien être une universitaire froide et analytique. Mais tout le monde m'en empêche, Brookhaven, le ministère de l'Energie, l'UCI. J'essaie de garder mes distances. Seulement, j'ai de plus en plus l'impression que je vais me réveiller un matin dans une ruelle, avec des chats de gouttière pour seuls compagnons.

— Vous dramatisez.

— C'est une métaphore. Joli terme, tout ce qu'il y a d'académique, non ?

— Je vous conseille de laisser refroidir tout ça.

— J'ai un univers qui est en train de faire ça en ce moment même, et je dois y retourner.

— Ces gros trucs sont impossibles à conduire, décréta Jill.

— J'ai toujours rêvé d'en avoir un, répondit Alicia en regardant l'espace intérieur du Pathfinder. Dominer la situation, passer partout grâce aux quatre roues motrices...

— Ça fait beaucoup de fric rien que pour voir la circulation d'en haut, rétorqua Jill en parcourant du regard le show-room du concessionnaire automobile. J'aimais mieux ta Miata.

— Mouais, mais quelques milliards d'années ont coulé sous les ponts depuis.

— Sans compter que ça coûte l'os du coude, ces machins-là.

— C'est pour ça que je vais acheter une occasion. Ce n'est qu'une visite documentaire. Je vais acheter un de ces trucs, fit Alicia en indiquant une modeste petite voiture à l'autre bout du parking.

— Ça ? fit Jill avec une grimace. Aucun style.

— Mais ce n'est pas cher.

— C'est vraiment un traîne-couillon. Et puis ça fait gouine, aussi.

— J'en ai marre des voitures de location, et l'assurance vient de me rembourser ma Miata. D'un autre côté, il se pourrait que je parte avec Max, camper à Baja.

Ses projets étaient encore en cours d'élaboration, mais elle pouvait toujours lancer des fausses pistes susceptibles d'égarer les gens plus tard.

— Si tu trouves que c'est le genre, vas-y ! lança Jill en faisant la moue.

— Tu penses que je vais trop vite.

— Si tu veux que je te dise, je pense que c'est toute ta vie qui va trop vite.

— On travaille ensemble depuis des mois, Max et moi...

— Il vaudrait peut-être mieux que vous preniez un peu de distance.

— Tu penses que j'en fais trop ? demanda Alicia avec un grand sourire.

— C'est out de jouer les Miss Crampon.

— Out, comme les baby dolls, tu veux dire ?

— Comme les pots de colle, espèce de dévergondée !

Elle restait sur une piste étroite, évitant la foule. Il ne se passait pas une journée sans qu'elle ne repense à son enlèvement. Un étranger qui s'approchait d'elle, un coup de fil bizarre et c'était la panique.

L'inspecteur Sturges la rappela. Il n'avait pas avancé d'un poil, mais la piste religieuse semblait abandonnée. Son ton évasif la mettait hors d'elle, d'autant qu'il refusa de lui en dire davantage.

Ils avaient posté un vigile au quatrième étage du département de physique rien que pour éloigner les curieux. Quand elle passait près du chariot de café et de thé, il y avait toujours quelqu'un pour tenter de lui tirer les vers du nez. Elle était l'objet de pas mal de ragots et de spéculations, elle le savait, mais elle n'avait simplement pas le temps de remettre les pendules à l'heure.

Elle remarqua aussi un subtil changement dans l'attitude de ses collègues expérimentateurs des hautes énergies. Elle se rappela un de ses livres de fac, qui faisait l'apologie de la physique des particules, « le fer de lance de notre pénétration dans l'inconnu ». Cette métaphore l'avait fait rire. Les physiciens des particules savaient d'instinct que la pointe de lance était suivie d'un manche : l'ingénierie, la chimie, la biologie et, très loin derrière (s'ils y pensaient jamais), les sciences sociales et humaines (mais ce n'était évidemment pas le cœur du problème). Les maths et les beaux-arts avaient des points communs avec la physique des particules — l'imagination, la rigueur, la grâce — et n'étaient donc pas dans le continuum. La physique des particules était une arène très virile, et elle y était entrée à fond de train, sans trop d'espoir.

Pourtant, l'accident qui lui avait permis d'y arriver de cette façon dramatiquement différente, en ouvrant des horizons complètement nouveaux, avait définitivement fait d'elle un membre du club, bien que ses méthodes ne soient vraiment pas conformes à celles dudit club. En se cramponnant au Cosm, en s'efforçant d'en extraire une certaine compréhension, elle était devenue à la fois une pionnière audacieuse et un monstre sacré. Même si elle devait bien admettre, intérieurement, qu'elle avait surtout eu de la chance.

LE PRÉSIDENT MET SON VETO
À TOUTE NOUVELLE PRODUCTION DE « COSMS »
L'éthique et les dangers devront être préalablement évalués
Une Commission du Congrès désignée

— Enfin, papa, pourquoi le président ferait-il une apparition télévisée...

— Il a des ennuis, mon chou, il se fait éreinter pour le budget, la banqueroute des systèmes de protection sociale...

— Ça n'a aucun rapport.

La ligne lui transmit son ricanement chaleureux et elle l'imagina en train de secouer la tête en pensant à sa nunuche de fille.

— Bien sûr que non, mais il ne peut pas rester les bras croisés...

— J'espère que ça n'interférera pas avec nos expériences. Il faudrait que nous en sachions davantage avant de décider quoi faire.

— Il cherche à couper l'herbe sous le pied du Congrès...

— Il était tellement positif quand il est venu ici...

— Des semaines ont passé. C'est de l'histoire ancienne. Il a lu les courriers des lecteurs, les articles...

— Et alors ? Tes papiers sont favorables.

— Ce sont bien les seuls, mon chou. Regarde plutôt les débats télévisés de fin de soirée. On y entend des blagues assez drôles, en fait.

— Je n'ai pas le temps...

— Je te les enregistrerai.

— ... et je n'ai pas envie de voir des inconnus se payer ma tête juste avant d'aller me coucher.

Pause diplomatique brevetée, et puis :

— Tu n'imagines pas l'impact que ça peut avoir sur les gens, hein ?

— Pas vraiment. Je suis trop occupée.

Convocation devant le Congrès

Vous êtes citée à comparaître devant la Commission du Congrès pour la Science et la Technologie, représentée par Lois Friedman, présidente. Vous voudrez bien présenter, lors de cette audition, un dossier complet de votre implication avec le Brookhaven National Laboratory, du ministère de l'Energie, documentation qui devra être fournie deux (2) semaines avant comparution, en date...

— Bernie ?

— Ah, merci de me rappeler aussi vite. Je ne peux plus gagner de temps, Alicia, je suis désolé.

— Qu'est-ce que c'est que cette histoire de citation à comparaître ?

— Ils essaient d'attirer votre attention...

— Eh bien, pour ça, c'est réussi !

— Ce n'est qu'un coup de semonce, rien d'autre, dit-il d'un ton rassurant, professionnel, chaleureux, comme si rien de tout ça n'avait d'importance. Il arrivera encore bien des choses avant que cette commission ne soit véritablement réunie. Ils font ça pour se retrouver devant les caméras. Les vraies négociations avec le ministère de l'Energie et l'UCI, je m'en occupe.

— Vous avez fait un travail formidable. Que dois-je faire ?

— Rendez-le.

— C'est ce que je pensais. Un flic du comté est passé et il m'a laissé entendre que les agents fédéraux viendraient le chercher si je ne le leur apportais pas sur un plateau.

— Ça se comprend, fit Bernie d'une voix mesurée, résignée.

— Je voudrais juste finir ce que je suis en train de faire. Juste quelques détails...

— Ils le veulent demain matin.

— Quoi ? Si vite ?

— Ils ont un juge fédéral dans la manche, celui qui bloque les votes au niveau de l'Etat si le résultat ne plaît pas aux fédés. Bref, ce pourri a signé aujourd'hui même un mandat leur donnant le Cosm, comme ça. Ils peuvent entrer chez vous et le saisir si ça leur chante.

— J'en aurai encore besoin demain. Et si nous nous retrouvions dans mon bureau... à sept heures du soir, disons ?

— Je vais essayer d'arranger ça.

— Pas de télé, pas de journalistes.

— Ça marche.

— J'apprécie tout ce que vous avez fait pour moi. Je vais vous envoyer un chèque.

— Oubliez ça. Faites-moi plutôt une faveur. Appelez votre père. Il me harcèle du matin au soir.

— Comptez sur moi.

— Je pense que tu pourrais ne pas avoir envie d'être dans le coin en fin de journée, c'est tout, dit-elle à Max.

Il se mit à fulminer :

— Je suis aussi impliqué que toi sur le plan légal...

— Non, tu as les mains propres. C'est moi qui ai pris le Cosm, et c'est mon labo.

— Mais je...

— Bernie est catégorique sur la question, en tout cas.

— Et merde ! J'ai le droit d'aller jusqu'au bout, quand même !

A la pâle lueur du Cosm, elle voyait le pli amer de sa bouche.

— D'accord.

— Je veux y être parce que je suis avec toi, là-dessus.

Elle eut l'impression d'être parcourue par une douce vague de chaleur.

— Je... je sais. Mais il vaudrait mieux que tu rentres m'attendre chez toi.

— Pourquoi ? demanda-t-il, d'un ton mordant, cette fois.

— Je ne peux rien te dire. Je ne voudrais pas que tu sois obligé de nier quoi que ce soit.

— Seigneur, je déteste quand tu te changes en Marie-j'ordonne...

— Ça fait partie du métier de déesse.

Sa bouche se détendit, la commissure de ses lèvres se releva d'un cran. Elle avait marqué un point.

— Et de martyre solitaire. Je n'aime pas ça du tout.

— Moi non plus, en fait, soupira-t-elle en s'appuyant contre lui.

Quelques minutes passèrent ainsi. Elle éprouvait d'ordinaire le besoin de combler les silences, mais pas cette fois.

— J'ai des choses à faire à Caltech, de toute façon, dit-il en scrutant d'un œil noir les étendues tumultueuses qui parcouraient la surface du Cosm. Il faut que j'y aille cet après-midi. Qu'est-ce que c'est que toutes ces manips que vous préparez, Zak et toi ?

— Les derniers sacrements.

— C'est drôle, j'ai l'impression que tu ne me dis pas tout.

Elle eut un sourire.

— Je ne veux pas que tu sois impliqué si ça tourne mal. Tu rentreras te coucher plus tôt, ce soir, c'est tout.

Il la regarda longuement.

— Je pensais que nous ne devions pas avoir de secrets l'un pour l'autre.

— Pas de secrets personnels, non.

Il eut un sourire attristé.

— Alors ce secret n'est pas un vulgaire caprice.

— Tu le sauras d'ici quelques heures.

Il remua les lèvres, l'air embêté, et haussa les épaules.

— Il paraît qu'une coalition de fondamentalistes t'a mise à l'index comme « abomination »...

— Ceux qui m'ont enlevée devaient être des gens comme ça.

— Tu as du nouveau ? Sturges... ?

— Non, c'est juste que ça tombe sous le sens.

— Je leur en veux encore de ne pas avoir réussi à les retrouver.

Il la prit par les épaules avec un naturel très excitant. Ils observèrent en silence les événements qui se succédaient à la surface incurvée du Cosm, la lumière nacrée, mouvante, des étoiles de la galaxie elliptique agglutinées les unes contre les autres. « L'autre côté » traversait une matrice de soleils éblouissants. Les lances qui jaillissaient auparavant du noyau galactique avaient disparu. Leur point de vue glissait à toute vitesse le long du bras d'une galaxie vieillissante, dont les étoiles rouge rubis décrivaient des orbites complexes. Le noyau brillant du centre galactique montait comme un pic lumineux au-dessus du premier plan, grossissant à chaque heure.

Alicia se perdit un moment dans sa contemplation,

appuyée sur Max. Ça lui suffit pour oublier momentanément le poids de ce qui l'attendait.

Max commença à parler, de physique et non d'amour, mais ça lui faisait un peu pareil. Elle percevait dans ses paroles la façon dont les choses lui apparaissaient, tous ces événements qui se succédaient avec une rapidité fascinante. Il arrivait à lui faire sentir ce que ressentait un théoricien, chose qui lui avait toujours paru impossible. Elle avait vu ses calculs impeccables, la délicate tapisserie des notations tensorielles, son visage trahissant son énergie intérieure, une concentration sublime qu'elle comprenait bien. Le travail vous sortait de vous-même. Il aimait la puissance du calcul pur, la façon dont les mathématiques aériennes se cristallisaient dans le poing de fer de la logique incontournable. Les équations laconiques recouvraient des immensités glacées de gaz et d'étoiles, une masse à la fois morte et farouche, sillonnée de radiations mordantes, soumises au pouvoir de la gravitation et à la courbure implacable de l'espace-temps, des étoiles qui s'éteignaient comme des allumettes dans le vide indifférent.

Comparé aux souples ondulations des équations, le monde des hommes rendait une image fruste et nébuleuse. Jeter un rapide coup d'œil à travers le chaume des mathématiques et voir les merveilles qui se profilaient derrière revenait à vivre momentanément dans l'infini, au-delà de la pression du monde ordinaire où les gens vivaient dans l'ignorance.

— Tu sais, ce que nous voyons ici, c'est que l'histoire entière de l'univers n'est, en fin de compte, que la lente victoire de la gravité sur toutes les autres forces.

Elle voyait mieux quand il lui expliquait : le feu nucléaire brûlant dans ces forces puissantes, les rhapsodies de lumière et de plasma crénelé qui chantaient à travers la force électromagnétique, et comment, enfin, toutes finissaient par céder humblement sous les coups sourds, inlassables, de la gravité.

Elle eut alors le sentiment désespérant qu'elle allait se faire beaucoup d'ennemis.

5

Elle avait vraiment pris son temps.

Tout était prêt à quatre heures et quart, cet après-midi-là. Le crépuscule tombait. Elle avait garé sa vieille voiture tout près de l'observatoire pour y charger quelques dernières choses. Elle l'avait achetée la veille — cent dollars de plus qu'elle ne valait —, en faisant les petites annonces. La voiture était presque pleine quand elle vit trois camionnettes arriver sur la route circulaire du campus, à six cents mètres de là. C'étaient de gros véhicules inquiétants, escortés de conduites intérieures. Elle les vit s'arrêter au croisement, en contrebas, et s'engager dans la montée. Elle sut alors qu'ils venaient là. Evidemment. Ne pas attendre le dernier moment pour se mettre en place. Froideur, efficacité.

Ils gravirent lentement Gabrielino Drive. Son monde bascula. *Bouge de là.* Mais en voiture, elle aurait dû passer près d'eux, aussi visible qu'un cafard sur une nappe blanche.

Elle héla le vigile.

— Bonne nuit. Moi, je retourne à pied au campus.

— Bien, madame.

— Ne laissez entrer personne, quels que soient les papiers qu'on vous montre.

— Euh, non, madame.

Cette étrange instruction, articulée dans le jargon nerveux qui avait fait sa réputation, avait de quoi le faire tiquer, mais elle n'avait pas le temps de trouver plus plausible, et si ça pouvait lui faire gagner quelques minutes…

Cela dit, les fédés ne se laisseraient pas arrêter longtemps par un flic de location.

Elle se fondit rapidement dans le noir. Le vigile était du genre léthargique. Elle fit vingt mètres sur la route de gravier, jeta un coup d'œil par-dessus son épaule. Le type regardait dans le vide. Elle repartit au petit trot dans l'herbe sèche, à angle droit par rapport à l'observatoire. L'idée était de descendre la colline par le côté opposé à la colonne de véhicules. Elle essaya de réfléchir, mais les camions semblaient soudain très proches et elle se mit à courir, cédant à la panique. Ils appelleraient tout de suite des renforts, quand ils auraient compris que le Cosm avait disparu, et elle avec.

Ah, si seulement elle était *avec* ! Elle pourrait alors filer de Laguna Beach, où elle avait garé le Pathfinder. Mais non, elle voulait toujours plus de données et de fichiers, alors elle était revenue au campus, charger sa petite voiture. Elle pensait qu'il suffirait de deux voitures, toutes les deux achetées d'occasion et donc plus difficiles à relier à elle, mais il était trop tentant de les charger un peu plus.

Zak étant en sécurité, loin de là, et le Cosm dans le Pathfinder, elle aurait dû avoir l'intelligence de ne pas tirer sur la corde et d'abandonner les résultats des dernières manips. Enfin, trêve de remords et de regrets. *Concentre-toi, cocotte.*

Elle pouvait encore arriver au Pathfinder si elle trouvait une voiture pour aller à Laguna. Mais il n'y avait pas beaucoup de routes qui entraient en ville, et elles seraient sûrement très vite surveillées. D'ailleurs, il y avait encore moins de routes qui sortaient de l'UCI. Elles seraient patrouillées d'un instant à l'autre.

Elle dévala la colline sablonneuse, couverte de broussailles, en direction de la route de Bonita Canyon. Irvine s'enorgueillissait de ses rues bien éclairées. Maintenant qu'elle s'était mise hors la loi, les avenues illuminées lui faisaient l'effet d'autant de pièges.

Plongée dans ses pensées, elle fonça droit dans une

énorme touffe de chardons. Les épines lui lacérèrent les jambes et les bras. Elle s'arrêta pour frotter les estafilades et constata qu'il y en avait un vrai fourré à cet endroit. Elle traversa précautionneusement la dernière portion plongée dans le noir du territoire de l'UCI et constata qu'elle était séparée de la longue boucle de Bonita Canyon par une rangée de fils de fer barbelé.

Elle souleva le fil du bas et regarda derrière elle ; il y avait quelque chose de symbolique dans le fait de quitter le périmètre de l'université et de s'engager en terrain hostile. Elle vit plusieurs silhouettes sous les lampadaires, autour de l'observatoire. Qui regardaient dans sa direction ?

Elle se faufila sous le fil de fer barbelé et descendit au petit trot vers la portion plus sombre de l'autoroute. Sur la colline, un ballet de phares se poursuivait ; trois véhicules s'éloignaient de l'observatoire, élargissant leurs recherches. Elle traversa l'autoroute, s'accroupit dans les broussailles et réfléchit avec angoisse. Et maintenant ?

Elle songea pendant une minute entière à laisser tomber. Ils la tenaient. En marchant toute la nuit, elle pourrait arriver chez un ami. De là à espérer qu'il accepte de l'aider à fuir les agents fédéraux... Et avait-elle le droit de mouiller qui que ce soit dans cette affaire ? Zak avait tout de suite accepté, mais ses collègues... Et puis, évidemment, ils savaient qu'elle était à pied ; les universitaires qui vivaient sur la colline près de l'observatoire étaient les premiers qu'ils iraient trouver.

Elle avait toujours son téléphone portable à la ceinture. Appeler quelqu'un à l'aide ? Les fédés avaient forcément mis sa ligne sur écoute, maintenant. Si près du campus, ils la piégeraient avant que n'importe qui ait le temps d'arriver.

Non, il fallait voir les choses en face.

Première solution : laisser tomber et essayer d'expliquer de son mieux pourquoi elle avait embarqué le Cosm dans le Pathfinder parqué dans une rue de Laguna Nord.

Deuxième solution : essayer de trouver quelqu'un pour l'emmener à Laguna. Les auto-stoppeurs étaient faciles à repérer et elle devait trouver le moyen de parcourir plus vite qu'un fonctionnaire motivé et motorisé les quinze kilomètres qui la séparaient de Laguna.

Deux solutions : une désagréable et une impensable.

Mais il y avait une idée là-dedans, elle le sentait vaguement, une idée qui la titillait. Cette histoire d'auto-stop, de se traîner toute seule le long d'une route. Tout le monde en voiture, elle à pied.

Une fois qu'elle eut renoncé à ses deux pseudo-solutions, la réponse lui parut relativement simple. Elle longea la route de Bonita Canyon en restant dans l'ombre des broussailles qui bordaient le mur de béton. Ses longues promenades sur la plage payaient ; elle dévora les trois kilomètres d'un pas régulier, jusqu'à ce que la route tourne vers la gauche et s'engage dans un lotissement. Elle était essoufflée et excitée.

Le moment était venu de confronter son idée à la réalité décourageante. Au-dessus se dressaient les collines de San Joaquin, présence inquiétante dominant le piquetis de lumières. Ses poursuivants devaient s'attendre à ce qu'elle prenne le chemin le plus facile, des rues connues. Les gens en fuite cherchaient à aller vite, après tout. Ils prenaient des voitures, allumaient leurs phares. Qui irait imaginer qu'elle tenterait de sortir du piège à pied ?

Au lieu de ça, elle remonta Shady Canyon, longea le golf obscur. C'était le seul secteur inhabité de l'immense ceinture verte qui entourait Laguna comme des douves protégeant la dernière ville dotée d'une réelle identité de tout le comté. Dans sa précipitation, elle avait évidemment sauté le dîner. Elle fouilla dans les poches de sa veste et trouva un Mars dans une poche à fermeture éclair. Elle l'engloutit en se félicitant de ses manies de hamster.

L'obscurité ne la gênait pas. Elle trouvait même plutôt réconfortant le silence épais. Un mince croissant de lune se profila derrière les nuages argentés. Elle regretta qu'ils ne soient pas plus épais, puis d'avoir raté la météo ce matin-là. Elle grimpa sans effort par-dessus une grille de fer et poursuivit rapidement. La pente devint plus abrupte et elle se mit à haleter, trottina et continua d'un pas vif le long de l'unique et étroit sentier, à la lueur des lampadaires éloignés. Sa vision s'était adaptée à la maigre luminosité, ce qui lui permit d'éviter un nouveau fourré de chardons, le sous-produit exaspérant du bétail qui paissait dans les champs. Sur la crête inférieure, des lotissements à un million de dollars le mètre carré étaient déjà matérialisés et l'odeur humide de la terre à nu, prête à accueillir les bulldozers, montait vers elle.

Depuis le premier jour où elle s'était installée à Laguna, elle avait détesté la pression constante des promoteurs. Elle avait défilé dans la Ceinture Verte avec les autochtones qui pensaient comme elle et connaissaient le terrain. Elle s'en félicitait, maintenant. La cité lointaine, éblouissante, l'aidait à se diriger le long des sentiers. Shady Canyon, le Canyon de l'Ombre, méritait bien son nom : les ténèbres s'épaississaient autour d'elle, sous les arbres. Un frôlement dans les buissons, évocateur d'une poursuite, puis des couinements stridents d'animal piégé, et le silence. Sinistre présage, compte tenu des circonstances.

Une chouette ulula. Les coyotes jappaient dans les collines, parlant peut-être d'elle. Elle avait entendu des histoires de campeurs environnés par ce genre de bêtes, dans le coin. Bon, après tout, elles étaient chez elles. Et puis ce serait un soulagement d'affronter des prédateurs à quatre pattes.

Elle arriva à bout de souffle aux Quatre Coins, en haut de Shady Canyon. Elle devait tourner à droite, vers les lumières blafardes du péage et le bourdonnement de la circulation. Même si ses poursuivants interrogeaient les employés du péage, elle était bien en dessus des voitures, à cet endroit. Elle longea une route latérale et prit le passage souterrain prévu pour les animaux, une piste boueuse marquée d'empreintes de coyotes, de chats sauvages, de cerfs et d'oiseaux. Entre les deux routes à quatre voies qui allaient l'une vers le nord, l'autre vers le sud, il y avait une ouverture. Les phares des voitures projetaient beaucoup de lumière dans le tunnel. Elle se dit que si on la cherchait, ce serait sur la voie rapide et que les chances qu'on la voie près du péage — une balafre qui fendait la Ceinture Verte, isolant ses populations animales — étaient faibles. Mais elle avait l'impression d'être observée lorsqu'elle s'éloigna en courant et s'enfonça dans les canyons où elle était miséricordieusement protégée.

Deux heures avaient passé depuis qu'elle avait quitté l'UCI. Elle avait peut-être parcouru dix kilomètres. Pas mal. Son excitation avait disparu, avec son énergie. Elle gravit une crête en transpirant, commença à se demander si elle aurait la force de continuer. Avec un peu d'aide, les agents fédéraux pouvaient couvrir toutes les rues du voisinage, fouiller tous les véhicules suspects. Ou attendraient-ils qu'elle tombe sur un barrage routier, quelque part ? Ils avaient dû comprendre, maintenant, qu'elle avait trouvé un autre moyen de leur échapper. Penseraient-ils qu'un professeur de physique choisirait un moyen d'évasion exigeant autant d'endurance ? Elle espérait qu'ils imagineraient plutôt un truc technique.

Elle était très essoufflée, maintenant, et elle commençait à avoir un point de côté. Elle aurait donné n'importe quoi pour un autre Mars. *Un petit régime imprévu*, se dit-elle. Au moins, les collines les plus escarpées étaient derrière elle.

Penser à son poids lui fit, par association d'idées, songer à Jill. Evidemment. Elle aurait dû l'appeler tout de suite. D'un autre côté, les fédés auraient surpris leur conversation et les auraient coincées toutes les deux à leur point de rendez-vous. A moins que...

A la cinquième sonnerie, elle entendit :

— Euh... ça a intérêt à être une bonne nouvelle.

— C'en est une. Tu te souviens du serment ? Eh bien, j'ai des ennuis et j'ai besoin d'une copine.

— J'espère que tu parles du petit déjeuner de demain.

— Nan. Maintenant.

— Ooooooohhh.

— Tu te souviens de l'endroit où le petit garçon faisait boire son chien ?

— Hein ? (Silence, silence.) Ouais.

— On se retrouve à deux pâtés de maisons de là, vers l'intérieur des terres.

— On est sur écoute ?

— Tu m'étonnes, Simone ! Disons, dans deux heures.

— Génial. Je vais pouvoir me rendormir en attendant.

— Pars tout de suite, avant qu'ils ne te fassent suivre depuis chez toi.

Un gémissement, puis :

— T'es sérieuse, là ?

— J'ai vraiment besoin de toi, cocotte.

Elle raccrocha. Les portables étaient-ils aussi faciles à mettre sur écoute ? Avec l'escalade des pouvoirs de la police fédérale, probablement. Elle avait vu une tapée de films policiers, mais elle n'avait pas vraiment d'idée sur la question.

Elle jeta un coup d'œil à sa montre. Incroyable. Près de cinq heures avaient passé depuis qu'elle avait vu arriver les camions. L'exercice avait canalisé ses pensées frénétiques. Ou peut-être était-ce juste la fatigue. Plus que six heures avant l'aube. Les rues de Laguna Nord seraient sûrement surveillées bien avant. Ils ne trouveraient pas le Pathfinder ; elle avait masqué les vitres arrière et maculé la carrosserie. Mais, à pied, elle risquait d'attirer l'attention. Et puis elle commençait à en avoir plein les bottes.

Elle trottait obstinément le long de la ligne de crête vers Guna Peak quand elle entendit l'hélicoptère. Il remontait de Bommer Canyon en rase-mottes, juste une crête au-dessus d'elle. Des projecteurs noyaient tout en dessous dans une lumière actinique blanc-bleu. Elle se figea. Elle n'avait pas pensé à ça. C'était pourtant évident. Elle se jeta dans un fourré de ronces, indifférente à la douleur.

Avaient-ils anticipé ses mouvements ? Très mauvaise nouvelle.

Un éclair brillant passa bruyamment au-dessus de sa tête et elle se recroquevilla. Le martèlement du moteur sembla s'intensifier et les phares de poursuite poignardèrent impitoyablement le ciel. L'espace d'un instant qui lui parut durer des heures, elle crut qu'il faisait demi-tour et revenait la chercher. Elle essaya de s'enfouir plus profondément, tira les broussailles sur sa tête.

Le rugissement sembla se stabiliser juste au-dessus d'elle pendant un interminable moment. Et puis elle comprit au gémissement du moteur qu'il remontait et repartait en direction de l'un des canyons.

Sans doute contrôlait-il chacune des routes latérales avant de regagner le sommet exposé des crêtes. Il ne faisait pas demi-tour. Peut-être pas.

Après ça, elle resta les yeux et les oreilles aux aguets, prête à tout. L'hélicoptère s'éloigna dans un ronflement le long des canyons qui menaient à la mer, selon un schéma répétitif, systématique. Probablement un hélico de la police, appelé en renfort. Les fédés ne manquaient ni d'hommes ni de temps.

Elle se mit alors à courir. Elle n'avait qu'une importance secondaire, dans l'histoire. C'était le Cosm qui comptait. S'ils avaient la moindre idée de la direction qu'elle avait prise, ils établiraient des barrages sur toutes les routes qui menaient en ville en venant du nord. D'un autre côté, il se pouvait qu'ils laissent tomber, puisque l'hélico n'avait rien repéré. C'était son seul véritable espoir.

Mais quelles sorties de Laguna couvriraient-ils ? Il n'y avait que trois routes qui sortaient de la ville. Elle tournait et retournait des plans dans sa tête tout en se hâtant vers la douce lueur ivoire de la ville. Des coyotes jappaient dans la nuit.

Le dernier kilomètre était assez accidenté ; elle était à bout de souffle et elle eut l'impression qu'elle n'y arriverait jamais. La sueur séchée formait une croûte sur son front. Enfin, au moins, avec les kilos qu'elle était en train de perdre, elle serait mignonne comme tout dans sa tenue de prisonnière...

Elle dévala les longues collines en forme de doigts qui descendaient vers Laguna. La cité dormait, blottie contre l'océan caressant. Soixante-dix kilomètres de côte plongés dans la nuit. Elle entra enfin en titubant dans Pinecrest. La grande porte d'acier paraissait formidable avec ses énormes serrures, mais c'était un endroit commode pour se glisser à travers les barbelés. L'asphalte paraissait velouté sous ses pieds las.

Dans le silence, les ensembles mastocs, angulaires, de terrasses accrochés aux flancs des collines fournissaient toute l'ombre voulue pour lui permettre de se faufiler entre les pelouses éclairées des riches. Elle évita les rues comme elle pouvait, coupant à travers des cours plantées d'acacias, d'eucalyptus et de prêles. Même pendant la sécheresse de l'été, Laguna restait un endroit vert, luxuriant.

Un hélicoptère se fit entendre loin vers le nord alors qu'elle bifurquait le long d'une haie. Elle vit son Pathfinder droit devant elle, dans la rue. Il n'y avait apparemment personne. Elle se glissa à côté du véhicule, mit la clé dans la serrure et, avec un long soupir, se glissa sur le siège passager.

Un rapide coup d'œil : le Cosm était bien là, brillant sereinement dans les mâchoires d'acier de l'aimant. Ses instruments de fortune poursuivaient leurs enregistrements. Elle rejeta la bâche dessus, mit le contact et s'éloigna.

Et maintenant ? D'abord, Jill.

Elle prit la direction de son propre appartement. Le point de rencontre qu'elle avait fixé à Jill était une statue qui se trouvait à une rue de là, une statue de 1920 représentant un gamin qui faisait boire son chien. Elle arrêta le Pathfinder deux rues plus loin et prit une ruelle à pied. La voiture de Jill était garée dans une allée donnant sur la rue. Jill était au volant. Elle s'approcha de la voiture par l'avant, lui fit signe. Elle répondit. Parfait. Jill descendit de voiture, suivit Alicia dans les ombres. Elles remontèrent dans le Pathfinder et Alicia laissa enfin parler Jill.

— Je me suis dit que tu pourrais avoir besoin de ça.

Jill ouvrit son sac à dos, et en tira un casse-croûte de station-service : des biscuits fourrés au chocolat, des barres de céréales, diverses sucreries et des canettes de Dr Pepper (son péché mignon).

— Tu es géniale ! fit Alicia en se calant les joues sans vergogne.

— Ah, tu le reconnais enfin. Maintenant, explique.

Ça prit un moment. Lorsqu'elle en arriva à la partie juridique et à ses projets, Jill dit :

— Oh non.

— Oh si.

— Tu plaisantes !

— Je voudrais bien.

Le temps qu'elle achève son récit, Jill hochait la tête et disait déjà :

— Bon, réfléchissons. Tu espères que ce Pathfinder ne va pas attirer tout de suite leur attention parce que tu l'as acheté à un particulier, c'est ça ?

— Oui. J'espérais qu'ils chercheraient plutôt la voiture, ce qui m'aurait — nous aurait — permis de gagner du temps. Mais elle est restée à l'UCI. Andouille que je suis ! fit-elle en flanquant des coups sur le volant.

— Alors ils savent qu'ils doivent chercher quelque chose d'assez gros pour transporter le Cosm. Et à distance de marche de l'UCI, ou tu ne serais pas partie à pied. Pas génial. Ils vont probablement établir des barrages sur les routes qui quittent Laguna, conclut-elle en mangeant une barre de céréales.

— Ce ne sera pas difficile. Il n'y en a que trois, et elles sont assez étroites par endroits...

— Ils doivent penser que tu es fatiguée, quand même.

— Là, ils n'ont pas tort, convint Alicia en laissant sa tête rouler sur l'appui-tête.

Peut-être que si elle dormait une petite heure...

— Hé ! fit Jill en lui bourrant l'épaule. Tu t'étais endormie.

Elle secoua la tête.

— Je m'étais mise en méditation. Tu as un autre Dr Pepper ?

— Ma cocotte, je ne vois pas comment nous allons nous sortir de ce guêpier.

— Moi non plus. (*Etait-ce moi qui parlais des éléphants et qui disais qu'il ne fallait pas se trouver sur leur chemin ?*) Je devais penser qu'une fois arrivée ici j'aurais bien une idée. C'est drôle, j'ai parcouru des kilomètres sans problème en terrain accidenté, et je me suis fait piéger en retrouvant la civilisation.

— Hé, mais c'est ça ! fit Jill en relevant la tête.

— La civilisation ?

— Mais bien sûr ! Tu as acheté ce Pathfinder pour aller te balader chez les culs-terreux, d'accord ? Eh bien, c'est ce qu'on va faire !

Alicia regarda le profil vague de Jill sans comprendre. Elle se fendit d'un immense sourire et dit :

— Nous allons juste reprendre la piste que tu as suivie.

— Mais il y a une porte, des serrures...

— Je suis Jill, la virtuose des serrures, d'accord ? Et j'ai apporté mes instruments secrets.

6

Dans la brume de l'épuisement, l'heure qui suivit fut fantomatique, irréelle. Alicia conduisit jusqu'en haut de Pinecrest. Jill eut raison de la serrure de la barrière en moins d'une minute, reprit le volant et engagea le Pathfinder sur la piste de terre battue. Tous phares éteints, bien sûr. Un hélicoptère patrouillait au nord, au-dessus d'Irvine, mais il ne vint pas vers elles.

— De toute façon, ils te cherchent probablement dans la direction opposée à Irvine. Ils ne peuvent pas imaginer que tu es en train de te jeter dans la gueule du loup.

Elles suivirent les lignes de crête dans une cacophonie de chocs sourds et de grincements. Le Pathfinder tint ses promesses. Au-delà du péage, il y avait plusieurs moyens de descendre vers la route de Laguna Canyon. Alicia passa à l'arrière et Jill la cacha sous des sacs en plastique. Elle était allongée près de l'aimant attaché par des sandows, et elle regardait briller le Cosm. Ses appareils optiques tournaient rond. Ils étaient alimentés par les batteries du Pathfinder. Pour une installation de fortune, elle devait bien admettre qu'elle était formidable. Le bon fonctionnement du dispositif devait beaucoup à Zak. Le seul élément de créativité résidait dans la compréhension du fait que le Cosm pesait maintenant moins de cinq kilos et pouvait être transféré dans un petit piège magnétique portatif.

Elles négocièrent la route de la crête, qui tournicotait un peu, sans lumières, à tâtons. Elles finirent par redescendre par Laguna Canyon, en scrutant attentivement toutes les voitures susceptibles de surveiller la route. Rien ; juste le silence qui précède l'aube. Elles se ruèrent vers l'autoroute, et Jill dit :

— Et maintenant, on va où ?

— Tu m'as sauvé la mise. Je te dépose quelque part et je...

— Tu parles que tu vas me déposer !

— Ecoute, je vais maintenant enfreindre la loi de toutes sortes de façons...

— Tu voudrais te réserver le privilège exclusif de l'infamie, peut-être ? Allez, cocotte, c'est marrant, tout ça !

— Ça pourrait devenir dangereux, tu sais.

— Mmm, de mieux en mieux !

— Je ne veux pas t'impliquer...

— Je *suis* impliquée. Tu crois que je vais te laisser tomber maintenant ? Pour aller où ?

Pasadena arriva comme au cinéma, dans un faux raccord. Comme elles se faufilaient dans les rues blêmies par l'aube, elle se demanda s'il était bien sage de passer chercher Max. Son plan était, depuis le début, de ne l'impliquer que si elle réussissait à s'en tirer avec le Cosm. Maintenant, l'énormité de ce qu'elle avait fait lui apparaissait.

De même que la nécessité de jouer le coup en finesse. Quoi qu'il arrive, au moins, elle finirait en sachant qu'elle avait fait ce qu'elle pensait vraiment devoir faire. Max avait le droit de voir la fin.

Il vivait dans une baraque morose bâtie dans un carré de pins de Douglas vieillissants. Jill les fit entrer dans le hall de l'immeuble avec ses « instruments secrets » qui se révélèrent être un vulgaire bout de plastique et un petit outil de métal.

— Ça n'a pas l'air difficile, commenta Alicia alors que la serrure du hall cédait avec un cliquetis.

— Tout est dans le poignet.

Alicia n'était jamais venue chez Max, et elle dut regarder les boîtes aux lettres pour trouver son appartement. Une façade de brique rouge, morne, s'efforçait de donner à l'ensemble un air Nouvelle-Angleterre, mais le hall était encombré de baquets dans lesquels végétaient des plantes à grandes feuilles, il y avait un tapis ringard par terre et l'air sentait le déodorant d'ambiance. Jill vit son expression songeuse alors qu'elles montaient l'escalier qui menait au troisième étage.

— Un sou pour tes...

— Je réfléchis. Je suis amoureuse — autant l'admettre — d'un type qui vit dans un endroit pareil...

— Le style n'est pas tout.

— Ici, le style n'est rien.

— C'est un peu tôt pour avoir des remords, non?

— Mouais.

Elle crut qu'elle n'arriverait jamais en haut des escaliers, et elle se rappela qu'elle avait des heures de sommeil en retard.

— Je n'aurais jamais cru que je m'amouracherais d'un type qui m'aveuglerait en empiétant sur mon domaine professionnel.

— Tu veux dire qu'il a d'abord amorcé une relation personnelle, rectifia Jill.

— Oui. C'est peut-être pour ça que je ne m'en suis pas aperçue. C'était la première fois.

— Tu es à cheval sur un courant d'air, cocotte. Ne commence pas à faire la maligne avec ce Max.

— Exact. Sinon, qui viendra me voir en prison?

— Hé, toi, tu es célèbre. Tu t'en sortiras. C'est moi, ta complice, qui me retrouverai les menottes aux poignets.

— Et alors? Tu as toujours dit que tu voulais essayer le bondage...

Jill éclata de rire.

— Je penserai à toi quand on me fera rouler dans une tombe sur laquelle figurera l'épitaphe «Illustre Inconnue»...

Elles durent frapper cinq fois avant que Max se décide à ouvrir, en réussissant en même temps à bâiller et à avoir l'air surpris. Son salon semblait délibérément démodé de trente ans. Les boutons de porte étaient juste assez ovalisés pour qu'on soit sûr de les remarquer, et les voilages essayaient d'avoir l'air guillerets tout en laissant entrevoir des endroits encore pires de l'autre côté de la rue. Au moins, les meubles étaient époussetés, mais rien qu'à l'odeur on comprenait qu'il mangeait des choses achetées dehors, probablement du mexicain, sauf qu'avec la friture, c'était difficile à dire.

— C'est drôle, on m'a appelé à ton sujet, dit-il d'une voix brumeuse.

— Qui ça ?

— Sais pas. Un avocat. Il y a une heure, à peu près. Il m'a demandé si tu étais là.

Jill alla dans la cuisine et ouvrit tous les placards.

— Euh... fit Max d'un ton indécis. Je peux vous aider ?

— Tu pourrais t'habiller, répondit Alicia. Et fissa. Tu as un sac de couchage ?

— Ouais. Quand est-ce qu'on me dit ce qui se passe ?

— Quand on sera à soixante-quinze kilomètres d'ici, ce qui a intérêt à être d'ici moins d'une demi-heure.

La Vallée de la Mort n'avait pas la luminosité ténue, piquante, de l'automne, mais bénéficiait plutôt d'un éclairage perpétuellement oblique. La route serpentait à travers la grandeur sauvage des pentes, bordée par la bande brillante, habituelle, d'usines à bouffe. Ils s'arrêtèrent pour manger dans l'une d'entre elles. Alicia, qui avait dormi quelques heures, se sentait bien mieux.

— Des burgers. Six. Avec des oignons frits, et des frites, ajouta-t-elle d'un petit ton très au-diable-les-artères et à-mort-le-cholestérol.

— Et nous, on va manger quoi ? protesta Zak avec un sourire hilare.

Ils se dirigeaient vers Badwater sur la route 178 quand ils avaient aperçu Zak un peu en retrait sur une route de côté, exactement comme ils l'avaient prévu, Alicia et lui. Non que son semi-remorque fût difficile à repérer. Il n'y avait pas grand-chose pour attirer le regard au milieu des collines tavelées et des roches recuites. Elle avait emprunté un camion de l'UCI la veille et l'avait caché dans une rue de Costa Mesa, en espérant que les fédés le chercheraient encore, mais cette fausse piste était probablement morte et enterrée depuis belle lurette.

Alicia lui donna les premiers oignons frits qui arrivèrent. Il avait conduit le camion toute la nuit, et il avait l'air en plus mauvais état qu'elle.

— Le Cosm a bien supporté le voyage ? demanda-t-il.

— Comme un charme, répondit Alicia.

C'était le milieu de l'après-midi, et il n'y avait pas beaucoup de monde dans le fast-food. Les burgers étaient savoureux, ou bien était-ce un effet de l'adrénaline ?

— J'aimerais que nous nous installions le plus vite possible afin de poursuivre nos observations, intervint Max. J'ai réfléchi à des moyens de vérifier l'évolution du Cosm au fur et à mesure qu'il vieillit.

— On va aller au « Point de Rendez-Vous et Campement de Furnace Creek «, proposa Jill en consultant alternativement la carte et le guide des terrains de camping de l'Automobile Club tout en léchant ses doigts collants. Il y a des toilettes, mais pas de douches. Oooh... Et si on descendait plutôt à l'hôtel ?

— On serait obligés de remplir des fiches, répondit Zak.

— Au camping aussi on remplit des fiches, objecta Max.

— L'idée, c'était que personne ne penserait à nous chercher par ici, reprit Alicia. Aucun d'entre nous n'y est jamais venu.

— La largeur des mailles du filet dépend de la taille du poisson, fit ce raisonneur de Max. Je doute que même le ministère de l'Energie puisse déployer des efforts illimités...

— Je ne suis qu'une citoyenne ordinaire, fit Jill, mais ça n'a pas l'air d'un complot de l'Agence.

— Ah bon ? Pourquoi pas ? demanda Zak.

— A cause du président. Il serait très embarrassé si nous réussissions à disparaître avec un trésor national.

— Argument retenu, convint Zak. Il pourrait même prendre la tête de la croisade, dire que c'est une question de sécurité nationale.

— Vous avez tout compris à la politique, commenta Max.

— Ça fait partie de son éducation, lança Alicia d'un petit ton allègre.

En fait, ce rusé Zak la changeait du profil tranquille du bon immigrant type qu'il projetait il n'y avait pas si longtemps. Elle l'avait sous-estimé.

Ils se sentirent tous beaucoup mieux en quittant l'endroit, l'estomac rempli sinon réjoui. Alors qu'Alicia regagnait le Pathfinder, un couple du troisième âge en jeans, chaussures de marche et casquette s'arrêta net. L'espace d'un instant, elle se demanda si c'était le choc de voir une Noire — ça arrivait parfois —, puis elle vit autre chose dans leurs yeux ronds. De l'étonnement.

— C'est elle ! fit l'homme.

— Celle de la télé, reprit la femme.

Tout le monde se figea. Le parking resta noyé sous la lumière aveuglante pendant un long battement de cœur, qui parut assourdissant aux oreilles d'Alicia.

— Eh oui, c'est moi, acquiesça-t-elle en s'avançant avec un grand sourire. Veronica, des Virginals, ravie d'faire vot' connaissance. Z'avez dû nous voir à « Quoi d'Neuf », hier soir, pas vrai ?

— Les Virginals ? releva l'homme.

— Z'aimez not' dernière chanson ? Torride, hein ?

— Euh… Je croyais vous avoir vue… aux nouvelles, fit la femme.

— Sacrée couverture télé, s'pas ?

L'homme hésita, les regarda tous les quatre à tour de rôle, puis tendit la carte routière qu'il tenait à la main.

— C'est elle, Irma. Euh… je peux avoir votre autographe ?

7

On ne parlait pas d'eux dans le *Los Angeles Times* qu'ils achetèrent à un distributeur automatique.

— Trop tôt, commenta Max. Mais il a été question de toi à la télé. Ça élimine le Rendez-vous.

— Quelles sont les autres options ? demanda Jill.

Ils s'étaient rapidement éloignés et arrêtés dans un bosquet au bord de la route, quinze kilomètres plus loin.

— Le camping. Faire fonctionner nos appareils à l'aide du générateur que Zak a dans le camion, répondit Alicia.

— Si les deux vieux comprennent qu'on s'est payé leur tronche, ils vont donner l'alarme, fit Jill.

— Et on nous repérera par la voie des airs, où que nous soyons, fit sombrement Max.

— Nous serions plus à l'abri dans la forêt, vers Lone Pine, conclut Jill.

— J'aurais dû faire l'école buissonnière plus souvent, les gars, dit Alicia. Mais je pensais que par ici il y aurait moins de danger si quelque chose... arrivait.

— Nous étions tous d'accord pour venir ici, décréta Jill.

— Je parlais du Cosm.

— Que veux-tu qu'il arrive ? répliqua Jill. Si je vous ai bien compris, le Cosm va se contenter de prendre de la bouteille...

— Espérons-le, soupira Max. Le col qui nous relie se... disons qu'il devient plus ténu. S'il lâche, d'une façon ou d'une autre, je ne sais pas ce qui va se passer de ce côté-ci. Il y a beaucoup d'énergie potentielle emmagasinée dans la matière exotique qui le maintient ouvert.

Jill fronça les sourcils, intriguée.

— Alors, c'est par sécurité que tu as décidé ça ?

Le visage d'Alicia était le théâtre d'émotions conflictuelles. Elle se rendit compte qu'elle était encore fatiguée et qu'elle tenait le coup grâce à l'adrénaline. Enfin, elle devait être franche avec ces trois-là, qui lui avaient tout donné.

— En partie, bien sûr. Mais surtout, je voulais voir ce qui allait se passer ensuite là-dedans, fit-elle avec un geste du pouce vers le Pathfinder, où le Cosm attendait sous sa bâche en plastique. Allez, on roule.

Ils firent encore une vingtaine de kilomètres et prirent une piste poussiéreuse. C'était la fin de l'automne, et pourtant il faisait encore plus de 20 degrés. Au bout de quelques kilomètres, ils trouvèrent un endroit plan dans un canyon encaissé et ils garèrent les deux véhicules tout près l'un de l'autre. Max tomba sur le flash d'actualité de cinq heures, cet après-midi-là. Un commentateur glosait avec excitation sur la « chasse à la femme » dont Alicia était la proie.

— Comment se fait-il qu'on ne parle pas de nous ? demanda Jill.

— Déçue ? fit Alicia en lui bourrant les côtes avec son coude. Nous avons assez bien manœuvré ; ils ne sont pas sûrs que vous soyez avec moi.

Zak, qui déchargeait le matériel à l'arrière du van, secoua la tête.

— Ils le savent, mais ils ne le disent pas, c'est tout.

A six heures du soir, l'une des émissions-débat de Los Angeles consacra deux heures à la « chasse à la femme » et de grandes gueules appelèrent de tout le pays pour dire qu'ils l'avaient repérée. La discussion dégénéra rapidement, sur le thème de la femme qui jouait à la déesse et autres clichés, et ils rirent beaucoup en écoutant les auditeurs les plus grotesques tout en installant leurs appareils autour du Cosm.

Il était posé au centre d'un cercle de trois bons mètres de diamètre. Dans les profondeurs de son éclat d'obsidienne, des draperies de gaz déroulaient leurs lumières farouches. L'installation fut plus facile, en fait, qu'à l'observatoire, parce qu'ils avaient toute la place voulue.

Jill, qui était passée voir le Cosm à l'observatoire, il y avait plusieurs semaines de ça, fut sidérée par le changement.

— C'est... merveilleux... dit-elle. (Et elle ajouta, au bout d'un long moment :) Alors mon amie la déesse ici présente ressemble à l'idée que la plupart des gens se font de Dieu, hein ?

— Comment ça ? demanda Alicia, étonnée, en levant les yeux de ce qu'elle faisait.

— Tu as fait ça grâce aux dollars des contribuables, évidemment, mais maintenant tu ne peux plus intervenir dessus. Personne ne peut. Tu ne sais même pas s'il y a de la vie à l'intérieur.

— Je ne saurais pas comment intervenir, répondit sobrement Alicia. Ou quoi faire de toute façon.

— La plupart des gens que je connais s'imaginent que Dieu ne plonge pas vraiment Son doigt dans nos vies.

— Ça vaut peut-être mieux, commenta Max.

Comme la nuit tombait, ils s'assirent et le regardèrent, la radio de Zak crachotant hargneusement à l'arrière-plan.

Le Cosm donnait à présent sur une galaxie rougeoyante. Dans la nuit froide du désert, Max dit :

— Le temps que nous venions ici, l'univers, de l'autre côté, a vieilli de plus de cinquante milliards d'années.

Des murmures saluèrent sa remarque.

— C'est comme ça, avec les exponentielles. Il mûrit à une vitesse qui tend vers l'infini.

Il tapota sur le clavier de son portable et afficha un graphique, qu'il légenda à la main.

La courbe du temps du Cosm était presque verticale. Max avait écrit « maintenant » un peu après la graduation de la vingt-cinquième semaine, de sorte que « l'âge du Cosm » était de près de 40×10^{10} ans. La mention « âge de notre univers » figurait bien avant quarante milliards d'an-

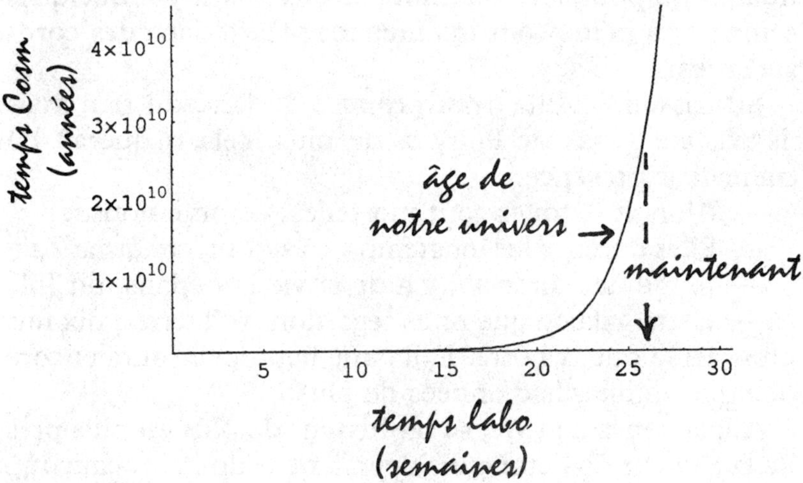

nées. Max hocha la tête, considérant les immenses implications. D'une certaine façon, ce n'étaient que des points sur une courbe.

— La galaxie elliptique a fait son temps, elle rougit. Vous voyez, il n'y a plus de gros points bleus, brillants. Les étoiles plus petites vivront plus longtemps — ces points rouges, vagues, nombreux. Mais même elles, elles n'en ont plus que pour cent milliards d'années, à tout casser.

Alicia pensa aux foyers de vie potentielle situés près des étoiles qui se consumaient. Ces planètes tourneraient assez près de leur étoile pour rester chaudes, et seraient aussi liées par des forces de marée, un côté rôti, l'autre gelé. Pourtant, même de tels mondes pouvaient se révéler des niches temporaires.

La sphère paraissait un peu plus petite, maintenant, non? Alicia n'aurait pu l'affirmer.

— Mais en fin de compte, même avec une super-ingénierie, presque tout l'hydrogène stellaire sera brûlé, reprit lentement Max en regardant le tournoiement de lumière rosée qui balayait la surface du Cosm. Il se pourrait que de nouvelles étoiles se forment, mais pas beaucoup. Vous voyez ces petites étoiles d'un rouge éteint? Les grands nuages de poussière que nous avons vus il y a quelques semaines à peine sont maintenant piégés dans des corps stellaires.

Jill frissonna. Elle avait proposé de faire du feu, mais ils n'avaient pas de bois, et de plus, cela risquerait de trahir leur présence.

— Alors les étoiles sont mortelles, comme nous...

— Elles durent plus longtemps, c'est tout, confirma Zak.

— Je me demande s'il y a de la vie là-dedans, dit Jill.

— Cette galaxie que nous regardons refluer est dix fois plus vieille que la nôtre. D'ici une heure, elle aura encore quelques milliards d'années de plus.

Alicia pensa à la vie, se blottissant de plus en plus près de la chaleur de l'étoile. Ils devraient se donner beaucoup de mal pour capter sa lumière.

La radio de Zak émit un long torrent d'invectives contre Alicia. Soudain, elle bondit et lança un juron.

Max gloussa, sans détourner les yeux du Cosm.

— Des imbéciles invoquant Ton nom en vain ? Maintenant, tu sais ce que Dieu doit ressentir.

Elle le regarda d'un œil noir.

— Toutes ces histoires de divinité... Bon, d'accord, j'ai créé ce premier univers, mais tout le monde peut en faire autant, maintenant.

Il la regarda calmement, la lumière du Cosm faisant ressortir les méplats de son visage.

— Qu'est-ce qui te fait penser que tu as été la première ?

8

Jill tanguait dans la nuit en berçant la bouteille qu'elle avait tirée de son sac à dos.

— Une tequila, deux tequilas, trois tequilas... Coulé !

Elle fit une chute théâtrale, saluée par des applaudissements flatteurs. Il ne faisait pas chaud, mais ils ne pouvaient détacher leur regard du drame lumineux qui se déroulait à la surface de la sphère. La tequila de Jill était arrivée au bon moment. C'était comme s'ils assistaient à un tremblement de terre, se dit Alicia en buvant directement au goulot. Ou plutôt un tremblement d'univers ; le sien. L'un de ses enfants, une galaxie elliptique, rougeoyait au premier plan.

Elle alla chercher des vêtements plus chauds dans sa valise, restée dans le Pathfinder. Elle avait tout prévu quand elle avait préparé ses bagages. Elle avait pensé aux nuits qu'ils passeraient dans des motels, Max et elle. Sur le dessus se trouvait une chemise d'un violet meurtrier, l'inévitable déshabillé de dentelle noire, inévitable mais fiable, et sa dernière arme dans la joute passionnelle : un soutien-gorge pigeonnant magenta, à accrochage pardevant… niché sous les culottes grises, informes, qu'elle portait généralement.

Son optimisme semblait étrange, détaché, comme un paquet de lettres d'amour adolescentes trouvé dans un tiroir, en faisant le ménage après son second divorce.

Pourquoi ? Elle avait couru plus vite, plus fort qu'elle ne s'en serait jamais crue capable. Ses poursuivants implacables, invisibles, étaient un noir fardeau accroché à son dos. Et la fatigue la tenaillait toujours.

Pourtant, elle s'en était tirée. Ils étaient tranquilles pour cette dernière nuit, au moins, ici, dans la sérénité des étendues désertiques. Pourquoi cette impression de dérive mélancolique ?

Le Cosm. Elle ne pouvait résister à son drame refluant. Brad était mort pour l'amener à ce stade, la mort entourait la Création, sa Création, qui devait maintenant péricliter et périr elle-même. Dans un désert.

— Tiens, revoilà ces gerbes de lumière, fit la voix de Zak dans la nuit glacée.

Elle jeta une grosse veste sur ses épaules et se précipita vers eux.

Le Cosm offrait un point de vue élevé sur les masses sombres de la galaxie elliptique, droit en son cœur. Des croissants écarlates ridaient les régions intérieures, qui se consumaient lentement, maintenant vierges de toute poussière. Au centre se trouvait la vraie mort : un immense trou noir en expansion engloutissait les soleils épuisés qui tournaient de plus en plus près de son étreinte dévorante.

Mais au-dessus de ce cœur noir planait une lance d'un jaune vibrant. Sous leurs yeux, elle se mit à grossir, se darda dans le néant, au-dessus de l'ellipse qui se contractait.

— C'est drôle, remarqua Max. D'après la théorie, les jaillissements révéleraient la vie primitive d'un trou noir : la présence de quantités énormes de poussière à absorber.

— Donc la théorie se trompe, avança Jill avec légèreté.

Elle avait abusé de la tequila. Alicia pensa à s'en octroyer une nouvelle rasade, puis elle se ravisa. Elle avait été échaudée, récemment.

— Ce n'est pas une énorme surprise, fit Max en hochant tristement la tête.

— C'est joli, commenta Zak. Regardez : en voilà une deuxième, de l'autre côté de la galaxie, et elle va dans l'autre sens. Elles se fraient un chemin au-dehors. Elles sont déjà plus vastes que l'ellipse.

Max se mit à parler d'une voix lente en regardant les lances fuir les ténèbres qui poursuivaient leur expansion. Les étoiles finiraient inévitablement par se rencontrer et fusionner, disait-il. L'ordre et la sagesse des planètes et des soleils finiraient comprimés dans le mariage d'une multitude d'étoiles, plongeraient dans le puits gravifique et deviendraient des trous noirs. Le destin de toute matière ou presque était la sombre abrasion de l'effondrement.

Les galaxies étaient aussi mortelles que les étoiles. L'ellipse était sur le point d'être dévorée. Les taches d'un noir d'encre formées par de plus petits trous noirs obscurcissaient des zones entières de vague naufrage. L'appétit du trou central allait visiblement croissant, un appétit sournois, dévorant, sans fin.

Elle essaya d'imaginer les événements qu'il décrivait. Max avait manifestement ruminé tout ça depuis un bon moment, il avait vu ce qui allait arriver.

Sur le ciel d'un noir absolu glissaient les braises d'étoiles fumantes. Des planètes tournaient peut-être encore autour, leur atmosphère figée dans des lacs d'oxygène sans vagues.

Mais l'univers du Cosm n'était pas un réseau statique d'étoiles. Il croissait et les galaxies se retrouvaient isolées dans les ténèbres de plus en plus envahissantes. Le tissu de l'espace s'étirait à un rythme accéléré.

Le point de vue du Cosm replongea dans le maelström des masses mourantes. Son orbite décrivait maintenant une courbe à travers un long et pénible crépuscule. Des opéras grandioses de masse et d'énergie déroulaient leurs scénarios, entonnaient leurs derniers grands airs. Nulle part dans ces désolations glacées Alicia ne voyait de refuge pour la vie, pour un assemblage bancal d'eau dans de petites cellules individuelles, accrochées à un réseau de tiges de calcium en mouvement. La vie qu'il y avait peut-être là devrait se transformer en profondeur, revoir la structure fondamentale de ses molécules organiques en réseaux cristallins animés, par exemple.

Devant cette grandeur, elle éprouvait une impression d'abandon. Elle se sentait comme une usurpatrice qui serait entrée par accident sur la scène d'un opéra grandiose, un chien déguisé en être humain.

Quelque chose dans les masses fuligineuses attira son regard. Une longue ligne jaune pâle, étincelante, partie du moyeu de la galaxie, dardait à travers les essaims ténébreux d'étoiles éparses. Dans le lointain, une autre courbe se mettait en mouvement, de longues structures hérissées d'aspérités s'étiraient rapidement, et...

— Ces... elles forment quelque chose, murmura-t-elle.

— Regardez, elles s'organisent, acquiesça Max.

— Elles forment des cercles autour du centre de la galaxie, confirma Zak.

— Et des rayons qui partent vers l'extérieur, vous voyez ?

— On dirait un système de coordonnées, des longitudes et des latitudes... fit Alicia, n'osant aller au bout de son idée.

Son souffle était un brouillard dans le froid mordant.

— Un phénomène magnétique, peut-être ? suggéra Max.

— Allez savoir, dit Zak.

— Et ça va vite, reprit Max en tendant le doigt. Regardez ça !

Des cercles concentriques et des rayons émanait une lumière vibrante. Des couleurs vacillaient aux intersections. Puis tout le réseau — il n'y avait pas d'autre mot pour le décrire, se dit-elle, haletante — commença à émettre de rapides éclairs vibrants, rouge et or. Tout semblait crépiter d'énergie, de...

— D'une finalité, dit Alicia, ces mots planant un moment dans le vide.

Max se leva et s'accroupit plus près de la sphère.

— Qu'est-ce que c'est que ça ? s'exclama-t-il.

— On dirait que des lignes plus fines partent de la grille, suggéra Zak.

— Comme un réseau de racines, risqua Jill. Qu'est-ce qui se passe ? Ce sont des supernovæ ou quoi ?

— Il n'y a plus de supernovæ. Elles se sont éteintes, répondit Max. Toute l'énergie stellaire a été consumée.

— Il y a bien quelque chose qui éclaire tout ça, rétorqua Jill d'un ton raisonnable.

Le point de vue du Cosm changea alors, balayant à

nouveau le moyeu central de la galaxie mourante. Sur les énormes bancs de nuages noirs des soleils morts, quelques braises rougeoyaient. La luminosité croissante des cercles et des grilles projetait pourtant une lueur même dans ces nuages sombres, grumeleux.

— Des racines... le terme n'est peut-être pas si mal choisi, reprit Max. Quelque chose pousse. A partir de quoi, je n'en sais rien. Mais ça pousse.

— Organisant une structure à la face de l'oubli, poursuivit Alicia avec un soudain regain d'énergie.

— On dirait que c'est vivant... dit Jill.

Max resta accroupi un long moment et dit doucement :

— Je ne vois pas ce qu'on pourrait dire d'autre. De la vie ! Mais d'où tire-t-elle son énergie ?

— Même les meilleurs théoriciens ne savent pas tout, dit légèrement Alicia.

Ils restèrent assis à observer les radicelles partir du réseau qui englobait maintenant l'ensemble de la galaxie elliptique géante. Sur la masse noir de carbone des soleils morts ou mourants, le schéma émettait son message silencieux, insistant.

Alicia ne pouvait détourner le regard de la luminescence en expansion constante. Une partie d'elle-même voulait de tout son cœur croire que c'était peut-être la réponse ultime à la signification de toutes choses. En principe, la vie et la structure, les espoirs et les rêves pouvaient persister — à condition de le vouloir, de se battre pour ça. Dans le lointain avenir de son propre univers, dans des ténèbres au-delà de toute mesure, quelque chose pourrait rêver de nouveaux rêves.

Dans le royaume du Cosm, des entités inconcevables se remémoraient-elles en cet instant une époque lointaine, légendaire, où la matière produisait de l'énergie en broyant ensemble des soleils, où une énergie illimitée permettait à la vie d'investir des assemblages accidentels d'atomes, et où de misérables planètes formaient un théâtre ?

9

— Qu'est-ce que c'est que ça? demanda soudain Zak.

Il y avait un moment qu'ils regardaient en silence la résille impossible qui grandissait dans la carcasse de plus en plus sombre d'une galaxie apparemment défunte. Alicia détourna son attention du spectacle. Elle écouta.

— Une voiture?

— Un avion, plutôt.

— Et merde! Ils vont nous repérer avec leurs systèmes infrarouges...

Max se dressa d'un bond.

— Ces gens, au restaurant... Je n'ai pas dû les abuser longtemps, dit Alicia en se levant à son tour.

Elle était toute courbatue d'être restée accroupie par terre.

— Dans les voitures! fit très vite Zak. Nous sommes ce qu'il y a de plus chaud, ici, et les véhicules ont dû se refroidir.

Alicia et Max se précipitèrent dans le Pathfinder, Zak et Jill dans le van. L'idée de quitter le Cosm la révulsait.

Le vrombissement se rapprocha. Il faisait bon dans la cabine du Pathfinder, et Alicia s'abandonna, incapable de résister aux exigences de son corps las.

Max descendit la vitre de quelques centimètres.

— Pour moi, on dirait un avion.

— A quoi pensais-tu, tout à l'heure, quand tu as dit que je n'étais peut-être pas la première... déesse?

— Tu es la seule pour moi, fillette, dit-il dans une imitation passable de Bogart.

— Non, sérieusement. Avant que le ciel ne nous tombe sur la tête.

— J'envisageais une vision plus vaste.

— Ce que nous venons de voir ne te suffit pas ? ironisa-t-elle.

— D'accord. Je parlais sur un plan conceptuel. Ecoute, tu crois que la production de Cosms va s'arrêter là ?

Elle pensa à Brookhaven. A la sociologie de la physique des particules, à ses acteurs, à toutes ces cultures qui étaient venues d'Europe il y avait plus de cinq cents ans et qui avaient repoussé les frontières au cours de l'histoire.

— Non.

— Bon, le Cosm de Brookhaven n'est pas tout à fait comme le nôtre. Il semblerait qu'il en diffère légèrement par quelques paramètres fondamentaux, que nous ne connaissons pas encore.

— Et alors ? demanda-t-elle dans la tiédeur amollissante.

Le bourdonnement devint plus fort, s'éloigna, se rapprocha : un schéma classique de recherche.

— Alors, il se pourrait que tous les Cosms susceptibles de sortir des mains de tripatouilleurs de notre espèce diffèrent légèrement par leurs données fondamentales. Il se pourrait que certaines modifications rendent la vie impossible alors que d'autres favoriseraient son émergence, la rendraient peut-être plus facile encore que dans cet univers, bien qu'il ait l'air d'avoir été minutieusement concocté pour la permettre.

— Et la rendre agréable.

Elle lui prit la main dans le noir.

— Voilà la vision des choses que je te propose : tu as donné à cet univers la possibilité de se dupliquer. Mais les copies ne sont pas parfaites. Nous venons de voir que la vie a incroyablement réussi dans ton Cosm ; elle a survécu à la mort des étoiles !

— Ouais, ce sacré Brookhaven n'est pas près de faire mieux !

Avait-elle bu trop de tequila ? Allons, mettons que ce soit la fatigue.

— On pourrait y arriver, mais pas forcément. Le truc, c'est que, bientôt, nous aurons trois éléments : primo, une population d'univers autoreproducteurs ; secundo, de petites variations dans le « message » de base que transmettent ces univers fils...

— Les fils de la déesse, dit-elle d'un ton rêveur.

Non qu'elle fasse une croix sur la possibilité d'avoir un jour des enfants de chair et de sang. Mais il était un peu tôt pour aborder le sujet.

— ... tertio : imagine que, dans ton Cosm, quelqu'un construise un RHIC et se mette à créer des univers : certains réussiront, la vie y apparaîtra. Dans d'autres, les paramètres seront trop éloignés de l'optimum, il n'y aura peut-être même pas d'étoiles, ou de carbone stable. Dans ceux-là, la vie n'apparaîtra pas.

Elle eut une illumination et entrevit la suite de son argumentation, puis elle vit une autre lumière, réelle, cette fois, qui balayait la crête.

L'avion tourna deux fois au-dessus d'eux, en promenant ses projecteurs sur la zone, puis il repartit vers le sud et disparut.

— Ils nous ont repérés, c'est sûr, fit Zak, depuis le van. Qu'allons-nous faire ?

— Rien, répondit Alicia en baissant sa vitre.

— Mais ils vont nous capturer.

— C'était inévitable depuis le début. La seule question était quand.

Elle commença à remonter sa vitre.

— Tu n'as pas envie de leur donner un peu de fil à retordre ? proposa Jill.

— Nous l'avons fait. Maintenant, nous ferions leur jeu, c'est tout.

Elle ferma sa vitre et regarda Max.

— Tu as raison, dit-il.

— Raconte-moi la suite.

— Même avec une dose de curiosité ordinaire, l'intelligence, dans ton Cosm, finira par tenter ses propres expériences de fabrication de Cosms, ne serait-ce que pour vérifier la théorie. Qui sait ? Ils trouveront peut-être même un moyen d'entrer dans un univers fils, d'y émigrer. En tout cas, certains de ces univers fils seront propices à la vie, l'intelligence y naîtra à son tour, et les univers qu'ils enfanteront feront pareil...

— C'est probable.

Par une telle nuit, tout était imaginable, ou presque.

— Les univers qui ne seront pas propices à la vie intelligente ne se reproduiront pas. Ils seront stériles. Alors avec le temps — pas notre temps, ni même le temps du Cosm, non, une sorte de méta-temps qui mesurerait tout ça — il y aura de plus en plus de Cosms porteurs de vie. Même si les chances de créer un Cosm propice à la vie sont faibles, ils finiront inévitablement par l'emporter, parce qu'ils submergeront les mondes stériles...

— La sélection naturelle favorisera les univers dotés d'intelligence.

Elle retourna cette idée dans sa tête en retenant son souffle.

— Exactement. Sauf que tu n'étais pas la première, évidemment.

— Comment ?

— C'est la sélection naturelle qui explique que les constantes de notre univers soient si propices à la vie. Nous sommes nous-mêmes un univers fils.

— Pas question.

— Réfléchis dans le cadre du méta-temps, Alicia. Imagine tous ces Cosms grouillants de vie, au bout d'un moment. Quelles sont les chances pour que l'un d'entre eux, pris au hasard, soit l'original ?

— Les arguments statistiques m'inspirent la plus grande méfiance.

Son pâle profil esquissa un sourire.

— Ecoute, il y a différentes sortes d'intérêts scientifiques : le connu, l'inconnu, et le proprement inconnaissable. C'est plausible, mais comment pourrions-nous le vérifier ? Il est probable que nous n'y arriverons jamais. Mais nous pouvons quand même nous poser des questions, imaginer des explications sur les causes premières...

— Alors, un expérimentateur dans un labo...

— ... nous a créés. Eh oui, dit-il très doucement.

— Exactement comme moi.

— Sauf que cet expérimentateur avait des tentacules, oui.

— Et tout ça... cette merveille, cette splendeur, serait accidentel ?

— C'est ce que Darwin disait des espèces. Je ne fais qu'appliquer la même logique aux univers.

— Mais ça écarterait toute cause à notre univers entier.

— A moins que le hasard n'ait été inventé par Dieu pour esquiver Sa responsabilité.

— Ce n'est pas une chaîne infinie, si ? fit-elle en se mordillant la lèvre, entrevoyant des implications qui se ramifiaient à l'infini. Tu n'as fait que repousser le commencement un peu plus loin dans le, euh, le méta-temps...

— Exactement. Je ne prends pas parti sur le dieu ou la déesse qui a donné le coup d'envoi à tout ça.

— Je me demande s'il y a place dans tout ça pour la notion de commencement.

Il acquiesça dans un murmure.

— Peut-être pas. Depuis saint Augustin, au cinquième siècle de notre ère — tu vois, j'ai creusé la question —, les penseurs occidentaux estiment que le temps a commencé avec la création de l'univers. Personne ne le voyait comme une division cellulaire, comme une espèce nouvelle, issue d'un parent.

— D'accord, fit-elle en haussant les épaules. Alors je ne suis ni la première déesse ni la dernière. Juste un membre de la famille.

— Pardon de te voler un peu de ta gloire, fit-il en lui tapotant la main de sa grosse patte chaude.

— Tu penses que ça devrait m'attrister ? Je ne suis pas comme ça.

— Parce que tu es équilibrée. Je ne connais pas beaucoup de gens qui accepteraient de gaieté de cœur de se voir arracher leur divinité.

— De gaieté de cœur ? Je n'ai plus la force d'être gaie.

Ils retournèrent près du Cosm. Alicia mangea une barre de céréales croustillante à la lueur des étoiles acérées d'un jeune univers. Ils regardèrent, plantés dans le froid, la masse noire qui semblait emplir le Cosm.

— Hé, fit Zak. On dirait que nous nous rapprochons du trou noir central...

— On dirait, confirma Alicia. Max, que se passera-t-il si ça arrive ?

— Quelque chose me dit que je n'aimerais pas le savoir, fit Max, sans bouger d'un millimètre.

Le Cosm filait maintenant à travers des torrents de nuages noirs. Comme il volait vers la sombre immensité qui plongeait droit devant lui, les cercles et la grille reparurent sur l'horizon. Des taches pareilles à un essaim d'abeilles traversèrent le champ à toute vitesse et disparurent avant qu'ils puissent comprendre de quoi il s'agissait. L'accélération du temps était vertigineuse, pareille à une chute dans un puits sans fond.

— Je me demande pourquoi l'autre bout du Cosm ne s'est pas encore fait avaler par une étoile ? demanda Zak d'un ton méditatif. Je veux dire, les probabilités voudraient qu'il l'ait été...

— Peut-être que l'autre bout repousse les autres masses, risqua Max d'un ton méditatif. Les équations autorisent toutes sortes de possibilités.

Alicia le prit par les épaules sans cesser d'observer le bouillonnement qui allait en s'accélérant au centre du disque. Une pâle lueur ivoire crépitait et se débattait à la surface du Cosm. Elle se rappela sa lueur inquiétante, vibrante, la première fois qu'elle l'avait vu. Quand il était jeune. Maintenant que l'univers à l'autre bout du col de l'espace-temps vieillissait, il retrouvait cette luminosité granuleuse.

Max semblait agité, mal à l'aise. La lueur du Cosm s'intensifia, des taches de toutes les couleurs parcourant sa surface. C'était tellement stupéfiant qu'elle ne prit que graduellement conscience du morne bourdonnement.

— Qu'est-ce que c'est? demanda Zak en levant les yeux.

— L'avion qui revient, fit Jill.

— Deux avions, précisa Zak en scrutant le ciel. Là, dit-il alors que les points lumineux fonçaient sur eux. Il y a un hélico, ajouta-t-il.

L'avion passa juste au-dessus d'eux, projecteurs allumés. Ils fermèrent les yeux pour conserver leur vision nocturne. Alicia était partagée entre le désir d'observer le Cosm et l'agacement provoqué par le bourdonnement furieux, au-dessus d'eux.

Max ne leva même pas les yeux.

— Je n'ai pas d'idée, pas de théorie prévoyant ce qui peut arriver si un noyau d'espace-temps comme celui-ci est avalé par une distorsion à grande échelle...

— Il va se poser! s'écria Jill pour couvrir le vacarme.

Les projecteurs plongeaient la zone dans une lumière blafarde. Alicia pensa qu'elle ne pourrait plus rien voir dans le Cosm, maintenant, mais quand elle le regarda, en se protégeant le visage avec les mains, la sphère grouillait de tentacules bleu-vert, mouvants, pareils à des éclairs étrangement languissants.

— Ecartez-vous! hurla Max pour dominer le martèlement assourdissant de l'hélicoptère qui se posait à quelques centaines de mètres de là, leur projetant de la poussière dans le visage.

— Nous ne pourrons jamais leur échapper! objecta Jill.

— Eloignez-vous du Cosm!

Pendant un long moment, elle hésita, captivée par la cascade des événements dont le rythme s'accélérait à la surface du Cosm. Des nuages sombres les empêchaient de voir le trou noir approchant. Puis ils se dissipèrent et passèrent à toute vitesse. Des ténèbres compactes, béantes, se précipitaient dans le lointain. Une lumière blanche, crépitante, jaillissait de la surface du Cosm.

— Allez! dit-il en la tirant par la manche.

Elle fit un pas, se retourna, incapable de s'éloigner.

A la surface étincelante du Cosm, le grouillement lumineux entrait en collision avec une chose noire, de plus en plus intense. Les événements se précipitaient. Le temps s'affolait, emporté par des forces immenses.

Elle se secoua, inspira une grande goulée d'air froid, sec. Se retourna et suivit Max.

Ils couraient dans la direction opposée à l'hélicoptère lorsqu'elle se mit à crier :

— Non, à droite! Sans ça, en nous poursuivant, ils vont foncer droit dans le Cosm!

Ils tournèrent à droite. Alicia constata, en regardant derrière elle, que des hommes sautaient de l'hélicoptère, un gros appareil, et se lançaient aussitôt à leur poursuite.

Ils coururent ainsi pendant une bonne minute, en écoutant les cris dans le lointain. Un homme hurlait des ordres d'une voix de basse.

Les choses se passèrent ensuite comme si la gravité s'était soudain accrue. Ou comme si tout se passait sous l'eau, au fond d'une piscine éclairée *a giorno*. Jill et Zak couraient mollement, devant elle. La voix de basse parlait, si grave qu'Alicia avait l'impression que le silence s'étirait entre chaque mot, les sons mettant un temps infini à leur parvenir à travers l'air glacé. Les jambes de Max étaient prisonnières, elles aussi, de la mélasse épaisse qu'était devenu l'air de cette scène sous-marine. Elle arrivait à peine à se déplacer dans le temps lourd, incommensurable.

Elle trébucha sur un arbuste qui s'accrocha à sa jambe. La douleur pareille à un coup de poignard rétablit le cours du temps et lui fit perdre pied. Max s'arrêta, la rattrapa de justesse. Il jeta un coup d'œil par-dessus son épaule. Derrière eux, des dards lumineux fouillaient le ciel. Elle émit un cri rauque, pareil à un bruissement de feuilles sèches.

— Mon Dieu!

Les autres continuaient à courir. Des ombres indistinctes les poursuivaient sur le sol accidenté. Elle regarda en arrière. Décidément, elle n'arrivait pas à partir. Le Cosm bouillonnait maintenant d'un feu acide. Soudain, il lança un éclair éblouissant, meurtrier. La farouche clarté l'atteignit. Elle tomba à la renverse.

ÉPILOGUE

Quand toutes les lois qui régissent les phénomènes physiques auront enfin été élucidées — si elles le sont jamais — et que toutes les constantes empiriques apparaissant dans ces lois seront finalement exprimées par les quatre interactions fondamentales, on pourra dire que la science physique est arrivée à son terme. Il n'y aura plus d'excitation à attendre des explorations futures, et il ne restera plus aux physiciens qu'un travail fastidieux sur des détails mineurs, ou pour le plaisir d'étudier et d'adorer la magnificence du système complet. A ce moment-là, la science physique passera de l'époque de Christophe Colomb et de Magellan dans celle du *National Geographic.*

George Gamow, *Physics Today*, 1949.

EXPLOSION DANS LE DÉSERT

Le « Cosm » laisse un cratère de dix mètres
Butterworth au nombre des blessés
Pas trace de résidu
« Ça a illuminé le ciel », dit un rat du désert

LE « GANG DE LA PHYSIQUE »
ACCUSÉ DE COMPLICITÉ

Les trois blessés quittent l'hôpital
Aucune exposition aux radiations

BUTTERWORTH, DE L'UCI, QUITTE L'HÔPITAL

placée sous mandat d'arrêt fédéral et accusée de vol

PLUSIEURS MISES EN ACCUSATION

SUITE À L'EXPLOSION DU « COSM » DANS LE DÉSERT
Un officier de la police d'État quitte l'hôpital
Un hélicoptère « anéanti » dans l'explosion

L'UCI NE PAIERA PAS LES FRAIS DE PROCÈS
DE BUTTERWORTH

Son père attaque l'UCI et défend sa fille
dans un discours âpre

LES ENVIRONS DU LABO DE BROOKHAVEN ÉVACUÉS

L'angoisse monte à la perspective
de l'explosion du second « Cosm »
« Elle pourrait représenter des mégatonnes »,
dit un responsable du labo
Rumeurs de « spectacles stupéfiants » dans le « Cosm II »

LA CROISADE DU PRÉSIDENT
CONTRE « LA SCIENCE SANS CONSCIENCE »

Le Conseil national des Églises
applaudit un discours accusateur

DES SUSPECTS ARRÊTÉS DANS L'AFFAIRE
DE L'ENLÈVEMENT DE BUTTERWORTH

On aurait retrouvé en Arizona les traces
des adeptes de la « Fondation pour Dieu »

LES ACCUSATIONS CONTRE BUTTERWORTH
ABANDONNÉES

« Aucun contrôle, donc pas de culpabilité »,
déclare le juge
L'opposition s'indigne des mouvements de surprise

LES RAVISSEURS DE BUTTERWORTH AVOUENT

« Nous avons notre conscience pour nous »,
déclare leur chef

LE « COSM » DE BROOKHAVEN SE VOLATILISE
SANS DÉGÂTS

« Aucune explication », admet le responsable du labo
« Poum ! » disparu, sans laisser de traces

LE CONGRÈS EXAMINE LA POSSIBILITÉ
DE POURSUIVRE LES INVENTEURS DU « COSM »

L'opposition baptise le président « Nellie le Nerveux »

BUTTERWORTH REPREND SES COURS À L'UCI

Elle soutient une manifestation violente
et refuse le prix de la « Femme noire »
de l'université de Californie

DES PRIX NOBEL RÉCLAMENT DES EXPÉRIENCES
SUR D'AUTRES « COSMS »

« Nous devons travailler aux limites »
Des perspectives de retombées technologiques positives
sont envisagées

CARNET MONDAIN

Le Dr Thomas Butterworth de Palo Alto,
M. et Mme John Jalon, de Springfield, Maryland,
ont le plaisir d'annoncer les fiançailles de leurs enfants
Alicia et Max

POSTFACE

Nous avons la chance de vivre à une époque où il se pourrait que nous parvenions à apporter des réponses aux grandes questions qui se posent à nous.

J'ai commencé à travailler sur ce roman à la fin des années 1980, après avoir lu des articles d'Alan Guth et de ses collaborateurs. Alan était déjà célèbre pour avoir élaboré, au début des années 1980, une nouvelle théorie véritablement stupéfiante de notre univers. Je vous recommande l'excellent récit qu'il fait de son invention, *The Inflationary Universe*. Selon le modèle inflationniste de la cosmologie, notre univers serait issu d'une masse de moins de dix kilos, concentrée dans une région de 10^{-24} centimètres de diamètre. Un tel objet tiendrait dans la main.

Plus récemment, Guth et ses collaborateurs ont procédé à des calculs physiques complexes relatifs à la création d'univers en laboratoire. Cela m'inspira un vaste thème propice à un traitement romancé.

Alors que j'étais en congé sabbatique au MIT, j'ai eu de nombreuses conversations avec Alan Guth, que j'avais rencontré des années auparavant. Ce fut un régal. C'est là que j'ai esquissé les grandes lignes de ce roman. Marvin Minsky a fait plusieurs commentaires judicieux. Une visite au Brookhaven National Laboratory, organisée par de vieux amis, Lawrence et Marsha Littenberg, favorisa sa germination, ainsi que des conversations avec Tom Ludlam, qui m'a fait faire le tour du RHIC, le Relativistic Heavy Ion Collider, alors en construction.

C'est près de cet énorme accélérateur que j'entrevis comment certaines des idées développées dans ces articles du MIT pourraient trouver une expression dans notre espace-temps.

D'autres avaient exploré ce domaine pour des raisons tout à fait sérieuses. Quand le RHIC était encore en projet, des théoriciens avaient émis des craintes à l'idée que les collisions qui s'y produiraient puissent créer « une matière étrange », une sorte d'état d'énergie plus faible associé à une masse plus stable que celle que nous connaissons. Ça voulait dire qu'au cours de collisions minuscules, condensées dans le RHIC, une masse ordinaire se convertirait, grâce à l'acquisition d'énergie et aux conditions extrêmes, en une matière étrange. Laquelle pourrait ensuite engloutir la Terre, tout convertir en un nouvel état d'énergie plus faible. Incidemment, ça détruirait toute la structure investie dans la matière ordinaire, effaçant radicalement l'ardoise de la Création. Ça se produirait probablement à des vitesses proches de celle de la lumière, de sorte que nous n'aurions même pas le temps de regretter notre curiosité.

Un théoricien appelé Piet Hut apaisa ce genre de crainte en montrant que les rayons cosmiques plongeant à travers notre atmosphère étaient déjà plusieurs fois entrés en collision, créant des conditions beaucoup plus extrêmes que celles du RHIC. Le fait que nous ne voyions pas la matière étrange créée tous les mois ou tous les deux mois à partir des rayons cosmiques voulait dire que le RHIC ne constituait pas une menace.

Ah bon, me dis-je. Mais *quid* de rejetons accidentels plus exotiques ?

La matière tout entière est un coup de chance phénoménal. Songez aux énergies relativement modestes disponibles même dans le RHIC, par rapport aux densités d'énergie de l'univers primitif. Pour combler cet énorme gouffre, il faudrait que la mécanique quantique marche bien. Nous ne savons pas, en fait, comment effectuer le calcul. Cela attendra que nous en sachions plus long. De plus, il y a les grandes incertitudes posées par nos idées bancales actuelles quant à ce que pourrait être une théorie réelle, meilleure, de la gravité quantique. Il se pourrait qu'une théorie solide démente tout ce qui a été imaginé dans ce roman.

Et pourtant, ces idées excitent l'imagination. En faisant le plan de ce livre, puis en l'écrivant, je pensais tenir une bonne idée à partir de laquelle élaborer le cadre conceptuel du récit, mais je différai sa rédaction à cause d'autres obligations et notamment des romans qui réclamaient de voir le jour. Et puis, début 1996, Arthur C. Clarke m'a indiqué un article frappant d'Edward Harrison, un cosmologiste réputé de l'université du Massachusetts. Il abordait l'idée même sur laquelle j'avais vaguement travaillé au MIT, mais plus élaborée. Dans le *Quarterly Journal of the Royal Astronomical Society*, volume 36, pages 193-203, il décrivait élégamment le concept de sélection naturelle des univers.

Harrison cite Isaïe, 45,18 : « Dieu... ne l'a pas créée [la Terre] à l'état de chaos, mais l'a façonnée pour qu'on l'habite. » Il pense que bien des gens préféreraient peut-être sa vision : « Le concept d'un [unique] être supérieur, ne serait-ce qu'à cause du rasoir d'Occam. » Sa conception ne nécessite qu'un seul Être pour donner le coup d'envoi avec l'aide d'un Grand-Père Univers doté de paramètres fondamentaux plus ou moins grossièrement adaptés à la vie. L'intelligence en développement l'emporte ensuite, posant des problèmes, comme il se doit. Harrison se réfère au classique d'Olaf Stapledon, *Star Maker*, dans lequel un être supérieur n'arrête pas d'inventer des univers d'une complexité croissante, mais dont aucun n'a la faculté d'autoreproduction essentielle pour expliquer pourquoi, une génération plus tard, nous vivons dans un univers admirablement conçu pour produire des créatures au moins aussi intelligentes que nous. Harrison poursuit en spéculant que notre mystérieuse faculté à comprendre notre univers vient peut-être du fait qu'il a été fait par des êtres qui nous ressemblaient plus ou moins. C'est pourquoi nous serions en harmonie avec les paramètres fondamentaux, subtils, que nous découvrons. Dans ce sens, nous serions donc en vérité créés à Son (ou à leur) image.

J'aime les idées audacieuses, et ce roman en expose quelques-unes dans un contexte qui reflète une autre de mes préoccupations répétitives : montrer les chercheurs tels qu'ils sont vraiment, surtout au travail. A part les détectives et les espions, la littérature de fiction décrit finalement très peu de gens au travail, et pourtant c'est un aspect central de la vie.

J'espère qu'en dehors d'une certaine excitation intellectuelle j'aurai contribué à rendre un peu plus compréhensibles certaines facettes de l'entreprise scientifique et de ceux qui la mènent. Tous les personnages de premier plan de ce livre sont purement fictifs. Je me suis contenté de reprendre les noms de plusieurs personnes réelles pour les personnages secondaires, par souci d'authenticité.

A ceux qui voudraient approfondir un peu certaines de ces idées, je recommande « Is it Possible to Create a Universe in the Laboratory by Quantum Tunneling ? » [Est-il possible de créer un univers en laboratoire grâce à l'effet tunnel ?], par Edward Farhi, Alan Guth et Jemal Guven (*Nuclear Physics*, B 339, p. 417, 1990). En mettant la dernière main à ce roman, je suis tombé sur les idées fascinantes de Lee Smolin dans *The Life of the Cosmos*, qui aborde certains thèmes parallèles.

Tous mes remerciements à Alan Guth, Sidney Coleman, Riley Newman, Lawrence Littenberg, William Molson, John Cramer et Virginia Trimble, pour leurs conseils scientifiques sur ce manuscrit. Matt Visser m'a apporté sa sagesse, et une silhouette. Un grand merci à ma femme, Joan, à Jennifer Brehl, à Lawrence et Marsha Littenberg, à Mark Martin et à David Brin, à qui je dois des lectures approfondies et fructueuses.

Gregory Benford
Laguna Beach, Juin 1997

La traductrice, en ce qui la concerne, remercie vivement Joël Boby, Marie-Philippe et Michel Biget pour leur aide et leurs conseils éclairés.

Cet ouvrage a été composé
*par l'***Imprimerie Bussière**
et imprimé sur presse Cameron
dans les ateliers de
Bussière Camedan Imprimeries
à Saint-Amand-Montrond (Cher)
en août 1999

N° d'édition : 6758. — N° d'impression : 1593-992954/1.
Dépôt légal : août 1999.
Imprimé en France